U0155769

中宣部 2021 年主题出版重点出版物
2021 年广东省委宣传部主题出版重点出版物
中共中央党校"超越之路"课题组课题

建设中国特色的
海洋强国

主　编　刘德喜

南方传媒　山西出版传媒集团
广东经济出版社　山西经济出版社
·广州·　　　·太原·

图书在版编目（CIP）数据

建设中国特色的海洋强国/刘德喜主编. —广州：广东经济出版社；太原：山西经济出版社，2022.4
ISBN 978-7-5454-8289-8

Ⅰ．①建…　Ⅱ．①刘…　Ⅲ．①海洋战略—研究—中国　Ⅳ．①P74

中国版本图书馆 CIP 数据核字（2022）第 038501 号

策划人：李　鹏　刘亚平
责任编辑：李　鹏　刘亚平　申卓敏　赵　娜　蒋先润
责任校对：陈运苗
责任技编：陆俊帆
封面设计：朱晓艳

建设中国特色的海洋强国
JIANSHE ZHONGGUO TESE DE HAIYANG QIANGGUO

出 版 人	李　鹏
出版发行	广东经济出版社（广州市环市东路水荫路 11 号 11～12 楼）
经　　销	全国新华书店
印　　刷	佛山市迎高彩印有限公司（佛山市顺德区陈村镇广隆工业区兴业七路 9 号）
开　　本	787 毫米×1092 毫米　1/16
印　　张	22
字　　数	318 千字
版　　次	2022 年 4 月第 1 版
印　　次	2022 年 4 月第 1 次
书　　号	ISBN 978-7-5454-8289-8
定　　价	80.00 元

图书营销中心地址：广州市环市东路水荫路 11 号 11 楼
电话：（020）87393830　　邮政编码：510075
如发现印装质量问题，影响阅读，请与本社联系
广东经济出版社常年法律顾问：胡志海律师
·版权所有　翻印必究·

目　录

第二篇　海洋强国战略实践

第三篇 海洋强国与"一带一路"

导　论

（一）

　　建设中国特色海洋强国，是习近平新时代中国特色社会主义思想的重要组成部分。早在福建、浙江工作期间，习近平就高度重视海洋发展，分别提出海洋强省战略。他在任浙江省委书记期间出版的《干在实处　走在前列——推进浙江新发展的思考与实践》一书中对"陆海联动、陆海一体化思想"作了阐述，认为"加强陆域与海域经济的联动发展，实现陆海之间资源互补、产业互动、布局互联，是海洋经济发展的必然规律"①。2013 年 7 月 30 日，习近平总书记在中共中央政治局第八次集体学习时的讲话指出，"建设海洋强国是中国特色社会主义事业的重要组成部分"，"党的十八大作出了建设海洋强国的重大部署……实施这一重大部署，对推动经济持续健康发展，对维护国家主权、安全、发展利益，对实现全面建成小康社会目标、进而实现中华民族伟大复兴都具有重大而深远的意义……要进一步关心海洋、认识海洋、经略海洋，推动我国海洋强国建设不断取得新成就"②。建设中国特色海洋强国之路是一条超越自我、超越西方工业文明之路，国内方面是要坚持陆海统筹，坚持走依海富国、以海强国、人海和谐、合作共赢的发展道路；国际方面则是努力追求合作共赢，倡导营造和平、合作、和谐之海。

---

　　①　习近平：《干在实处　走在前列——推进浙江新发展的思考与实践》，中共中央党校出版社，2006。

　　②　习近平：《习近平谈治国理政》第三卷，外文出版社，2020。

几千年前，中华先民就兴起"鱼盐之利"和"舟楫之便"。沿海地区先民所探索、创造的海洋（蓝色）文明不断生根、发芽、开花、结果，形成了丰富多彩的海洋（蓝色）文明基因：非凡的探海能力、广大的管辖海域、繁盛的海上贸易、深远的海洋信仰、和平的海外交往和海外移民等。过去，海洋（蓝色）文明是中华文明的重要组成部分；在新的历史条件下，要全面激活中华先民创造的丰富的海洋（蓝色）文明基因，使其成为实现中华民族伟大复兴中国梦的重要推动力，并为创造和丰富人类新型海洋（蓝色）文明作出历史性贡献。

从历史角度看，中国具有建设海洋强国的文明基因，在新的时代，要大力推进中国文明的再一次转型，制定符合中国国情的海洋强国战略和海洋强国的外交战略。从现实角度看，海洋强国建设包括政治、经济、文化、生态和军事五个维度。从理论和实践两个方面看，这些内容都还很不成熟，有待进一步丰富和发展。从发展道路的角度看，建设海洋强国、走中国特色海洋强国之路是中华民族伟大复兴的题中应有之义。习近平总书记关于"关心海洋、认识海洋、经略海洋"的战略思想对建设海洋强国具有重大指导意义。海洋强国战略实践则是以海洋强国建设的理论为基础形成的海洋强国战略方针和策略措施。

（二）

2013年9月7日，习近平在哈萨克斯坦纳扎尔巴耶夫大学发表演讲时表示，为了使欧亚各国经济联系更加紧密、相互合作更加深入、发展空间更加广阔，我们可以用创新的合作模式，共同建设"丝绸之路经济带"，以点带面，从线到片，逐步形成区域大合作；同年10月3日，习近平在印度尼西亚国会发表演讲时表示，中国愿同东盟国家加强海上合作，使用好中国政府设立的中国—东盟海上合作基金，发展好海洋合作伙伴关系，共同建设"21世纪海上丝绸之路"。根据习近平主席的讲话精神，国务院授权国家发改委、外交部和商务部于2015年3月发布《推动共建丝绸之路经济带和21世纪海上丝绸之路的愿景与行动》，表示中国愿与"一带一路"（丝绸之路经济带和21世纪海上丝绸之路的简称）沿线国家一道，以共建"一带一路"为契机，平等协商，兼顾各方利益，反映各方诉求，携手推动更大范围、更高水平、更深层次的大开放、大交流、大融合。

海洋强国和"一带一路"是一体两面，前者是目标，后者是手段，两者相辅相成。在全面贯彻落实习近平总书记倡导和推进的海洋强国和"一带一路"建设的过程中，要继续把周边作为外交优先方向，塑造更加和平稳定、发展繁荣的周边环境，同时密切关注海洋因素，妥善处理海洋问题，扎实开展海洋外交，把合作共赢的理念和实践播向全球，努力构建与发展亚洲命运共同体和人类命运共同体。

推进实施海洋强国战略和"一带一路"建设是历史兴衰与时代变迁的交融，更是现实目标与人类梦想的并存，具有通道价值、文化价值、战略价值、外交价值和梦想价值等多元价值：重塑陆上和海上贸易通道，与沿线国家共商、共建、共享基建、商品、能源、人才、技术和金融等交流渠道，促进中国和"一带一路"沿线国家的互联互通，维护全球自由贸易体系和开放型经济体系，是为通道价值；传承中华海洋（蓝色）文明遗存和丝路文化信仰，宣传丝绸之路的历史价值和文化魅力，加强与"一带一路"沿线国家的宗教文化对话，提升大国对丝路文化的认同度和共识度，实现文化融合与民心相通，是为文化价值；打造港口和枢纽城市，巩固海外战略支点根基，适应拓展海外利益和履行国际义务的需要，在平等、互利和共赢的原则下，建设新型海洋强国，走中国特色海洋强国之路，是为战略价值；体现亲诚惠容周边外交理念，形成中国全方位开放格局，建立新型大国关系，打造共生、共建、共享、共责的国家间互动模式，开创互利合作共赢的国际新格局和海洋新秩序，是为外交价值；海洋强国和"一带一路"建设是中国坚持陆海统筹的现实体验，是中国强国之梦的梦想延续，更是实现中华民族伟大复兴中国梦的伸展，彰显打造人类命运共同体的世界意识和国际眼光，是为梦想价值。

海洋强国和"一带一路"建设既相互联系，又相互区别。海洋强国建设着眼于依海富国、以海强国、人海和谐、合作共赢的发展道路；"一带一路"建设是以互联互通为核心的区域合作战略。两者的区别在于：海洋强国建设是中国自己经略海洋，加强海洋综合管理能力；"一带一路"建设本质上是国家的对外关系。但从另一个角度看，两者又具有密不可分的统一性。首先，海洋强国建设从内外两个大局着手，最终目的是提升国家综合实力，必将带来海洋综合治理能力的极大提升，这将为"一带一路"建设尤其是海上丝绸之路建设提供物质保障，打下坚实基础。其次，海上丝绸之路致力于同亚太、印度洋沿岸国家的合作共赢，遵循文化先行、经济合作为主的原则，这将为中国营造和平、合作的海洋发展大环境。

海洋强国建设应以法律法规、政策规划的形式确立海洋战略的地位和实施细则。制定和出台海洋基本法以及海洋强国相关政策文件，是保障海洋强国战略得以顺利实施的国家意志力的体现。同时还应加强海洋强国和"一带一路"建设的统筹协调工作。目前虽设有中央外事工作委员会海洋权益工作办公室和推进"一带一路"建设工作领导小组，但从实际工作来看，由于牵涉部门众多，各部门之间标准各异、缺乏相关法规与政策规制等因素，统筹协调工作仍然任重而道远。除此之外，统筹协调还包括政府、学界、企业、媒体、民间组织等各方力量协调，各方应有侧重有交叉，发挥各自优势，最终形成合力。

因此，出台政策法规与战略规划、注重部门间统筹协调、发挥各类主体的优势等，是海洋强国和"一带一路"建设宏观层面的战略支撑。从更具体的角度来说，海洋强国和"一带一路"建设应落实到政治、经济、外交、文化等各个领域，为此必须加强这一方面的顶层设计和课题研究。

"冰上丝绸之路"是"一带一路"倡议的新发展。习近平继 2013 年在哈萨克斯坦提出共建丝绸之路经济带倡议和在印度尼西亚提出共建 21 世纪海上丝绸之路倡议之后，又于 2017 年在俄罗斯正式提出共建"冰上丝绸之路"倡议，并得到俄罗斯的赞成与全力配合。"冰上丝绸之路"建设与"一带一路"建设相互补充，共同成为建设中国特色海洋强国的重要手段。

（三）

海洋强国和"一带一路"建设是播撒文明、开放多元与包容和谐的发展道路，具有促进经济转型、优化开放格局、推进经济区域化、维护海洋权益、提升国际影响力等多重功能，将成为中国当前和未来相当长一段时期的国家重大方略。

从全球战略和顶层设计的角度来看，建设中国特色海洋强国需进行重大战略布局。2014年，习近平总书记对中共中央党校"超越之路"课题组提交的关于国家海洋战略的研究报告作出重要批示。该研究报告提出了党和国家实施海洋强国战略的五大战略布局，即抓紧进行海洋管理体制改革和全球海洋治理、大力推进海洋经济发展和生态环境保护、全面规划海洋文化工程和宣传教育基地建设、多种手段维护海洋安全和海洋权益、借重海外移民推进海洋强国建设。这是基于国际政治格局和世界海洋秩序的发展和变化以及中国建设海洋强国的战略依据和现实基础的重大判断，以建设新型海洋强国乃至世界海洋强国为目标，走中国特色海洋强国之路，全面理解和有效解决中国面临的严峻复杂的海洋形势和海洋争端问题，既传承和发扬悠久灿烂的海洋（蓝色）文明，又赋予现代国家以和平发展、合作共赢以及和谐海洋等时代内涵和现实期待。

中共中央党校承担的国家社科基金特别委托项目——推进"一带一路"建设的战略布局和重大举措研究课题进一步提出了区域布局和行业布局。区域布局方面的内容：陕西西安国际陆港建设、"一带一路"建设与四川的战略选择、"一带一路"与粤港澳大湾区建设、新疆昌吉多元文明融合发展、山东威海与"一带一路"建设、福建海洋人才培养和文化宣传基地建设，以及海南海洋文化旅游和宣传教育基地建设等。这些内容分别代表了中国黄色文明和蓝色文明的典型，具有突出的历史文化色彩、资源环境和经济发展的优势，是必须重点发展的"一带一路"节点。行业布局方面的内容：完善共建"一带一路"安保体系、黄蓝文明和文化战略研究中心建设、弘扬中华止戈文明推进"一带一路"建设、"一带一路"语言互译与经贸合作平台建设、"一带一路"远洋开发战略支点建设等。这打破了地域的界限与分割，统筹和协调了安保、文化、语言和经贸、海洋和远洋等行业领域的新常态与新格局，突出攻克了中国海洋强国和"一带一路"建设面临的海洋争端、贸易竞争和大国博弈等重点、难点和热点问题。通过这些战略布局、区域布局和行业布局建设，中国将最终形成以国内节点省市为中心、向东南西北全方位辐射、连通国内外陆海通道、巩固优化产业优势的海洋战略和"一带一路"全球性布局。

从南北两向和国际布局的角度来看，中国推进海洋强国和"一带一路"建设必须经略南海、重视北向、西进印度洋。纵观海洋史和丝路史，都是权力角逐、利益交互、文化融合的博弈史，或成或败深系政治局势、经济发展、文化交流、科技创新和对外关系的合力。新时期推进海洋强国和"一带一路"建设同样受到多重因素的影响，不可忽视的是国际合作机遇和外部环境风险，尤其是来自大国博弈和地缘政治方面的威胁和挑战，主要体现在南海问题、中印关系、南亚格局、美日"印太战略"和中东北非局势等方面。由于南海重要性的提升以及南海局势的不稳定性，经略南海成为推进海洋强国和"一带一路"建设以及破解海上安全困境的关键抓手。北向是建设海洋强国和"一带一路"格局中不可忽视的重要环节，应致力于寻求中俄合作、打通图们江出海通道以及实现北极通道和海上丝绸之路的对接。印度洋是世界经贸枢纽，海上通道安全影响国家经济发展和地区稳定，中国与"一带一路"沿线国家发展海洋合作伙伴关系，扩大在印度洋的影响力，将加快国家海洋强国战略目标的实现。

基于国家重大发展战略，中国各省区市立足省情、区情、市情，在海洋强国和

"一带一路"建设方面作出若干战略规划，提出一系列政策目标。《推动共建丝绸之路经济带和21世纪海上丝绸之路的愿景与行动》提出，"中国将充分发挥国内各地区比较优势，实行更加积极主动的开放战略，加强东中西互动合作，全面提升开放型经济水平"，为各省区市积极参与、有效作为划定基调、指明方向。习近平总书记强调要继续深入实施区域发展总体战略，对中国新一轮区域经济发展和全方位对外开放提出了更高要求。

（四）

与历史上大国崛起的时代条件不同，当今中国的发展是在全球化不断深入的背景下进行的，各国相互依存、关系紧密，为中华文明实现创造性发展提供了宝贵的历史时机。党和国家领导人在谈及海洋强国和"一带一路"建设时均一再强调，中国的海洋强国要走和平发展的道路，"一带一路"建设需遵循合作、共建、互利的原则。

对中国的发展来说，和平共赢是一种历史必然性。要使这种历史必然性转换为现实中的可行性，需要深入理解时代的特殊性，深入挖掘及把握中华文明的特性，制定积极稳妥的发展战略，并融入海洋强国和"一带一路"建设中。

追溯历史，中华文化对外来文化具有强大的包容力和改造力。古代丝绸之路曾承载了中华民族与沿线国家之间文化的沟通与互动。基督教、佛教、伊斯兰教等由此进入中原，对中华民族产生了深远的影响。尤其是佛教传到中国后，经过转化变成本土新的一种教派，证实了中华文化的包容力和改造力。曾作为海上丝绸之路核心港口的泉州港，至今仍保留着基督教、佛教、伊斯兰教在当地民间碰撞、融合、和平共处的历史痕迹。海洋发展在近代史中长期是争霸的代名词，"一带一路"沿线更是分布着政治经济发展不平衡的诸多国家，这些国家有着不同的文化价值观念。如何脱离历史窠臼，处理好与沿线国家之间的文化关系，真正实现文明的多样性与共同繁荣，或许可从中华文明之中寻找一条超越之路。

另外，借助海洋强国和"一带一路"建设，扩大改革开放，坚持文化先行，积极推进文化"走出去"战略，将极大地促进世界对中华文化的理解，起到增强文化影响力、维护国家形象、提升国家软实力的重要作用。对此，应反思我们过去的文化"走出去"战略中的缺陷，通过市场、民间力量、互联网、旅游文化等更有效地向全世界推介中华文化与价值观念，同时注重对他国文化的理解与平等交流，真正促成多元文明和多元文化的繁荣共生与融合发展。

早在2013年初，习近平就向时任美国总统奥巴马强调，中美两国应探索构建平等互信、包容互鉴、合作共赢的新型大国关系。同年9月、10月，习近平进一步提出"一带一路"的构想。经过几年的发展，"一带一路"沿线甚至远离"一带一路"沿线的不同国家地区和不同文明之间的平等互信、包容互鉴、合作共赢已然成为时代精神。

面向21世纪，西方工业文明遭遇困境，绵延数千年的中华文明则蓬勃发展，迎来新的发展机遇，复兴中华农耕（黄色）文明资源，激活海洋（蓝色）文明基因，促进黄蓝文明融合发展具有重大意义。推进"一带一路"建设，是促进不同文明之间包容互鉴的重要途径。当今时代的中华农耕（黄色）文明要积极拥抱海洋（蓝色）文明，借鉴中国近现代历史上文明互鉴融合的成功经验。

总之，探索中国特色海洋强国之路进而实现中华民族伟大复兴，既要推进世界上不同文明体系之间的包容互鉴，也要大力推进中华农耕（黄色）文明与中华先民创造的灿烂的海洋（蓝色）文明融合发展。

第一篇

海洋强国建设概论

第一章

文明转型与海洋强国建设

第一节　中国古代文明是陆海复合型文明

一、中国人以龙的传人自称，龙的固有属性与海洋密不可分

从自然地理条件来看，中国是一个陆海复合型国家，既有海洋性，又有大陆性。从历史角度来看，中国也曾拥有成为海洋大国的诸多文化基因。约公元前5000年的河姆渡遗址中就有先人航海的遗迹，公元前2000年左右的殷商文化遗存中就有马来半岛的海贝、象牙、鲸鱼骨等。中国祖先早期创造了龙山和百越海洋文化。《周易·系辞下》称，黄帝、尧舜时代即"刳木为舟，剡木为楫，舟楫之利，以济不通"[①]。《墨子·节用上》说："其为舟车，何以为？车以行陵陆，舟以行川谷，以通四方之利。"[②] 中国古人的远航成就相当惊人，据张光直（1931—2001年）等人研究，四五千年前，华人祖先就已横渡太平洋，抵达墨西哥、秘鲁。

近来有学者提供了殷人东渡墨西哥的若干证据。[③] 春秋战国时期吴国与齐国之间爆发的海战，就比西方海权史上著名的古希腊与波斯的萨拉米斯海战早若干年。

---

① 《周易》，杨天才、张善文译注，中华书局，2018。
② 王宁主编《墨子》，唐敬杲选注，王诚校订，商务印书馆，2020。
③ 范毓周：《殷人东渡美洲新证》，《寻根》2011年第2期。

据《史记·秦始皇本纪》记载，秦始皇实现统一之后五次出巡，其中四次来到海滨，通过琅邪刻石"东抚东土""乃临于海"，之罘刻石"巡登之罘，临照于海"以及"览省远方""逮于海隅"等，可以看出他对沿海的关注。秦始皇在琅邪还有一个非常特殊的举动，即与随行权臣"议于海上"。公元前210年，秦始皇最后一次出巡，曾经有"渡海渚""望于南海"的经历，又"并海上，北至琅邪"，凸显了秦始皇"议功德于海上"、重视海洋的倾向。秦朝徐福东渡开创的海上丝绸之路，西至印度、斯里兰卡，东到朝鲜、日本，为东西方的文化交流作出了卓越贡献[①]。

二、海洋（蓝色）文明成就了唐宋时代的辉煌，中国成为世界上最富裕的国家

唐宋时期的泉州港、广州港、宁波港等港口远洋商船云集，商人富甲一方，同时也为唐宋王朝贡献了巨额赋税。宋代同海外的联系比前代和之后的明清更广，海外贸易盛况空前，是中国封建社会对外贸易的黄金时代，是最彰显海洋（蓝色）文明的朝代。

一是宋代人对海外的地理概念比前人更加清晰，专门记载海外情况的著作就有《海外诸蕃地理图》《诸蕃图》《诸蕃志》《岭外代答》等好几部，其中对非洲的记述比前代更为广博，如东非的层拔国（今坦桑尼亚的桑给巴尔）、中理国（今索马里），北非的默伽国（今摩洛哥）、勿斯里国（今埃及）等。宋代与中南半岛、南海诸国、大食诸国、西亚诸国的贸易比前代更为红火，与高丽、日本的来往也比前代更为密切，高丽和日本都辟有专门对宋贸易的港口。

二是宋代贸易港口更多，政府对海外贸易的管理更细。宋代对外贸易港口有20

---

① 曲玉维：《徐福：中国海上丝绸之路的开启者》，载中国中外关系史学会、华侨大学华人华侨研究院主编《多元宗教文化视野下的中外关系史》，甘肃人民出版社，2010。刘晓东、祁山：《东方海上丝绸之路浅探》，《光明日报》2015年11月22日。

余处，福建泉州港成为世界第一大贸易港口。

三是宋代进出口货物的种类、数量比前代更多。宋代进出口货物有 410 种以上，按性质可分为珠宝、布匹、香货、皮货、杂货、药材等，单是进口香料，名色就不下百种。

四是宋代海外贸易的规模更大，经营者身份更复杂。据宋人吴自牧《梦粱录》记述，宋代海船可乘五六百人。海船很多，据推断，福州一地就有 300 余艘宽一丈二尺以上的海船。

五是宋代造船业的规模和制作技术都比前代有明显的进步，处于当时世界领先地位，具备了推进海洋（蓝色）文明的技术和经济基础。海洋（蓝色）文明意味着商工文明，宋朝很大程度上是以商立国。

三、郑和七次下西洋创造了海洋（蓝色）文明的历史

明朝前期，皇帝采取了"内安华夏，外抚四夷，一视同仁，共享太平"的和平外交政策，派遣郑和率领船队下西洋。从 1405 年开始，在 28 年间，郑和率 60 多条军舰、300 条商船，800 余名文官、400 余名将校、数十名通事（翻译）、180 名医官，共 27 000 多人的庞大船队一路西行。此后，扬名于世的西班牙"无敌舰队"（1588 年成军）也只有 130 艘兵船与运输船，规模远不及郑和舰队。这样的航海规模即使在今天也令人咋舌。截至第一次世界大战前，各国海军的规模都没有比得上郑和舰队。

郑和七次奉旨率船队远航西洋，航线从西太平洋穿越印度洋，直达西亚和非洲东岸，途经 30 多个国家和地区。他的航行比哥伦布发现美洲大陆早 87 年，比达·伽马早 92 年，比麦哲伦早 114 年。在世界航海史上，他开辟了贯通太平洋西部与印度洋等大洋的直达航线。

郑和下西洋前，中国周边环境动荡，主要表现在东南亚各国相互猜疑，互相争夺。当时东南亚两个较大的国家爪哇（今印度尼西亚爪哇岛一带）、暹罗（今泰

国）对外扩张，欺压周边一些国家，威胁满刺加（今马来西亚马六甲州）、苏门答腊（今印度尼西亚苏门答腊岛）、占城（今越南南部）、真腊（今柬埔寨），甚至在三佛齐①杀害明朝使臣，拦截向中国朝贡的使团。海盗横行东南亚、南亚海上，十分嚣张，海上交通线得不到安全保障。这些不稳定的因素，直接影响了中国南部的安全，影响了明朝的国际形象，不利于明朝的稳定和发展，所以明朝皇帝派遣郑和船队下西洋，以调解矛盾、平息冲突。这减少了隔阂，有利于周边的稳定，维护了东南亚、南亚地区的稳定和海上安全，提高了明朝的声望。

通过郑和下西洋，明朝调解和缓和各国之间的矛盾，维护海上交通安全，从而把中国的稳定与发展同周边联系起来，建立了一个有利于中国的国际环境，提高了明朝的国际威望。郑和碑文记载："及海外邦、番王不恭者生擒之。蛮寇之侵略者剿灭之，由是海清宁，番人仰赖者。"永乐年间，海外朝贡国家由洪武帝年间的几个增至30多个。英国前海军军官、海洋历史学家加文·孟席斯出版了《1421：中国发现世界》一书，赞扬郑和是世界历史上的伟大航海家，认为郑和船队先于哥伦布发现美洲大陆、大洋洲等地。

据英国著名历史学家、剑桥大学博士李约瑟估计，1420年，中国明朝拥有的全部船只，应不少于3 800艘，超过当时欧洲船只的总和。今天的西方学者、专家也承认，对于当时的世界各国来说，郑和所率领的舰队，从规模到实力，都是无可比拟的②。法国汉学家孔博更是明确指出："郑和开创了地理发现时代，使得中国的海权、海上贸易、航海技术、船队规模和实力都达到了前所未有的高度。这就说明中华文明是有探索精神的、开放的文明。"③

《郑和航海图》是世界上现存最早的一部航海图集，郑和船队所采用的"罗盘

---

① 历史地名，又称三佛国，都城在今印度尼西亚苏门答腊巨港。

② 李约瑟：《李约瑟中国科学技术史（第四卷）：物理学及相关技术（第三分册 土木工程与航海技术）》，汪受琪等译，科学出版社、上海古籍出版社，2008。

③ 刘芳：《郑和更像一位和平的使者——专访法国〈回声报〉记者阿德里安·孔博》，《参考消息》2005年7月5日。

定向"和"牵星过洋"等航海技术,开了人类航海史上天文导航之先河。郑和随行人员的著作,如马欢的《瀛涯胜览》、费信的《星槎胜览》、巩珍的《西洋番国志》等,则是丰富的海洋实践知识的汇集,至今在世界海洋著作史、中西文化交流史上仍占有十分重要的地位。

毫无疑问,明代海禁之前,海洋(蓝色)文明盛行的西方国家,其成就和影响并不如兼具大陆文明和海洋文明的中国。

冯友兰曾说过,西方文明属于海洋(蓝色)文明,海洋(蓝色)文明如同灵动的水,其流动性和多变性让西方显得生机勃勃,富有活力和创新精神;中国文明则属于大陆(黄色)文明,如同长寿的仁者,是一座沉稳的大山,尊重传统,但也易因循守旧、故步自封。因此,西方兴起了,东方落伍了。台湾学者凌纯声认为,中国是一个大陆文化国家,秦统一六国实际上就是以秦为代表的大陆文化对以齐、楚等为代表的海洋文化的征服[①]。可以说,冯友兰和凌纯声的观点并不符合历史事实。事实表明,海禁以前,中国是一个兼具大陆(黄色)文明和海洋(蓝色)文明的国家。中国古代海洋(蓝色)文明曾居世界前列,中国古代文明是大陆(黄色)文明与海洋(蓝色)文明的综合体,两大文明合二而一成就了中国古代的辉煌。

第二节　中国人海洋大国意识丧失在海禁中

一、中国明清两朝连续三百年的海禁

明清实行海禁以前,中国并不是一个只具有大陆(黄色)文明的国家,而是一

---

① 胡键:《中国为什么需要海洋大战略?》,《社会观察》2010 年第 12 期。

个兼具大陆（黄色）文明和海洋（蓝色）文明的国家，中华文明是大陆（黄色）文明与海洋（蓝色）文明的综合体，中国古代海洋（蓝色）文明并不落后。自明代开始，中国才逐渐远离海洋（蓝色）文明，转型为大陆（黄色）文明国家。这是一次与全球化趋势反向的转型。中国作为当今世界的海洋大国，充分吸取历史教训，增强海洋大国意识，突破长期以来的海洋困境，成为名副其实的海洋强国，是摆在国人面前的一个历史性任务。

从 15 世纪末 16 世纪初开始，中国原有的辉煌的航海文明基因遭到了陆权文化的粗暴摧残而中道夭折，与此同时，明清两朝的闭关锁国政策，彻底绑缚住了中华巨龙，使之陷入搁浅的困境，主动把广阔的海洋让与西方列强，而全然不知自身已陷入危险的境地。当西欧为了建立海军不惜向威尼斯银行家借贷时，郑和却被召回，兵部将郑和船队数十年舍生忘死才得到的具有重要战略价值的航海资料销毁，任由舰船在海港中腐烂，同时下令停止建造远洋舰船。据《明实录·明太宗实录》卷二三一记载，明朝朝廷公开重申洪武年间海禁政策："缘海之人往往私下诸番，贸易香货，因诱蛮夷为盗。命礼部严禁绝之，敢有私下诸番互市者，必置之重法，凡番香、番货皆不许贩鬻，其现有者限以三月销尽。……申禁人民无得擅出海与外国互市。"

本来，郑和下西洋的初衷是"欲耀兵异域，示中国富强"[1]，然而，地缘战略思想特别是海权意识的缺乏，使中国将到手的制海权拱手让与他人，自动放弃了中国的海外利益，否则当时葡萄牙人是否有机会进入远东还很难说。就在东方的中华巨龙开始搁浅之时，西方世界却借助海洋迅速崛起。半个多世纪以后，西欧航海家开创的地理大发现时代，促进了西欧资本主义的发展，使西欧殖民主义逐步席卷全球，欧洲自此开始奠定其赶超亚洲的经济基础。郑和起了个大早，却赶了个晚集。西欧的迪亚士、哥伦布和达·伽马虽比郑和晚半个多世纪，却开启了一个全新的资本主义时代。特别是麦哲伦的全球航行贡献最大，他开辟了新航道，其航行的意义

---

[1] 张廷玉等：《明史》，中华书局，1974。

在于证明了地球是圆的，海洋不再是人类相互隔绝的障碍，而是可以成为最便利的通道，人们开始利用海洋到达各个大洲，全球化进程由此开启。

近代以来西方崛起的进程，实际上就是借助海洋、发挥海权效应的进程。从某种意义上说，近现代史就是一部西方海洋（蓝色）文明不断扩张、最终统治世界的历史。从西方航海大发现开始，靠着一艘艘满载金银、香料的帆船，葡萄牙、西班牙一度称雄世界。继之而起的是"海上马车夫"——荷兰，它凭借类似"东印度公司"这样的经济军事复合体，以海洋为舞台，以商舰即武装的商船为载体，成了当时世界上最强大的海洋国家，贸易额占全世界贸易总额的50%，把整个17世纪变成了"荷兰世纪"。率先进行工业革命的英国更是凭借世界第一的海军实力，击败法国，登上了世界海洋霸主的宝座，海外贸易发展到哪里，海军就到哪里，拥有了世界上最多的殖民地，成为所谓的"日不落帝国"，称霸世界长达两个世纪。美国则是一个聚集了全球最具有海洋意识的人的国家，凭借集海洋新思维于大成的海权论，通过第二次世界大战成了世界上的超级海洋霸主。中国的东邻日本则是在近代摆脱海禁的枷锁后，依赖海洋快速崛起。1868年日本明治天皇行即位礼，发布《御笔书》，宣称要以武力来"拓万里波涛，布国威于四方"[①]，制定了优先发展海军的战略。日本于1872年设立海军节，1874年出兵中国台湾，1879年吞并琉球国，1894年击败中国北洋水师，1904年击败俄国海军，终以海洋之利跻身西方列强之列。

1404年（明永乐二年），明成祖朱棣下令将民间海船都改为平头船，由于平头船无法漂洋过海，这一政策无疑从根本上断绝了民间的海外联系。大陆（黄色）文明意味着农耕（黄色）文明，在世界开启全球化进程之际，明清统治者告别海洋（蓝色）文明，固守单一的大陆（黄色）文明，无异于与历史发展的潮流分道扬镳。海禁政策标志着中国完成了一次文明的转型，即由兼具海洋（蓝色）文明

---

① 王加丰、陈勇、高岱、高毅、李工真、汤重南、徐天新、何顺果：《强国之鉴》，人民出版社，2007。

和大陆（黄色）文明的国家，变为单一的大陆（黄色）文明国家。这是一次百分之百的逆转型，这次转型带来的不是正能量，而是百分之百的负能量，这是中国近代以来落后挨打的一个主要根源。由此，可以说中国的落后不是从鸦片战争开始的，而是从 15 世纪、16 世纪大航海时期开始的。

为什么中国文明在演进过程中会发生逆转型现象？为什么明清两朝拒绝海洋（蓝色）文明，固守海禁政策？根本原因有三条：一是与明清统治集团的出身背景、历史渊源有关。明朝是农民起义成功的产物，农民起家形成的朱明集团难免缺乏全球视野。清代统治集团起源于游牧民族，轻视海洋文明更是毫不奇怪。二是出于封建统治者巩固专制主义中央集权制度的需要和传统的重农抑商思想，他们认为农业是天下之本，无商不奸。三是几千年中国历史的经验和教训。对古代中国来说，海洋总体上不具有战略意义上的重要性，没有一个王朝是亡于海上来的对手的。因此，无论郑和船队的航海技术多么先进、船队规模多么庞大、航行海程多么遥远、涉足地域多么广泛、船队通过贸易实现的利润多么丰厚，都无法改变海禁的基本国策。郑和虽然创造了世界航海史上的奇迹，却无法撼动根深蒂固的封建思想，无法促进利润丰厚的海外贸易的进一步发展。

闭关锁国 300 余年，中国人对海洋生疏了，而凭借海洋之利兴起的西方，则开始叩击搁浅巨龙之国门。没有了海权的庇护，中国人原以为可作为御敌之天然长城的海洋，就成了西方入侵中国的捷径。因此，西方兴起了，东方落伍了。中国近代的耻辱史就是从海洋开始的，中国的国门也是从海洋方向被西方列强打开的。可以断言，近代中国的落后与长期忽视海洋有着密切关系。

二、中国告别海洋（蓝色）文明的后果非常严重

一是郑和之后再无郑和。梁启超为此唏嘘不已："及观郑君，则全世界历史上所号称航海伟人，能与并肩者，何其寡也。郑君之初航海，当哥伦布发现亚美利加以前六十余年，当维嘉达哥马发现印度新航路以前七十余年，顾何以哥氏、维氏之

绩，能使全世界划然开一新纪元，而郑君之烈，随郑君之没以俱逝。……哥伦布以后有无量数之哥伦布，维嘉达哥马以后有无量数之维嘉达哥马，而我则郑和以后，竟无第二之郑和。"[1] 这带来的一个可悲的结局就是一直延续至今的国防战略中的大陆军主义，海军发展长期滞后，中国从未夺得海上霸权。

二是中国多次放弃成为世界海洋大国、海洋强国的历史性机会，多次丧失巨大的海洋利益。已拒绝海洋（蓝色）文明的中国，对海外开疆拓土丝毫不感兴趣，这是中国失去海洋大国意识的典型表现。1753 年，苏禄（今菲律宾）的老苏丹向清廷上书《请奉纳版图表文》，请求将本国土地、丁户编入大清版图，使苏禄国成为中国的一部分，以便依托中国，得到庇护。但此时的乾隆皇帝正奉行闭关锁国政策，对海岸线以外毫无兴趣，甚至认为华侨都是"汉奸"[2]，死不足惜，殖民者杀死华侨对中国有利。在这种思维定式下，他对纯属"外人"的苏禄人的请求毫不在乎，苏禄希望成为"中国固有领土"的请求被婉言谢绝。1776 年，在美国独立的同一年，在世界第三大岛——东南亚的加里曼丹（印度尼西亚对婆罗洲的称呼，今约有 2/3 为印度尼西亚领土）西部，诞生了一个华人建立的国家"兰芳大统制共和国"（简称"兰芳共和国"），开国元首是广东梅县人罗芳伯，兰芳共和国建立的共和体制在世界诸国中堪称第一，比美利坚合众国的共和体制还早 11 年。这是亚洲第一个现代共和制国家，也是世界上最早的现代共和制国家之一。这个存在了 110 年的共和国，是中国新兴的市民阶级（资产阶级）在国内发展受阻的情况下，在国外建立的一个资产阶级性质的共和国[3]。罗芳伯等人都是清朝的平民百姓，由于在故乡生存环境艰难，不得已下了南洋。虽然漂泊海外，但仍然是清朝的子民，祖宗坟墓祠堂以及亲友家眷都在国内。罗芳伯他们如果自立为王，对清朝朝廷来说，属于反叛。抄家、挖坟、毁祠堂的事皇帝是干得出来的，甚至还会派兵出海，

---

① 梁启超：《祖国大航海家郑和传》，载《饮冰室合集》专集第三册第 6 卷，中华书局，2015。
② 张宸铭：《骇人听闻的真相……颠覆三观的历史》，《国学》2015 年第 6 期。
③ 吕振羽：《简明中国通史》，人民出版社，1959。

进行征伐。他们不敢自立为王，所以，这个华人国家刚刚建立，就派人回国，觐见乾隆皇帝，想把西婆罗洲这一大块土地纳入大清版图或变成藩属国。但乾隆皇帝根本不想理睬这些"天朝弃民"，也不承认这个南洋华人在海外建立的国家。兰芳共和国携手当地土著，抵抗西方殖民者的入侵长达 107 年，直到 19 世纪末才由于国小力弱被荷兰殖民者所灭。当时荷兰人一直有所顾虑，不敢全面占领，怕同文同种的中国干预，但清廷不把海外华侨当成自己人，荷兰人后来才放大胆子把该国彻底灭掉。此时离郑和下西洋已过去了 400 余年，由西欧航海家开创的地理大发现时代，早已极大地刺激了西欧工商业和航海业的迅速发展，激发了西欧发达国家瓜分殖民地的狂潮，促进了西欧各国国内市场的统一和世界市场的形成，推动了海外贸易的发展，引发了世界性的商业革命，西欧自此进入封建社会的瓦解时期，向资本主义社会过渡，早期的重商主义也开始兴起。到乾隆皇帝时，西欧通过殖民主义和资本原始积累，经历两次工业革命，19 世纪末进入了资本主义社会的鼎盛时期，中国却一直以天朝自居，固守大陆（黄色）文明，拒绝文明转型，闭关锁国，结果白白浪费了开疆拓土的大好机会。试想一下，如果乾隆当时不拒绝并入请求，现在的南海是什么格局？

　　三是重陆轻海的传统观念进一步固化，导致中国的国防、外交等越来越难以适应全球化的历史大趋势。中国几千年最大的威胁是来自西方、北方的挑战，塞防自然是国家安全中的重中之重。鸦片战争以后，中国更大的威胁是来自海上的挑战。所以，李鸿章说是中国"三千年未有之大变局"。中国海洋大国意识彻底丧失的一个表现是晚清的塞防和海防之争。为海防一再呐喊的李鸿章是近代历史上最早具有海权观念、最早看到海防重要性的战略家和外交家，他与左宗棠之间的海防和塞防之争，几千年来第一次使中国朝廷把海防放在与塞防同等重要的地位，但这不代表朝廷改变了以塞防为重的传统思维。左宗棠的背后不乏塞防传统势力的支持者，李鸿章则是几乎仅以个人之力，呼吁全国人民认清日本"诚为中国永远大患"①，呼

---

① 中华书局编辑部、李书源整理《筹办夷务始末（同治朝）·十》，中华书局，2008。

呼加强海防以应对来自日本的亡国灭种的威胁。本来，这场争论的实质是国防资源投放的重点，然而，李鸿章加强海防的呐喊却被扣上"卖国"的帽子，这凸显了当时中国缺乏现代海洋意识。一方面，中国海军军费被挪用去修建颐和园；另一方面，日本天皇带头为加强海军建设以打败中国而捐钱捐物。

中国文明逆转型的300余年是闭关锁国的300余年，意味着中国对海洋（蓝色）文明的告别，意味着中国海洋意识的丧失，中国人对海洋生疏了，而凭借海洋之利兴起的西方，则开始叩击搁浅巨龙之国门。失去了海权的庇护，中国人原以为可作为御敌天堑的海洋，便成了西方入侵中国的捷径。中国近代的耻辱史就是从海洋开始的，中国的国门也是从海洋方向被西方列强打开的。近代以来的国耻家仇大多是由海上来犯之敌造成的。1840—1949年的100多年间，中国先后遭受了上百次来自海上的侵略，被迫签署的不平等条约有700多个①，中国的近代史可谓是一部海洋血泪史、海上耻辱史。

总之，从明代开始，中国逐渐远离海洋（蓝色）文明，转型为大陆（黄色）文明国家。这是一次与全球化趋势反向的转型。中国作为当今世界的海洋大国，充分吸取历史教训，增强海洋大国的意识，突破长期以来的海洋困境，成为名副其实的海洋强国，是摆在国人面前的一个历史性任务。

第三节　推动中国文明转型，建设海洋强国

一、正确认识海洋（蓝色）文明和中国面临的海洋困境

党的十八大作出了建设海洋强国的重大部署，习近平总书记在主持中共中央政

---

① 张世平：《中国海权》，人民日报出版社，2009。

治局第八次集体学习时指出，建设海洋强国是中国特色社会主义事业的重要组成部分。只有实现中国文明的再一次转型，从明清以来单一的大陆（黄色）文明国家转型为兼具大陆（黄色）文明和海洋（蓝色）文明的国家，即恢复中华文明是大陆（黄色）文明与海洋（蓝色）文明的综合体的本来面貌，才谈得上实现中国梦。

实现中国文明的再一次转型，必须对海洋（蓝色）文明有一个正确的认识。相对于大陆（黄色）文明，海洋（蓝色）文明具有以下三个特点：一是重商意识；二是冒险和进取精神；三是开放性和多元性。这与重农轻商、安土重迁和闭关锁国的大陆型社会意识有明显的差异。海洋（蓝色）文明和大陆（黄色）文明的最基本差异在于，大陆（黄色）文明更多的是一种农耕文明，而海洋（蓝色）文明更多的是工商文明。孙中山在考察西方各国后得出结论："自世界大势变迁，国力之盛衰强弱，常在海而不在陆，其海上权力优胜者，其国力常占优胜。"[1] 中国改革开放 40 多年所创造的奇迹，很大程度上得益于海洋，无论国际贸易、国际投资，还是沿海经济特区，都离不开海洋元素。明清之前，当中华文明是大陆（黄色）文明与海洋（蓝色）文明的综合体时，中国长期是世界第一强国。明清以后，海禁使中国转型为单一的大陆（黄色）文明国家，中国被西方海洋（蓝色）文明国家远远地抛在了后面。实现文明转型，不是抛弃大陆（黄色）文明和农耕文明，而是在维护大陆（黄色）文明和农耕文明的同时，拓展海洋（蓝色）文明和工商文明。海洋（蓝色）文明、工商文明不等于资本主义文明，实现文明的再次转型，不等于向资本主义转型。实现中国文明的再次转型，向海洋（蓝色）文明回摆，把中国建成海洋强国，是实现中华民族伟大复兴中国梦的题中应有之义。

实现中国文明的再一次转型，必须对中国面临的海洋困境有一个清醒的认识。由于种种主客观因素，在海洋问题上，中国依然是一个尴尬的大国，依然没能很好地摆脱战略困境。这种战略困境表现为两个方面：一是从客观实力地位来看，中国

---

① 中国社会科学院近代史研究所中华民国史研究室、中山大学历史系孙中山研究室、广东省社会科学院历史研究室合编《孙中山全集》第二卷，中华书局，1982。

虽是一个海洋大国，却也是一个海权小国，对海洋问题发言权小，这与中国的大国地位严重不相称；二是海洋权益（含海洋国土）争端频发，不少国家似乎都敢欺负中国、挑衅中国，中国似乎总陷入被动应付、被动防御的状态。20 世纪 70 年代以来，与中国隔海相望的 8 个国家均向中国提出海洋主权和海洋权益方面的要求，中国在南海 205 万平方千米的管辖海域竟有 143 万平方千米被周边几个小国划入自己的管辖范围①。中国人说"主权归我"，无人理睬；中国人说"搁置争议"，非但没人"搁置"，反倒时不时地整出一点情况来让你为之紧张；中国人说"共同开发"，没人与你共同开发，却从天涯海角请来一些"红鼻子""蓝眼睛"又是勘探又是钻井。"谈不拢、打不得、拖不起"是今天中国在南海所面临的窘境。

这种战略困境的形成，有客观方面的原因：一是中国的海洋地缘政治环境恶劣，仅一面向洋（太平洋），且在通向大洋的战略通道上有许多政治制度与意识形态不同的国家和地区阻隔着，海上战略通道非常狭窄，容易受制于人。如此狭小的出海洋面，从某个角度来看，中国可谓"有海无洋"。相比之下，美国不受任何阻隔，直接面对三大洋（太平洋、大西洋和北冰洋），大洋战略通道非常通畅，俄罗斯直接面对两大洋（太平洋和北冰洋），美俄的海洋地缘政治环境都比中国好。二是历史遗留问题太多，矛盾涉及面广。祖国宝岛台湾当前仍孤悬海外，成为中国东部海权的缺口；在东海，中国与日本有钓鱼岛争端；在黄海，与韩国有苏岩礁归属问题争议；在南海，与多个国家存在岛礁争议。这些岛礁问题有愈演愈烈之势，黄岩岛事件和钓鱼岛问题就是例证。

主观方面的原因则在于：国人海洋意识薄弱，海权观念淡薄。受传统的陆权文化影响，再加上数百年的闭关锁国，国人对海洋还比较生疏，缺乏应有的激情。海洋大国意识的缺失，对海权的忽视，使得中国对海洋管控能力建设（比如海军建设、海洋监管机构建设等）重视不够，对海洋、岛屿不如对陆地国土那么重视，对海洋国土的丢失和海洋权益的被侵犯缺少切肤之痛的感觉。

---

① 张世平：《中国海权》，人民日报出版社，2009。

二、增强全民的海洋大国意识

实现中国文明的再一次转型，要增强全民的海洋大国意识，培育国民对海洋的感情，使国民在维护海洋权益中自觉发挥作用，实现中国的海洋强国梦。

一是要改变长期以来国民重大陆、轻海洋的传统心理和思维习惯。中国海洋形势严峻的一个突出表现是国民的海洋意识非常薄弱，多数国民对海洋的了解程度较低，很少有人知道国土中还包括海洋，中国还有数十万平方千米的海洋国土和数百万平方千米的管辖海域，也很少有人知道公海是国际"公共财产"和"公共通道"。据国内媒体报道，中国某大城市90%的大学生认为中国版图只有960万平方千米的陆域国土面积，而不知道中国还有300多万平方千米的管辖海域。北京市中华世纪坛的宏伟建筑，依然把祖国疆界限制为"960"；上海市"东方绿舟"青少年教育基地知识大道上，有历代中外名人雕像，其中伟大航海家有哥伦布，却没有郑和[①]。

二是要把增强海权意识作为增强全民海洋大国意识的关键。要使国民认识到21世纪是海洋的世纪，海权就是海洋活动的自由权，是海洋国家的合法权利，是中国和平崛起的重要保障。没有强大的海权，就没法保障国家的海洋权益。在国家利益争夺中，海权强国总是笑到最后。

三是要大力加强海洋文化建设，普及海洋知识，展开多种形式的海洋知识渗透，让国民的生活充满海洋的气息。

四是要把发展海洋经济作为建设海洋强国的重要支撑。19世纪、20世纪的中国是世界海洋权益分割的迟到者，21世纪正在崛起的中国不能再一次失去本应属于自己的海洋权利，"向南、向海、向全球"才可能解决好长期以来困扰中国的资源、市场、劳动力就业等问题。美日等国海洋经济对GDP（国内生产总值）的贡献率均超过50%，而根据自然资源部海洋战略规划与经济司发布的《2019年中国

---

① 郑明：《中国国民海洋意识薄弱　加强海洋教育迫不及待》，《环球时报》2006年10月3日。

海洋经济统计公报》，中国海洋经济占 GDP 的比重近 20 年来保持在 9% 左右。从中国未来发展来看，目前的国内资源无法满足 14 亿人改善生活条件的需要，因此急需海外资源，而海外资源的获取也需要海权的保护。中国作为"世界工厂""制造大国"，40% 以上的生产资料来自世界各地，60% 以上的产品销往世界各地，生产资料来源地、产品市场、经贸通道三大安全问题应运而生。因此，中国发展前景能否乐观，在很大程度上取决于对海洋空间的开拓和海洋资源的获取。

五是要把实现海洋强国梦与实现中国梦结合起来。为了实现中国梦，为了子孙后代的生存与可持续发展，中国应当大步走向海洋，走向海洋连接的各个大陆。

三、符合国情的海洋强国战略和海洋外交战略

实现中国文明的再一次转型，要制定符合中国国情的海洋强国战略，其中特别要有打破第一岛链包围圈的战略设计。要明确告诉世界，第一岛链不是封锁中国的岛链，而是中国保卫东部国土安全的第一防线。为此，在战略思想上要改变近海消极防御的策略，把中国海军建成远洋海军。中国海军创始人之一萧劲光大将曾提出组建太平洋舰队的战略构想，中国海军前司令员刘华清上将也曾提出中国海军冲出第一岛链、第二岛链，进入太平洋的宏伟目标[1]。从海权理论来看，这些战略构想都具有远见卓识，中国海军的确要有这样的战略设计，否则很可能被困在浅海。只有中国海军的实力达到与国力相称的地步，才能达到"不战而屈人之兵"的效果。尤其是在南海问题上，只有当中国南海舰队拥有绝对优势时，与中国有争议的国家才不会冒险挑衅。

实现中国文明的再一次转型，要制定与之相适应的中国海洋外交战略。由于中国缺乏系统的海洋大战略和海洋大外交，加上陆权思想严重，中国在海洋权益的获取和维护方面失去了某些战略良机，这又进一步加剧了中国目前的海洋困境。例如，在东海的钓鱼岛问题上，中国曾有机会利用 1972 年尼克松秘密访华形成的战

---

[1] 刘华清：《刘华清回忆录》，解放军出版社，2004。

略主动与优势，以当时日本当局在建交问题上有求于中国的态势，抓住战略时机提出钓鱼岛主权归还中国的问题，如再辅以中国为了中日人民的长期友好而主动放弃日本政府对华战争赔款相交换，那么 1972 年即成为解决钓鱼岛问题的绝佳时机。从现代外交实践来看，民间力量在国际争端中扮演着非常特殊的角色，有时可以起到官方起不到的特殊作用。海洋权益争端也是如此，中国可考虑对有争议的海洋国土采用官民结合的办法来诉争和维护。

近代中国的衰弱源于海洋，中国的新崛起也从海洋起步。中国正走在从海洋大国向海洋强国迈进的历史大道上，这条道路不是平坦无险的。只要认真总结经验教训，批判地吸收国外的发展经验，主动推动文明转型，不断增强海洋大国意识，经略好海洋，中国必将成为名副其实的和平崛起的海洋强国。

第二章
海洋强国建设的政治维度

第一节　21世纪海洋的重要地位和战略作用

一、人类进入大规模开发利用海洋的时期

冷战结束后，随着海洋开发技术的不断进步，人们开始有能力探索海底和远海的各种资源，由此展开激烈争夺，即所谓的"蓝色圈地运动"。进入21世纪，全球化的快速发展以及人口膨胀、资源短缺和环境恶化等全球性问题的凸显，使陆域资源、能源和空间的压力与日俱增。为谋求发展空间，世界沿海国家和地区纷纷将国家战略利益竞争的视野转向空间广袤、资源丰富的海洋，并加快调整海洋战略，制定海洋发展政策。20多年来，世界海洋经济以明显高于传统陆地经济的比例快速增长，2017年的统计数据显示，世界海洋经济的总产值已超过10万亿元人民币，预计到2030年时还将增长超过两倍，一些国家的海洋产业已经成为国民经济的支柱产业，海洋经济也成为一个独立的经济体系。人类从此进入大规模开发利用海洋的时期。

在大规模开发利用海洋的时期，海洋地缘环境和地缘格局都发生了巨大变化。随着人类探索海洋能力的不断增强，各国探索海洋的范围从海洋边缘延伸到深海，从太平洋、大西洋、印度洋等区域延伸至南极、北极，海洋事业的范畴有了很大拓展。除此之外，海洋越来越成为联结世界的便捷通道，海上贸易通道的畅通与安全

成为经济增长的重要保障，海底电缆等现代信息技术保障全球通信快捷顺畅。

海洋地缘环境和地缘格局的变化还突出表现在从"陆、海"二维战略空间向"陆、海、空、天、网"五维战略空间的快速变动。历史上的海权大国，如葡萄牙、西班牙、荷兰、英国乃至美国面临的都是"陆、海"二维的地缘格局。在理论方面，经典的地缘著作如阿尔弗雷德·塞耶·马汉的《海权论》、哈·麦金德的《历史的地理枢纽》、谢·格·戈尔什科夫的《国家的海上威力》、尼古拉斯·斯皮克曼的《和平地理学》等都是从海陆关系的角度进行论述的。在实践中，海权大国也都从这一角度制定海权发展政策。第二次世界大战前后，军用和民用飞机大量普及，航空的地缘意义迅速提升，地缘战略空间也随之从"陆、海"二维发展到"陆、海、空"三维。20世纪末，特别是21世纪以来，世界航天业迅猛发展，网络技术日新月异，使得地缘战略空间快速发展为"陆、海、空、天、网"五维战略空间。

在五维环境中，海洋发挥着极为特殊的作用。先进海军军备已具备迅速大量跨洋运送陆战兵力的条件。航空母舰（简称"航母"）、直升机登陆舰等装备更是成为活动的空中作战平台。美军现有11艘现役航母和3艘在建航母，可以在全球水域巡弋，每艘航母均可覆盖半径数百千米的海域及其上空。可以想象，靠近海岸部署的航母战斗群足以覆盖沿海数百千米的范围。从这一意义来说，海权已延仲到陆地和天空，成为陆权和空权的倍增器与延伸器。此外，海军舰艇不仅是重要的电子战平台，还可用于维护或切断至关重要的海底通信电缆。外空力量同样需要海洋遥感遥测舰只的精密配合。

总之，进入21世纪，海洋和陆地的界限不再那么分明。海上力量不仅为了保护海洋，也是其他安全手段的延伸。海洋和陆地已融为一体，海洋安全在国家安全中的地位大大提升。建设海洋强国，必须超越传统的"陆、海"二维思路，从"陆、海"二维战略空间认识向"陆、海、空、天、网"五维战略空间认识转变。特别要认识到，五维空间下的海洋发展已大大不同于以前，其战略地位、发展路径等都有很大区别，由此带来的战略调整将为后起国家开发利用海洋提供更多的空间和可能。

二、海洋在国家发展中的作用更加重要

21 世纪以来，随着人类进入大规模开发利用海洋的时期，海洋在国家经济发展格局和对外开放中的作用更加重要。经过多年发展，中国海洋经济已经成为国民经济的重要组成部分和新增长极。1978 年以前，中国海洋经济产值只有 80 亿元左右。改革开放后，海洋事业逐步发展，1980 年海洋经济产值首次突破 100 亿元，1990 年增至 438 亿元。进入 21 世纪，海洋经济实现了跨越式发展：2001 年全国主要海洋产业总产值已达到 7 234 亿元，到 2019 年，全国海洋生产总值达到了 89 415 亿元，占国内生产总值的比重为 9.0%，在沿海地区，海洋生产总值的占比为 17.1%，海洋经济在整个国民经济结构中的比重越来越大，对国民经济的贡献率也越来越大。按照国际通行说法，海洋经济占国民生产总值的比重达到 10%～15% 就是海洋经济强国，而中国正朝着海洋经济强国迈进。此外，海洋作为支撑对外开放的重要载体，为对外贸易提供了便利的海上通道，赢得了更加广阔的海外市场和更加多元的海外利益。尤其近年来在"一带一路"建设的推动下，《粤港澳大湾区发展规划纲要》的出台以及海南自由贸易港建设的启动，使得沿海地区的海洋资源优势和环境区位优势成为进一步推进改革开放事业的出发点、着力点和落脚点。

新的时期，各国以维护海洋安全与海洋权益、拓展海洋发展空间、开发利用海洋资源为核心的海洋综合实力竞争将越来越激烈。一些海上邻国试图通过实际控制、国内立法、国际联盟等手段侵犯中国海洋领土主权与海洋权益，使中国海洋方向的安全形势日益严峻。近年来，"印太"概念甚嚣尘上，日本、印度、韩国、澳大利亚等国家在亚太地区有所动作。尤其是新冠肺炎疫情暴发以来，伴随着中美关系的骤然降温，中国在南海及台海地区面临的压力不断增大，这一区域甚至被认为是中美两国最可能擦枪走火的地方。海洋安全问题成为当前国家安全中最为棘手的

问题之一。除此之外，与中国切身利益相关的海洋资源开发、海洋经济发展、海洋环境保护等问题也日益凸显。首先，从发展的角度看，中国沿海地区经济发展速度远超内陆地区，海洋经济在国民经济中的比重持续升高，外贸依存度有 50% 左右，国家发展所需的先进技术、各种原料、商品出口等都严重依赖国际市场，海上新兴资源开发与新兴科技将对国家发展产生越来越重要的作用。可以说，中国发展的命脉将更多地延伸至和分布于海洋领域，维护各项海洋权益、加快发展各项海洋事业，将为国家的整体发展与安全提供持续的动力与保障。其次，从生态文明的角度看，海洋在国家生态文明建设中的角色更加重要。改革开放以来，中国粗放式的发展模式引发了严重的资源短缺和环境恶化。进入 21 世纪，生态文明建设被逐步提升到国家战略层面。2007 年，党的十七大首次把"生态文明"概念写入党代会报告。2012 年，党的十八大又作出生态文明建设的战略决策，中国从此进入生态文明建设的新阶段。海洋是自然生态系统中最大的生态系统。海洋优越的自然环境和丰富的自然资源，为中国经济社会发展提供了不可或缺的重要支撑，为未来发展提供了更为广阔的战略空间。激发海洋潜能，提高海洋资源利用率，大规模开发利用海洋这个取之不尽的资源宝库，有利于进一步推动产业结构优化升级，改变过去高能耗和单纯追求数量增长的发展模式，建立低耗能、低污染和高质量效益的经济发展新模式。这将特别有利于国家生态文明建设。由于海洋生态文明的发展进程在一定程度上反映着国家生态文明建设的状况，因此，在新的世纪和新的阶段，随着海洋经济在中国经济发展格局和对外开放中的地位逐步提升，海洋生态文明建设在国家生态文明建设总体部署中的地位和作用也更加重要。

三、海洋在国际竞争中的地位明显上升

一是世界各国海洋发展的政治意识和竞争意识大大增强，主要海洋国家开始了新一轮的海洋政策制定和战略调整。进入 21 世纪，世界各国纷纷组织研究制定国家海洋安全与发展战略、规划、计划、政策，专门组建最高级别海洋议事协调机

构,推进海洋事业发展,力争在国际竞争中取得先机。美国 2004 年出台《国家海上安全战略》《21 世纪海洋蓝图》《美国海洋行动计划》等政策文件,美国海军于 2007 年和 2010 年分别提出《21 世纪海权合作战略》和《2010 年海军行动概念:执行海上战略》,2015 年又公布了《21 世纪海权合作战略》的修订版《21 世纪海权合作战略:前沿、参与、准备》。2006 年以来,欧盟相继出台《欧盟综合海洋政策绿皮书》《欧盟海洋综合政策蓝皮书》《欧盟综合海洋政策实施指南》等文件。近年来,俄罗斯出台《俄罗斯联邦海洋规划》《俄联邦至 2020 年及更长时期的海洋战略发展》等政策文件;同时设立俄联邦政府海洋委员会,将争夺海洋主导权、开发海洋战略资源作为重振大国雄风的战略着力点;俄罗斯海洋管理体制由分散向集中或相对集中转变的趋势较为明显。2007 年和 2008 年,日本先后出台《海洋基本法》《推动新的海洋立国相关决议》《海洋政策基本方略》《海洋基本计划》等政策文件,并成立综合海洋政策本部,不断提高海洋立国的战略定位,将海洋作为拓展疆域与增强国际影响力的重要途径。印度积极推行以称雄印度洋为核心目标的海洋战略,将印度洋分为绝对控制区、中等控制区、软控制区,并制定相应的海军战略,实行“西进”和“东向”政策。韩国先后出台《21 世纪国家海洋政策》《海洋韩国 21 世纪》《2016 年未来国家海洋战略》等政策文件,明确提出从 2006 年开始用 10 年左右时间建成世界第五大海洋强国。越南早在 1993 年就提出建设东亚地区海洋强国的战略目标;2007 年发布《至 2020 年海洋战略规划》,提出要举全国之力建设具有强大海洋能力的海洋强国;2012 年通过《越南海洋法》,为其南海非法主张提供“合法”外衣。

二是世界各国海洋竞争的内涵发生重大变化,竞争标的及其内容更加丰富。过去,海洋领域的国际政治和军事斗争主要以控制海上交通线、战略要地和通过海洋制约陆地为主。进入 21 世纪,世界各国除了延续对传统海权的追求和维护之外,还从民族国家生存发展的根本战略需求出发,开始以海洋空间和资源为目的对海洋本身进行争夺。据统计,全世界有近 400 处海域划界纠纷,上千个有争议的岛屿。

亚太地区的海域划界问题最为严重，几乎所有沿海国家都与邻国存在划界争议。各国在海域划界和岛屿归属问题上"寸海必争，每岛必夺"。极地、深海成为各方争夺的新焦点。北冰洋沿岸相关国家，如美国、俄罗斯、加拿大、挪威、丹麦等通过外交、政治和科技等手段，对北极主权和利益展开激烈争夺。美国、俄罗斯、英国、阿根廷、智利、澳大利亚、新西兰、法国、挪威等国都对南极提出利益诉求。

在海洋安全竞争方面，超级大国、地区强国对发展中国家、弱小国家施加控制和实施利益侵害的行为出现新特点，即表现为战略前移、优势塑造、技术威慑、讲究隐蔽等。美国通过卫星监视、船舶活动、浮标投放，在全球战略通道和有关国家（包括中国）周边海域建立海洋环境立体监测网；日本也建成全球和区域海洋环境业务化预报系统；美日等国甚至建立了地区性信息共享机制，从海面和水下对军事目标进行监控。世界范围的国际海洋竞争议题还包括国际海底开发问题，以及在海上运输和航行、打击海上犯罪、海洋资源开发、海洋环境保护、海洋科技、公益服务等专业领域国际机制、国际合作中的主导权竞争问题。

三是世界各国海洋竞争的形式更加丰富、手段更加有力。只要条件允许，世界各国就纷纷由单纯的海上军事武装力量向政治外交力量、海洋经济发展能力、海洋资源勘探开发能力、海洋科技力量与军事力量相结合的综合海上力量发展。以美国为例，在政治外交上，美国把海洋因素作为全球和地区战略的重要维度。美国布鲁金斯学会资深研究员、新保守主义者罗伯特·卡普兰在其文章中指出，南中国海将是未来冲突之地，21世纪的战场将在海上[1]。在军事上，美国《21世纪海权合作战略：前沿、参与、准备》报告中提出，要通过五项功能来完成保卫本土、建立全球安全、投放兵力并取得决定性胜利四项使命。其中最重要的功能为"全境进入"，即在全球海域无所不入[2]。在经济发展上，美国大力扶持海洋观测、海洋资源开发（如深潜、海洋生物技术）和海洋空间利用等战略性新兴产业。在科技力量上，美

---

① 周琪等：《"再平衡"战略下美国亚太战略的目标与手段》，中国社会科学出版社，2018。
② 同上。

国于2007年发布《绘制美国未来十年海洋科学发展路线图——海洋研究优先领域和实施战略》，列出六个主题共计二十项优先研究内容和近期四大优先研究领域。除了美国，世界上其他国家也纷纷强调海洋科技的先导作用，竞相制定海洋科技开发规划、战略规划等。

日本确立了海洋生物技术、矿产资源开发技术、海水利用技术、空间利用技术、探测技术、海洋能利用技术、海洋通用技术七大重点领域。韩国投入巨资促进高附加值和知识型的海洋产业，把对海洋和水产的研究开发投资预算增加到国家研究开发总预算的10%。韩国还实施海洋资助计划，以资助产业界、学术界和研究机构间的联合研究开发活动。

总之，世界各国在海洋竞争中硬实力、软实力搭配运用，政治、经济、科技、军事等多种手段综合应用，进一步拉大了超级大国、地区强国与发展中国家、弱小国家之间的实力差距，并有可能进一步加剧国际海洋秩序中的不平等现象。

第二节 "一带一路"倡议和人类命运共同体

一、"一带一路"倡议与中国海洋外交新格局

为了进一步推动海洋开发利用、促进对外经济文化交流、完善海洋强国战略布局，"海上丝绸之路"的概念被再度提出。2013年，习近平主席在访问哈萨克斯坦和印度尼西亚期间分别提出共建丝绸之路经济带倡议和共建21世纪海上丝绸之路倡议，即"一带一路"倡议。

此后，习近平主席出访了众多重要的丝绸之路沿线国家，在多个外交场合和重要会议上阐释和强调这一倡议，并邀请各国共同建设。"一带一路"倡议是习近平总书记立足世界形势和中国国情作出的重大部署，顺应了时代要求、发展大势和沿

线国家的愿望，是中国当前乃至未来相当长一段时期内坚持的重大举措。

"一带一路"倡议以丝路精神为指引。"一带一路"倡议继承和发扬了以和平合作、开放包容、互学互鉴、互利共赢为核心的丝路精神，不仅传承了古代海上丝绸之路的播撒文明、开放多元与包容和谐的传统理念，还提出建设创新型、开放型、联动型、包容型世界经济的全球经济治理理念，赋予现代国家发展以合作共赢和开放包容等现实意义与价值期待，续写着历史价值、文化魅力的发展脉络，指引"一带一路"沿线国家共建丝绸之路。

"一带一路"倡议以"五通"为重点。"一带一路"倡议旨在打造沿线国家的互联互通，坚持以共商、共建、共享为原则，重点推动政策沟通、设施联通、贸易畅通、资金融通和民心相通。加强政策沟通是重要保障，基础设施互联互通是优先领域，投资贸易合作是重点内容，资金融通是重要支撑，民心相通是社会根基。"一带一路"沿线国家不断深化"五通"合作，推动一大批有影响力的标志性项目成功落地。

"一带一路"倡议以"五路"为路径。为应对"和平赤字、发展赤字、治理赤字"这三大赤字，习近平总书记提出建设"和平之路、繁荣之路、开放之路、创新之路、文明之路"这五大路径，强调发展是解决一切问题的总钥匙，维护和发展开放型世界经济，为世界提供更多的公共产品，构建广泛的利益共同体，坚持创新驱动和绿色发展，为全球治理提供中国方案。

"一带一路"倡议推动中国海洋外交新格局的形成。"一带一路"倡议的外交理念和国家行为有力印证了它对中国形成全方位开放格局、建立新型大国关系的重大意义。"一带一路"倡议有利于中国扩大开放和开拓市场，有助于中国贯彻亲诚惠容的周边外交政策，深化与沿线国家的战略互信，促进区域合作与地区稳定，开创互利共赢、开放包容的新格局。

"一带一路"倡议促使中国理念逐步变为国际现实。"一带一路"倡议以亚洲国家为重点方向，以经济走廊为依托，以交通基础设施为突破，以建设融资平台为抓手，以人文交流为纽带，加强"一带一路"务实合作，设立丝路基金，倡议成立亚洲基础设施投资银行，推进金砖国家新开发银行建设，主动提供一系列惠及沿线国家的项目。中国的主动姿态和积极行动有力推动了国际合作和共同发展，进一步得到沿线国家的积极关注及响应，相关倡议内容被纳入联合国大会、联合国安理会、亚太经合组织等的有关决议或文件中，成为"一带一路"沿线国家的共同遵循。

二、人类命运共同体是海洋强国的终极目标

推进"一带一路"建设的目标是什么？习近平认为，应当是人类命运共同体。党的十八大以来，习近平总书记在国际国内多个重要场合、以不同视角数百次提及和阐释构建人类命运共同体，并对人类命运共同体的思想理据、核心要义和多元内涵作出科学判断和深刻剖析，明确回答了什么是人类命运共同体、为什么构建人类命运共同体以及如何构建人类命运共同体的新时代重大议题。人类命运共同体是中国特色社会主义理论的创新成果，是习近平海洋外交思想的创新理念，是中国建设海洋强国、推进"一带一路"建设、参与全球海洋治理和构建国际海洋新秩序的终极目标。

2018年8月27日，习近平出席推进"一带一路"建设工作5周年座谈会并发表重要讲话，强调共建"一带一路"顺应了全球治理体系变革的内在要求，彰显了同舟共济、权责共担的命运共同体意识，为完善全球治理体系变革提供了新思路、新方案。我们要坚持对话协商、共建共享、合作共赢、交流互鉴，同沿线国家谋求合作的最大公约数，推动各国加强政治互信、经济互融、人文互通，一步一个脚印推进实施，一点一滴抓出成果，推动共建"一带一路"走深走实，造福沿线国家人民，推动构建人类命运共同体。

习近平对新时代人类社会关系的基本判断是人类命运共同体提出的思想理据。面对当今世界的深刻变化，习近平站在世界历史的高度审视当今世界发展趋势和面

临的重大问题，作出了"各国人民形成了你中有我、我中有你的命运共同体"的准确而精练的判断。在此基础上，习近平提出了构建人类命运共同体的外交新概念，体现了世界格局加快演变、全球性问题亟待解决和中国特色社会主义进入新时代的鲜明的时代特征。

习近平认为，协力建设"五个世界"是构建人类命运共同体的核心要义。构建人类命运共同体要求每个民族、每个国家风雨同舟，荣辱与共，努力把我们生于斯、长于斯的这个星球建成一个和睦的大家庭，把世界各国人民对美好生活的向往变成现实，协力建设一个持久和平、普遍安全、共同繁荣、开放包容、清洁美丽的世界，这"五个世界"为人类社会绘制了和平之海、安全之海、繁荣之海、开放之海和美丽之海的发展蓝图。

构建"八大共同体"则是构建人类命运共同体的行动路径。中国是人类命运共同体的倡导者，更是行动者，要肩负起国际责任和时代担当，引领国际社会践行人类命运共同体思想。坚持和平发展、对话协商，构建政治共同体；坚持共建共享、共同合作，构建安全共同体；坚持互利共赢、开放包容，构建经济共同体；坚持和而不同、兼收并蓄，构建文化共同体；坚持尊崇自然、绿色发展，构建生态共同体；始终做世界和平的建设者，构建责任共同体；始终做全球发展的贡献者，构建利益共同体；始终做国际秩序的维护者，构建行动共同体。构建"八大共同体"，从行动上推动海洋可持续发展，构建公平合理的海洋新秩序，共同应对海洋挑战，共同分享海洋成果。

第三节　新时代海洋安全观和海洋权益维护

一、新时代的国家海洋安全观

建设海洋强国需要安定的国内环境，也需要和平的外部环境及与之相适应的新时代海洋安全观。安全观作为意识形态的一部分，同其他意识形态产物一样，来源于实践，作用于实践。国家海上安全观来自一国对海上安全的需求，与沿海国家的自然地理环境和对海上安全利益的渴求程度密切相关①。

从政治和国家安全的角度考虑，中国的海洋环境较为复杂，面临诸多问题，而不断变动的周边局势更是加剧了这种复杂性。中华人民共和国成立以来，中国的海洋安全观一直处于调整之中，20世纪80年代以来，逐渐形成了以海防为主的综合性安全观——以现有海上力量为依托，以政治、经济、外交等多种手段保障国家海上安全。近年来，中国海上安全战略仍秉持以多种手段保障国家海上安全的综合性安全观。

习近平提出的"一带一路"倡议为海上安全观带来新理念——开放、共赢。2014年4月，习近平在中央国家安全委员会第一次会议上首次提出了"总体国家安全观"的理念。毫无疑问，海洋安全必然是总体国家安全观的一部分，这又为海上安全观增添了全局性的特点。2018年3月，第十三届全国人民代表大会第一次会议通过的宪法修正案，将宪法序言第十二自然段中"发展同各国的外交关系和经济、文化的交流"修改为"发展同各国的外交关系和经济、文化交流，推动构建人类命运共同体"。

从安全观的角度来看，构建人类命运共同体的重大意义之一在于将人类作为一个整体，将中国一国的安全与世界各国的安全紧密结合在了一起。习近平对人类命运共同体与国际关系新秩序概念的不断阐释、丰富，为总体国家安全观与海洋安全观注入了不同于以往的新型特征。由此可见，在习近平关于海洋强国的思想指导下的海洋安全观体现出了鲜明的特点——开放、共赢、建构，是一种综合性的新型安全观。

需要指出的是，这并不意味着上述国家海洋安全观淡化了硬实力的因素。作为一种综合性安全观，国家海上主权的维护、国家海上权益的维护在任何时期都是极

---

① 张炜主编《国家海上安全》，海潮出版社，2008。

端重要的核心要素。2014 年 11 月，习近平在中央外事工作会议上的讲话指出，"要坚决维护领土主权和海洋权益，维护国家统一，妥善处理好领土岛屿争端问题"[1]。同年 11 月，习近平在澳大利亚联邦议会的演讲指出，"中国一贯坚持通过对话协商以和平方式处理同有关国家的领土主权和海洋权益争端。中国已经通过友好协商同 14 个邻国中的 12 个国家彻底解决了陆地边界问题，这一做法会坚持下去。中国真诚愿意同地区国家一起努力，共同建设和谐亚太、繁荣亚太"[2]。2015 年 11 月，习近平在新加坡国立大学的演讲指出，"中国南海政策的出发点和落脚点都是维护南海地区和平稳定"[3]。不同在于，中国建设强大海军、积极参与域外维和、打击海上非传统安全犯罪的战略旨在维护中国国家利益、维护地区和平，而非谋夺海洋霸权。2015 年 10 月，习近平在接受路透社采访时指出，"南海诸岛自古以来就是中国领土，这是老祖宗留下的。任何人要侵犯中国的主权和相关权益，中国人民都不会答应。中国在南海采取的有关行动，是维护自身领土主权的正当反应。对本国领土范围外的土地提出主权要求，那是扩张主义。中国从未那么做过，不应当受到怀疑和指责"[4]。

二、维护海洋权益具有重要意义

海洋强国的权益维护是国家海洋战略的重要组成部分。"一带一路"倡议提出以来，国家海外利益涉及的深度和广度大大拓展，中国与沿线国家的沟通往来、利益交融往纵深方向发展。与此同时，近年来世界格局的变化表现出了更多的不可控因素和更突出的动荡性特征，无论是南海局势、台海局势、东北亚局势，还是与中

---

① 《中央外事工作会议在京举行 习近平发表重要讲话》，《人民日报》2014 年 11 月 30 日。
② 习近平：《携手追寻中澳发展梦想 并肩实现地区繁荣稳定——在澳大利亚联邦议会的演讲》，《光明日报》2014 年 11 月 18 日。
③ 习近平：《深化合作伙伴关系 共建亚洲美好家园——在新加坡国立大学的演讲》，人民出版社，2015。
④ 习近平：《共同开启中英全面战略伙伴关系的"黄金时代"为中欧关系全面推进注入新动力》，《人民日报》2015 年 10 月 19 日。

国发展休戚相关的印度洋沿线、中东地区的安全局势，都面临着复杂的挑战。在这样的背景下，海洋权益的维护得到习近平总书记的高度重视。

维护主权领土完整，是国家利益的核心要素，也是海洋强国建设的首要目标。南海问题涉及中国国家主权、海洋权益以及与部分东盟国家间的双边关系，习近平总书记对此极度重视。在涉及南海问题的各个外交场合，习近平反复指出，中国一方面拥有极其坚定的捍卫领土主权的意志，另一方面愿意与周边国家通过和平方式和双边谈判的途径解决争端，维护地区和平与稳定。

2014年5月21日，亚洲相互协作与信任措施会议第四次峰会在上海举行，习近平主持会议并发表题为《积极树立亚洲安全观　共创安全合作新局面》的主旨讲话，首次倡导树立亚洲安全观。

2014年11月13日，第十七次中国—东盟领导人会议发表主席声明，重申将致力于继续全面有效落实《南海各方行为宣言》，争取在协商一致的基础上早日达成"南海行为准则"。

2017年5月，中国—菲律宾南海问题双边磋商机制第一次会议在贵阳市举行，中国与菲律宾在中国与东盟框架之内关于南海问题的合作日益深入。当前，在中国和东盟国家的共同努力下，南海形势趋稳向好，中国和东盟国家全面有效落实《南海各方行为宣言》，积极推进海上务实合作，"南海行为准则"磋商取得重要共识和进展。

"一带一路"倡议提出以来，中国海洋权益争端日益呈现复杂化、多样化的趋势，海洋维权任务的重要性和紧迫性前所未有地体现出来。对此，以习近平同志为核心的党中央高度重视，采取了一系列措施维护中国海洋权益。

第一，改革海洋维权体制机制。2018年，自然资源部组建，原国家海洋局部分职能并入自然资源部，海警队伍整体划归武警部队。长期以来，中国海洋管理涉及众多部门，管理力量分散，体制改革使涉海管理部门的层级得以提升，资源得以整合，海洋管理效率得以提高。

第二，维权执法取得历史性突破。其中最为突出的是南海岛礁建设。党的十八大以后，为了改善驻岛人员的工作和生活条件，加强中国在南海主权范围内必要的军事防卫，中国在南海适当地扩大了岛礁面积。习近平总书记在党的十九大报告中指出，"南海岛礁建设积极推进"。南海岛礁建设本身既是中国海洋权益的一部分，同时，南海岛礁建设的成就也为中国海洋权益的进一步发展提供了保障，为国际社会提供了航行安全、防灾减灾等相关的公共服务。除此之外，中国海洋维权执法力度大幅增加，2017年中国海警船在钓鱼岛海域巡航达29次。2017年，根据《海洋督察方案》及围填海专项督察行动的任务要求，各航空支队积极配合国家海洋督察组，与现场督察小组、海监船舶同步实施"海陆空"立体检查，圆满完成了既定任务。

第三，保障海洋资源安全。习近平总书记对海洋资源在地区发展、国家发展中的重要作用有着深刻的认识，在福建、浙江任职期间，将海洋资源的利用和保护纳入地区发展框架之中。保障海洋资源安全，至少包含了三个方面的内容：一是对传统海洋资源的开发和保护；二是加大对新型绿色资源的开发力度；三是对海洋生态平衡的保护。这三方面内容在习近平总书记的相关讲话中被屡次提及，是习近平关于海洋强国的思想的重要组成部分。

随着"一带一路"建设的不断推进，国家海外利益的不断拓展，如何更好地保障中国公民、中国资本及其他国家利益在海外的安全，是国家发展面临的重大课题。要解决这个课题，外交和军事是必不可少的两大手段。外交作为拓展海外利益的主要途径，通过与周边国家及其他相关国家建立广泛的合作机制，发挥拓展和维护双边权益的重要作用；军事作为维护海外利益的必要保障，主要体现在维护航道安全、远洋护航、对抗非传统安全威胁等方面。

第三章
海洋强国建设的经济维度

第一节　海洋强国的经济基础

一、海洋经济发展的自然禀赋、产业形式和主要成就

中国海洋自然条件优越、资源丰富。海域辽阔，跨越热带、亚热带和温带，大陆海岸线长达1.8万多千米。海洋资源种类繁多，海洋生物、海洋石油天然气、海洋固体矿产、海洋可再生能源、滨海旅游等资源丰富，开发潜力巨大。其中：海洋生物2万多种，海洋鱼类3 000多种；海洋石油资源量约240亿吨，海洋天然气资源量14万亿立方米；滨海砂矿资源储量31亿吨；海洋可再生能源理论蕴藏量6.3亿千瓦；滨海旅游景点1 500多处；深水岸线400多千米，深水港址60多处；滩涂面积380万公顷，水深0～15米的浅海面积12.4万平方千米。此外，在国际海底区域中国还拥有7.5万平方千米多金属结核矿区。发展海洋经济对于促进沿海地区经济合理布局和产业结构调整，保持国民经济持续、健康、快速发展具有重要意义。

海洋经济是开发利用海洋的各类产业及相关经济活动的总和[①]。加快发展海洋产业，促进海洋经济发展，对形成国民经济新的增长点、促进国民经济持续健康发展具有重要意义。中国的海洋产业主要是指开发、利用和保护海洋所进行的生产和服务活动，包括海洋渔业、海洋油气业、海洋矿业、海洋盐业、海洋化工业、海洋

[①]　参见国务院2003年印发的《全国海洋经济发展规划纲要》。

生物医药业、海洋电力业、海水利用业、海洋船舶工业、海洋工程建筑业、海洋交通运输业、滨海旅游业等主要海洋产业，以及海洋科研教育管理服务业等[①]。海洋经济涉及的区域为中国的海岸带、内水、领海、毗连区、专属经济区、大陆架以及中国管辖的其他海域（未包括中国香港、澳门、台湾地区）和中国在国际海底区域的矿区等。发展海洋产业经济和区域经济，对建设海洋强国具有基础支撑及重大推动作用。

1978 年以前，我国海洋经济产值 80 亿元左右。改革开放后，海洋事业逐步发展。1980 年，海洋经济产值首次突破 100 亿元，1990 年增至 438 亿元，占国民生产总值的 2.36%。进入 21 世纪，海洋经济实现了跨越式发展：2001 年全国主要海洋产业总产值已达到 7 234 亿元，占国内生产总值的 3.44%，2006 年达 1.8 万亿元；"十一五"期间，海洋经济持续增长，到 2012 年，全国海洋经济总产值超过 5 万亿元，占国内生产总值的 9.6%。

据统计部门核算，2019 年全国海洋生产总值 89 415 亿元，比上年增长 6.2%，海洋生产总值占国内生产总值的比重为 9.0%，占沿海地区生产总值的比重为 17.1%。其中，海洋第一产业增加值 3 729 亿元，海洋第二产业增加值 31 987 亿元，海洋第三产业增加值 53 700 亿元，分别占海洋生产总值的 4.2%、35.8% 和 60.0%。主要海洋产业保持稳步增长，全年实现增加值 35 724 亿元，比上年增长 7.5%。2020 年，全国海洋生产总值 80 010 亿元，比上年下降 5.3%，占沿海地区生产总值的比重为 14.9%。其中，海洋第一产业增加值 3 896 亿元，海洋第二产业增加值 26 741 亿元，海洋第三产业增加值 49 373 亿元，分别占海洋生产总值的 4.9%、33.4% 和 61.7%，与上年相比，第一产业、第二产业比重有所增加，第三产业比重有所下降。

在区域海洋经济发展方面，2019 年，北部海洋经济圈海洋生产总值 26 360 亿

[①] 参见自然资源部海洋战略规划与经济司 2020 年 5 月发布的《2019 年中国海洋经济统计公报》。

元，比上年名义增长 8.1%，占全国海洋生产总值的比重为 29.5%；东部海洋经济圈海洋生产总值 26 570 亿元，比上年名义增长 8.6%，占全国海洋生产总值的比重为 29.7%；南部海洋经济圈海洋生产总值 36 486 亿元，比上年名义增长 10.4%，占全国海洋生产总值的比重为 40.8%。2020 年，北部海洋经济圈海洋生产总值 23 386 亿元，比上年名义下降 5.6%，占全国海洋生产总值的比重为 29.2%；东部海洋经济圈海洋生产总值 25 698 亿元，比上年名义下降 2.4%，占全国海洋生产总值的比重为 32.1%；南部海洋经济圈海洋生产总值 30 925 亿元，比上年名义下降 6.8%，占全国海洋生产总值的比重为 38.7%。

海洋是中国经济社会发展的重要战略空间。海洋经济是孕育新产业、引领新增长的重要领域，在国家经济社会发展全局中的地位和作用日益突出。党中央、国务院高度重视海洋经济发展，党的十八大、十九大均作出了建设海洋强国的重大战略部署。壮大海洋经济、拓展蓝色发展空间，对实现"两个一百年"奋斗目标、实现中华民族伟大复兴的中国梦具有重大意义。党的十八大、十九大召开以来，中国海洋经济稳中有进，在全球治理体系深刻变革、生产要素在全球范围的重组和流动进一步加快、新一轮科技革命和产业变革正在全球范围内孕育兴起的背景下，加快转型升级，进一步"走出去"，并与"一带一路"建设结合，在更广范围、更深层次上参与国际竞争合作。海洋经济发展方式加快转变，新的增长动力正在孕育形成，制造业实力显著提高。海洋科技的发展与应用有效促进了海洋产业的转型升级。

二、海洋经济发展的基本态势、系统方法和战略意义

中国海洋经济发展的社会条件日趋完善。改革开放以来，中国把海洋资源开发作为国家发展战略的重要内容，把发展海洋经济作为振兴经济的重大措施，对海洋资源与环境保护、海洋管理和海洋事业的投入逐步加大。为规范海洋开发活动，保护海洋生态环境，国家先后制定颁布了一系列海洋法律法规。全民海洋意识日益增

强。沿海一些地区迈出了建设海洋强省（自治区、直辖市）的步伐。海洋经济的快速发展已经具备了良好的社会条件。中国海洋经济发展已经具有较大规模。沿海地区经济快速发展，中央和地方对海洋产业的投入力度逐年加大。"十三五"规划实施以来，中国海洋经济发展空间不断拓展，综合实力和质量效益进一步提高，海洋产业结构和布局更趋合理，海洋科技支撑和保障能力进一步增强，海洋生态文明建设取得显著成效，海洋经济国际合作取得重大成果，海洋经济调控与公共服务能力进一步提升，形成陆海统筹、人海和谐的海洋发展新格局。

发展海洋经济是建设海洋强国的基础和核心，建设海洋强国是中国特色社会主义事业的重要组成部分。建成海洋强国，是中国梦的组成部分。海洋经济乃至整个海洋事业的发展，必须与中国共产党成立 100 年时全面建成小康社会、新中国成立 100 年时建成富强民主文明和谐美丽的社会主义现代化强国的目标和进程相匹配，应当为中华民族的伟大复兴作出贡献。

就整体而言，目前中国发展的外部环境面临深刻而复杂的变化。当前和今后一个时期，中国发展仍然处于重要的战略机遇期，但机遇和挑战都有新的发展变化。当今世界正经历百年未有之大变局，新一轮科技革命和产业变革深入发展，国际力量对比深刻调整，和平与发展仍然是时代主题，人类命运共同体理念深入人心，同时国际环境日趋复杂，不稳定性、不确定性明显增加，新冠肺炎疫情影响广泛深远，经济全球化遭遇逆流，世界进入动荡变革期，单边主义、保护主义、霸权主义对世界和平与发展构成威胁。

中国已转向高质量发展阶段，制度优势显著，治理效能提升，经济长期向好，物质基础雄厚，人力资源丰富，市场空间广阔，发展韧性强劲，社会大局稳定，继续发展具有多方面优势和条件。但是，中国发展不平衡、不充分问题仍然突出，重点领域、关键环节的改革任务仍然艰巨，创新能力不适应高质量发展要求，农业基础还不稳固，城乡区域发展和收入分配差距较大，生态环保任重道远，民生保障存在短板，社会治理还有弱项。

海洋经济发展面临的外部环境形势严峻。内部不平衡、不协调、不可持续问题依然存在，海洋经济发展布局有待优化，发展动能转换任务艰巨[①]，海洋产业结构调整和转型升级压力加大，部分海洋产业存在技术落后和产能过剩问题，自主创新和技术成果转化能力有待提高，海洋生态环境承载压力不断加大，海洋生态环境退化，陆海协同保护有待加强，海洋灾害和安全生产风险日益突出，保障海洋经济发展的体制机制尚不完善等，这些因素仍制约着中国海洋经济的持续健康发展。

实现海洋强国梦，是一项宏大、复杂、艰巨、紧迫的社会系统工程。唯物辩证法认为，事物是普遍联系的，事物及事物各要素相互影响、相互制约，整个世界是相互联系的整体，也是相互作用的系统。要善于运用系统科学、系统思维、系统方法研究解决问题。治理国家和社会是复杂的系统工程，必须统筹兼顾，全面规划。党的十八大以来，党中央坚持系统谋划、统筹推进党和国家各项事业，根据新的实践需求，形成一系列新布局和新方略，带领全党、全国各族人民取得了历史性成就。在这个过程中，系统观念是具有基础性的思想和工作方法。坚持系统观念已经成为"十四五"时期经济社会发展必须遵循的五大原则之一。

海洋强国系统工程的基础部分，便是海洋经济子系统。从分析系统内外优劣的SWOT（系统内部优势与劣势，系统外部机遇与挑战）框架来看，当前中国海洋经济系统本身的优势与劣势明显，外部的机遇与挑战并存（见表3-1、表3-2）。

从系统学、系统哲学、系统科学和系统工程原理出发，中国发展海洋经济的基本方法有：一是做好海洋经济发展系统的顶层设计，制定实施超越性、系统性的国家海洋经济发展战略；二是建立具有世界先进水平的现代海洋产业体系，打造世界级核心竞争力；三是坚持走可持续发展之路；四是积极创造内外部条件，为海洋经济实现超越式发展提供基础性、综合性和战略性保障。

---

① 徐丛春、胡洁：《"十三五"时期海洋经济发展情况、问题与建议》，《海洋经济》2020年第5期。

表 3 – 1　当前中国海洋经济系统内部的优势与劣势

优势（S）	劣势（W）
◆海洋自然条件优越，资源种类繁多，开发潜力巨大 ◆沿海地区社会经济条件良好，综合竞争力和可持续发展能力强 ◆海洋经济持续快速增长，产业结构日趋合理，发展较具规模 ◆海洋法律法规逐步健全，海洋管理为海洋经济的发展提供了良好保障 ◆海洋科技的发展和成果转化，为海洋开发活动和海洋经济发展增添了新动力 ……………	◆海洋经济的系统化水平还不够高，经济管理体系还不够健全，还未完全形成统一、高效的海洋经济管理体制，海洋经济发展仍旧缺乏高质、高效的宏观指导、统筹规划和协调管理 ◆海洋资源的过度开发与开发利用不足并存，海洋生态环境问题仍然严重 ◆海洋科技总体水平不高，高精尖技术并不十分突出，开发投入不足、创新能力不强、应用程度不够、成果转化率低，海洋经济发展模式落后 ……………

表 3 – 2　当前中国海洋经济系统外部的机遇与挑战

机遇（O）	挑战（T）
◆世界各国在后金融危机长期负面影响以及新冠肺炎疫情之后的经济复苏，需要寻找新的经济增长动力，海洋经济有可能在全球新一轮发展竞争中扮演重要角色 ◆中国中央政府和地方政府对海洋经济的重视程度日益提高，政策支持力度加大，海洋经济面临难得的发展机遇 ……………	◆世界经济总体形势不容乐观，后疫情时代经济复苏的不稳定性、不确定性仍然存在 ◆气候变化、自然灾害和政局动荡等不确定因素对世界经济发展产生深刻影响 ◆随着不稳定、不确定因素的增加，经济结构调整和节能减排将更加困难，海洋经济发展也会受到影响 ……………

中国发展海洋经济具有重大现实意义。一是海洋经济在国家经济社会发展全局中的地位重要。"十三五"期间，中国海洋经济发展指数年均增速为 3.5%，总体保持稳步增长，2018 年该指数为 131.3，比上年增长 3.2%，发展质量进一步提高。海洋产业结构持续优化，海洋第三产业比重上升较快。海洋新兴产业逐渐壮大，保持较快增长。二是海洋经济的外向度高，成为推动中国改革开放事业继续向前的积极因素。三是海洋经济的社会化程度高，与陆域产业关联度高，辐射面广，可以对陆域产业产生强力拉动，带动内地经济发展。四是海洋经济具有高技术特征，大力发展海洋经济有助于提升国民经济的产业结构水平。

过去的理论研究和数据分析显示，2001—2010 年，中国海洋经济增长与宏观经济增长两个变量之间的相关系数高达 0.999，尽管两者在短期内不存在统计意义上的因果关系，但长期均衡分析显示，海洋经济的增长系数为 10.139 612 26①。海洋经济已经成为拉动国民经济发展的有力引擎，发展海洋经济契合中国今后一段时期加快转变经济发展方式、实现经济结构战略性调整的根本需求。

第二节　海洋经济的超越式发展

一、海洋经济发展的超越本质及基本原则

制定实施超越性的国家海洋经济发展战略必要且可行。超越的哲学本质是否定之否定，是扬弃。超越是一切事物运动发展的必然规律。超越式发展是发展目标与发展方法的辩证统一。我们既要超越自身以往的粗放式增长方式，又要超越以欧美、日韩等国家和地区为代表的、西方工业文明谱系当中既有的海洋经济发展模式。根据美国经济学家迈克尔·波特的竞争优势理论，发达国家竞争优势的演化经

---

① 即从长远来看，海洋生产总值每增加 1 元，将使同期国内生产总值相应增加 10.139 612 26 元。

历了四个阶段：一是生产要素导向阶段；二是投资导向阶段；三是创新导向阶段；四是富裕导向阶段。但对于后发国家而言，要实现经济和技术的赶超，就必须着力选择跨越式的演进路径。中国海洋经济发展起步晚，但相关经济和技术条件以及产业发展起点较高，具备跨越式演进的基础和条件。

超越的依据是：目前，国内外海洋经济还处在从理论模型到实践系统的转换过程中，严格意义上的海洋经济实践系统尚未充分建立。从 20 世纪 70 年代美国学者杰拉尔德·J. 曼贡在其著作《美国海洋政策》（*Marine Policy for America*）中首先提出"海洋经济"（Ocean Economy）以及 1974 年美国官方提出"海洋 GDP"的概念、核算方法至今，由于海洋经济兼具区域经济、产业经济等多个面向、多重属性，世界各国对海洋经济的客观规律进行充分认识和精确运用还有一定的难度。此外，西方资本主义的内在矛盾和固有弊病在海洋经济领域同样存在。一些西方发达国家尽管也重视海洋，提出培育发展海洋战略性新兴产业的宏伟目标，并且确实在人力资源、物质资源、资本资源、技术资源等方面具有单项或多项优势，但由于制度因素，以上要素的系统集成程度和水平并不是很高，全球不公平体系塑就的资源单向输送、环境成本转嫁机制，也使这些国家开发利用本国海洋资源的市场需求和内在动力不足。

目前，中国海洋经济发展的理论与实践仍处在探索阶段，一些概念和原则亟待厘清。引入系统方法，中国现有海洋经济发展战略、规划、计划和政策的科学性与合理性将大大提高，海洋经济发展战略的系统化水平和系统实践水平将相应提高，海洋经济的系统功能和潜力有可能得到进一步挖掘和充分发挥。

以往和现有的海洋经济发展战略（包括规划、计划和政策）仍存在一些系统性不足，主要表现在：①战略制定的理论储备需要加强，如陆海统筹、岛陆联动、海洋型城市（群）、海洋综合管理、海洋经济与宏观经济、海洋经济与全球化、海洋经济与气候变化等核心理论和问题需要深入研究和进一步梳理，以形成通论与共识。②对宏观背景的分析、对战略指导思想和原则的研究需要进一步深入，以使海洋经济战略与中央的基本路线、顶层战略更加匹配，同时切实提高战略本身的思想连贯性和指导贯彻力度。③战略内容一定程度上表现为区域单位、产业元素的机械罗列，系统的整体性、层次性、开放性、目的性还不够强。④区域定位的统筹协调水平不高，局部仍然存在各自为政、产业趋同、恶性竞争的现象。⑤过于看重产业发展的目标、指标设计，实施方式和手段不够具体、深入。⑥区域定位和产业发展的国际化水平不高，对全球化因素的认识不足，区域定位、产业发展缺乏世界级的系统观照。⑦战略制定的针对性不足，对关键点、重点的认识和把握不够到位，海洋战略性新兴产业的地位不够突出、发展路径不够清晰明确，对建立海洋产业创新系统的认知和处理不足。⑧对产业政策和企业自生能力之间的矛盾、张力认识不足，没有充分照顾失衡风险，没有采取有效均衡手段。⑨对人才、科技、资本的战略价值认识不够，配套政策不成体系、措施乏力。

由于中央、地方海洋经济战略的制定和实施存在同构性，战略缺陷与实践弊端充分对应，因此海洋经济发展的总量虽高但水平较低、速度较快但质量不高、实力有所增长但潜力发挥不足。同时，由于资源集约利用、生态环境保护的政策底线不够明确，沿海地区海洋经济发展仍存在唯 GDP 是图导致的海洋资源利用效率不高、海域生态环境问题还未有效解决等问题。

系统、优良的国家海洋经济发展战略即超越性海洋经济发展战略应当贯穿、体现以下原则：①海洋经济发展与国民经济发展的整体目标相匹配，能够发挥特有的探索、指引、支撑和保障作用。②海洋经济系统要素之间能够建立有机联系，有利于产生结构效应，而非简单叠加。③陆海统筹在宏观、中观、微观三个层面整体推进，从形式到内容不断深化，具体表现为战略规划上贯彻陆海统筹原则，政策制定上锁定陆海经济一体化发展目标，实施过程中鼓励海洋经济产业与陆域经济产业之间相互延伸、相互渗透、相互带动，实现共同发展。④充分考虑全球化因素，在确立海洋经济总体布局、优化海洋经济空间格局过程中，尊重极化①规律，找准地区、

---

① 极化，指事物在一定条件下发生两极分化，其性质相对于原来状态有所偏离的现象。

国家、全球三层定位，形成世界性的独特优势。⑤保持海洋产业体系的开放性，鼓励非海洋经济产业向海洋经济产业积极转化、发生关联。⑥体现海洋经济发展的层次性，在海洋第一产业、海洋第二产业、海洋第三产业之间，在传统海洋产业、新兴海洋产业、未来海洋产业之间，在安全需求产业（军工）和发展需求产业（民用）之间，在一般性海洋产业和战略性海洋产业之间，通过系统分层、差异选择，实现系统功能进化或跃升。⑦强调海洋经济系统均衡协调发展，即在沿海方向和朝陆方向上保持海洋产业发展空间集聚适度，既要实现集聚效应又要避免拥挤效应；同时，现有海洋产业之间要尽量避免重复建设、资源浪费、功能冲突、作用抵消。⑧重视制度因素，承认后发优势与后发劣势并存，在海洋经济领域充分利用后发优势，清醒认识、积极避免和大力改进后发劣势。⑨引导海洋经济系统的基本因子加快、加强进化，鼓励海洋、涉海企业提高自生能力。⑩找准海洋经济发展的调控关键和把握力度，尊重、利用市场规律，采取适度的经济手段或外部手段，产生杠杆效应。

二、海洋经济超越式发展的基本内涵

海洋经济实现超越式发展的关键，是建立、发展具有世界先进水平的现代海洋产业体系，打造世界级核心竞争力。海洋经济发展要坚持走中国特色新型工业化道路，积极适应国内、国际市场需求变化，根据科技进步新趋势，培育、发挥中国海洋产业在全球经济中的比较优势，发展结构优化、技术先进、清洁安全、附加值高、吸纳就业能力强的现代海洋产业体系。

一是依托我国北部、东部、南部海洋经济圈，根据各地自然资源禀赋、生态环境容量、产业基础和发展潜力，打造数个世界级海洋产业集群，建立若干世界级海洋产业基地，形成增长极，在增长极区域内部培育战略顶点[①]，进而催生点—轴结构，在我国沿海地区建成可持续发展力、国际竞争力、抗风险能力均较强大的经济

---

① 即实施"蓝色硅谷"计划。计划的实施不一定是在天津、上海、广州、青岛、厦门等一线城市或二线发达城市，可以是在沧州、南通、威海、莆田、阳江等沿海二线、三线城市，鼓励错位发展。

网络体系，并向中西部内陆地区延伸。

二是加快加强海洋产业结构调整，继续向"三二一"高水平产业结构演进。

三是传统海洋产业、新兴海洋产业和未来海洋产业统筹兼顾、齐头并进。改造提升海洋渔业、海洋交通运输业、海洋船舶工业、海洋油气业、海洋盐业和盐化工等传统海洋产业，培育壮大海洋工程装备制造业、海洋药物和生物制品业、海洋可再生能源业、海水利用业、海洋旅游业、海洋文化产业、海洋公共服务业等新兴海洋产业，扶持鼓励海洋能开发、深海采矿业、海洋信息产业、海水综合利用等未来海洋产业。

四是重点发展海洋资源开发利用类产业，尤其是海洋油气开采（如天然气水合物规模开采）、海水利用业、深海矿物开采（如锰结核商业开采）、海洋能产业等。

五是优先发展海洋军工、军用关联产业，积极发展海上武器装备、气象控制等超常武器技术；开放发展海洋民用产业，鼓励私营企业、民间资本、外资外企参与新兴海洋产业发展。

六是鼓励实体性、虚拟性的非海洋经济产业向海洋领域延伸，形成新型海洋产业，如海洋地产经济（海域海岛资源开发利用）、海洋数字经济（海洋领域的信息技术应用），促生新的增长点。

七是鼓励海洋产业链纵向延伸、横向拓展，产生系统效应。

八是释放制度约束力，建立健全海洋产业创新机制，提高海洋产业自主创新能力；构建、优化海洋产业创新的软硬环境，建立、优化企业为主体、市场为导向、产学研用相结合的海洋产业技术创新系统。

九是建立健全海洋产业资本市场，提高海洋产业的金融相关率；重点解除海洋经济发展的金融抑制，充分利用金融工具和金融政策，为海洋产业发展提供融资性、风险控制性以及辅助性支持。

十是重视提高海洋、涉海企业自生能力，尊重、利用市场规律，鼓励企业优胜劣汰，引导企业改善内部经营管理，在产业政策与企业自生能力之间把握平衡，构建相长关系，避免相消。

坚持走健康可持续发展之路是中国海洋经济实现超越式发展的本质要求。西方工业文明过去和现在走的，并非健康可持续发展之路。进入 21 世纪以来，世界性的恐怖主义、金融危机、政局动荡、气候灾害、社会犯罪、文化萧条等问题和现象说明，在全球化背景下，资本主义的系统性痼疾愈加明显。当前，人类发展的根本危机是：地区、国家、种族、阶层、个体之间对于自然资源和环境价值的分配，只能在代内不公和代际不公之间进行选择，这将带来一系列经济、政治、社会、文化上的负面影响和严重后果。海洋经济可持续发展的本质是海洋生态文明建设，是党的十八大提出的"大力推进生态文明建设"在海洋领域的具体落实。海洋经济可持续发展的宗旨是双重和谐，即人际（国际）和谐、人海（人与自然）和谐。这一和谐模式浸润了中国古典哲学和传统文化的精华，是当代中国马克思主义的思想结晶，是中国特色社会主义道路、理论、制度、文化优越性的集中体现，是东方文明对西方工业文明的本质超越。

实现海洋经济健康可持续发展的前提是树立正确的价值导向，即必须对海洋自然资源和环境价值予以重新认识。价值主体不仅包括自己（本国），还包括他人（他国），不仅包括当代人，还包括后代人。价值源泉不仅包括自然资源，还包括生态环境。价值本身不仅由生产者和消费者的效用决定，还由人类的整体利益和长远利益决定。价值补偿不仅包括有形的消耗部分，还包括环境生态功能的恢复和重建。价值分配的根本原则是公平原则，不仅包括代内公平，还包括代际公平。海洋经济可持续发展包括：海洋经济的持续性、海洋资源环境的持续性和社会发展的持续性，关键是加快构建资源节约、环境友好的生产方式和消费模式，增强可持续发展能力。

实现海洋经济健康可持续发展，必须建立海洋经济系统的内部优化机制和外部约束条件。

海洋经济系统的内部优化机制包括：①鼓励发展海洋环保产业。②积极发展海洋循环经济；推进海洋经济生产、流通、消费各环节实现循环经济发展，促进资源循环利用产业发展。③大力推进海洋产业节能减排，加快发展海洋产业节能环保技术开发和应用，严格控制污染物排放。④开展海洋经济发展与全球气候变化之间关系问题和应对政策的专题研究，包括海洋经济对全球气候的影响以及全球气候变化给海洋经济活动带来的风险，积极发展蓝色碳汇产业。

海洋经济系统的外部约束条件包括：①加强海洋资源节约和管理；实行海洋不可再生资源、稀缺资源的利用控制、供需双向调节、差别化管理；完善海域使用、海岛开发管理制度；强化海洋资源管理和有偿使用。②加强海洋生态环境保护，加强海洋生态环境保护管理和执法；对海岸带、海岛和海域进行环境和生态系统修复。③建立海洋资源集约利用指标、海洋生态环境保护指标红线制度，对海洋经济发展产生硬性约束力。④提高海洋防灾减灾能力，加强海洋自然灾害、事故灾难的监测预报、风险防范和应急处置能力。

三、海洋经济超越式发展的保障手段

一是做好顶层设计和系统控制。在新一轮中央和地方机构改革过程中，在国家层面实现和加强有效的海洋事务综合管理和统筹协调，其中包括建立健全海洋经济综合管理与协调机制。建立和依托中央层面的议事、协调机制，对海洋事务、涉海工作、陆海统筹、军民关系等进行综合管理和统筹协调，研究制定整体性、宏观性的国家海洋发展战略、规划、计划和政策。

二是构建良好的硬环境。加强海洋产业基础设施建设，保护海洋资源和环境：加大公路、铁路、航空、海运等交通运输体系，通信、电力、网络和信息等现代化基础设施，以及港口、工业园区等建设力度；有序利用海洋生物、海底矿产、海水、海洋能源和海洋空间等物质资源，保护海洋环境。把加强海洋、沿海、涉海基础设施建设看作一项战略性举措，使经济发展和基础设施建设互为前提、相得益彰。

三是完善法律制度体系。抓紧制定海洋事业促进法、海岸带综合管理法等宏观指导性、综合治理性法律法规；编纂海洋法典；抓紧制定、完善海域使用管理法、海洋环境保护法、海岛保护法、矿产资源法、渔业法、海上交通安全法等法律的配套法规和规章，及时修订老旧海洋法律、法规和规章。加强对地方海洋立法工作的指导，支持地方开展制度改革和创新。加强海洋产业标准化建设，提升海洋产业标准化水平，积极参与国际标准制定。

四是提供综合性的政策支持。海洋经济发展需要产业政策、金融政策、财政政策、税收政策、科技政策、管理政策、司法政策等一系列配套政策的综合支持和立体保障。政策的宗旨和指向应当是提高企业自生能力、保护产业发展活力，允许人力、资本、资源、技术自由流动，鼓励优化运动。支持海洋经济发展的各类政策之间要相互照应、形成体系，突出针对性、有效性。要重点采取、善于利用金融政策：鼓励金融机构加大对海洋产业健康的潜力企业的信贷投资力度，鼓励设立海洋专项基金（如股权投资基金、产业投资基金、风险投资基金等），为优秀涉海企业上市开放条件、提供支持，鼓励对中小涉海企业、小型微型海洋科技企业进行投资；鼓励发展海洋保险业务。国家对海洋军工产业、军用关联产业、新兴海洋产业和未来海洋产业加大财政支持和税收减免力度。海洋经济活动涉及政府行政许可，要严格规范审批管理行为，提高审批效率，提倡一站式服务。执法、司法部门要加大对海洋经济活动交易安全、海洋产业知识产权的保护力度。

五是丰富充实人力资源。海洋经济超越式发展的关键是培养、引进、任用各级、各类人才。要重点培养、引进、任用海洋产业创新型人才，鼓励培养经营管理人才和海洋科技人才，壮大海洋产业专业技术人才队伍和高技能人才队伍。积极破除国内、国际人才流动壁垒，鼓励政府部门、大型涉海企业、海洋高新技术企业、高校、科研机构、重点实验室、技术研发基地、海洋服务中介机构等加快建立人才引进机制，在国家层面实施"蔚蓝国际人才计划"（涵盖海洋、涉海领域自然科学、社会科学、工程技术等领域的专家学者、专业技术人才，公共部门、企业、非政府组织的经营管理人才），吸引世界范围内的各类顶尖海洋科技人才、科技团队和经营管理人才、管理团队。把"蓝色硅谷"建设成人才特区，大胆试验制度创新，构建世界一流的创新创业环境和氛围。

六是提倡军民共建、军民融合，实现安全与发展利益的相互支撑和系统叠加。通过建立民养军、军转民的反馈机制，支持促进重大技术攻关、关键领域的科技突破及其产业应用和推广。国内实施"屯海戍疆"工程，在沿海战略岸线和岛屿实施军民共建，兼顾国防建设与经济开发，寓军于民，以军保民。对外鼓励国有航运企业、私营航运企业、贸易公司、金融机构在国际战略航线、通道、港口所在地进行投资、发展贸易、兴办实体，与当地官方和民间力量代表建立经济、政治、社会和文化关系，实现安全与发展力量和利益在海洋边界和全球范围内的延伸。

四、海洋经济发展的均衡把握

需要补充说明和重点强调的是，以上海洋经济发展系统方法的提出，并非要在海洋领域主张计划经济。前些年，国内经济学界、经济学家关于后发优势与后发劣势，以及产业政策与自由竞争的两次争论①，具有启发、警示意义。

关于后发优势与后发劣势。学者林毅夫认为，中国经济改革并没有套用任何现成理论，而是从自身实际情况出发，以对经济社会冲击较小的渐进转型方式启动，以"老人老办法、新人新办法"维持经济社会稳定，提高各种所有制经济的积极性和资源配置效率，在不断释放后发优势的过程中推动技术进步和产业升级，并与时俱进地深化经济体制改革。他提出，发展中国家通过引进、消化、吸收、再创新实现技术进步和产业升级的可能性，被称为"后发优势"。利用这一优势，发展中国家可以以较低的成本和较小的风险实现技术进步和产业升级，取得比发达国家更快的经济增长。但是，学者杨小凯认为，经济发展中存在一种后发劣势现象。这被称为"对后起者的诅咒"，具体是指：经济发展中的后起者往往有更多空间模仿发

---

① 即著名经济学家林毅夫和杨小凯之间、林毅夫与张维迎之间的辩论。

达国家的技术，用技术模仿来代替制度模仿。因为制度改革比技术模仿更痛苦，更容易触痛既得利益者，更多技术模仿的空间反而使制度改革延缓。这种用技术模仿代替制度模仿的策略，短期效果不差，但长期代价高。

关于产业政策与自由竞争。学者林毅夫认为，产业政策是指中央政府或地方政府为了促进某种产业在该国或该地区的发展而有意识采取的政策措施。具体表现为关税保护、贸易保护、税收优惠、财政支持、政府补贴（土地补贴、信贷补贴）、研发补助、园区建设，以及特许经营、政府采购、行业标准等。产业政策是一种国家竞争战略，16—17世纪英国追赶荷兰，19世纪美国、德国、法国追赶英国，20世纪日本、"亚洲四小龙"追赶美国，都采用了产业政策。但是，学者张维迎认为，产业政策大多失败，并不可取。产业政策之所以失败，是因为人类认知能力的限制和激励机制扭曲。他甚至认为，从20世纪80年代以来，我国产业政策失败的案例很多，成功的例子很少。

事实上，从我国的改革开放历史、经济发展历程来看，单一地用"后发优势""后发劣势""产业政策""自由竞争"等理论定义与概念、范式来认识、分析实践，乃至指导、影响实践，可能失之偏颇，带来风险。如果一味地停留在后发优势状态，优势会逐渐用尽，后续发展不力。但如果一味地倾向后发劣势，则容易滑入简单化、极端化的陷阱，甚至出现动荡。如果过于依赖产业政策，会导向计划经济，以致失败。如果过于期待自由竞争和市场演化，完全排斥政府的引导、管理，国家系统有可能由于"熵增"而发展缓慢甚至停滞不前。

因此，较为合理的做法是，兼顾经济发展和制度改革，二者齐头并进，在发挥后发优势的同时，或在后发优势用尽之前，清醒认识到后发劣势，积极实施制度改革。要在产业政策与自由竞争之间折中：产业政策宜在宏观层面，在中观、微观层面要鼓励和保护自由竞争；产业政策宜在发展的早期和前端，发展的中期、后期要以自由竞争为主，产业政策必须适时、快速、有序退出。

党的十八大、十九大以来不断提出深化改革。习近平新时代中国特色社会主义思想所讲的新发展理念，包含创新、协调、绿色、开放、共享五个方面。供给侧结构性改革包含去产能、去库存、去杠杆、降成本、补短板五个方面。从一定意义上说，这些重大经济发展理念和战略性举措的提出，目的是在经济发展和制度改革、产业政策（政府）和自由竞争（市场）之间进行动态、积极的平衡。海洋经济必须遵循新时代新阶段新的发展理念，更加均衡、有效，以促进要素禀赋比较优势更加合理地分布。

第四章
海洋强国建设的文化维度

第一节　海洋强国建设中的海洋观

一、海洋强国思想的活的灵魂

海洋观是人们通过社会实践和理论思维形成的有关海洋以及与海洋相关的客观事物和人类活动的认知①。

自古以来，中国传统的海洋观体现着朴素、自然的特点。中华先民依海洋的自然属性开发海洋、利用海洋，海洋作为一种丰富的自然资源以及作为一种地理隔绝因素的属性，是中国传统海洋观的根源。近代以来，大航海、海外殖民等西方国家的对外扩张，大大扩展了海洋的自然属性，海洋从此被看成了扩张和权力的象征。伴随着现代科学技术的大力发展，人类对海洋资源的开发和利用进入了新的历史阶段，尤其是伴随着全球性资源短缺的出现，海洋资源包括极地资源对人类的未来越来越重要，海洋的自然属性第二次扩展。在此背景下，中国传统海洋观所体现的对海洋的认知，从近代开始就已经不再符合时代的特点。鸦片战争后，围绕海防、塞防的讨论开始切实影响国家安全战略的安排。中华人民共和国成立后，海洋问题成为一个包含了政治、经济、安全、文化的综合性问题，国家对海洋的认识随之发生变化，但全面、清晰的海洋观尚未确立。

---

① 孙立新、赵光强：《中国海洋观的历史变迁》，《理论学刊》2012 年第 1 期。

在 2013 年 7 月 30 日中共中央政治局第八次集体学习中，习近平总书记指出"要进一步关心海洋、认识海洋、经略海洋，推动我国海洋强国建设不断取得新成就"，其中关心、认识、经略三个层层推进的步骤体现了习近平对国家海洋发展的深入思考和通盘把握。

关心是基于海洋事业在国家发展中的重要地位，无论国家意志，还是国民意识，都应该认识到海洋事业的重要性，关心海洋，支持海洋事业的发展。

认识是在关心的基础上更进一步，将感性的关注转化为智性的探索。在国家发展层面，要清晰地认识到海洋事业的重要性体现在政治、经济、科技、安全、外交等各个方面，制定符合国家实力和外在环境的海洋发展战略；在海洋资源探索方面，要加大科技发展力度，尤其是新能源的开发力度，为国家发展提供更清洁、更长远的资源保障；在对外战略层面，要认识到海洋发展在国家安全、对外关系中的重要作用，制定符合国家总体外交布局的海洋安全战略。

经略是海洋事业发展最终的落实手段。值得注意的是，"经略"一词包含了策划、处理双重含义，体现了在海洋事业发展过程中，要将战略规划、战略调整与战略推进有机结合，最终完成海洋强国的建设目标。

"关心海洋、认识海洋、经略海洋"是习近平关于海洋强国的思想的高度概括与凝练，是中国走向海洋强国的必然路径，也是中国重塑海洋观念的指导方针。

二、绿色、和平的海洋观

中华先民对海洋的认知源头即为"鱼盐之利"和"舟楫之便"，有着极为朴素、自然的色彩，其后几千年中，对海洋的利用也集中于其丰富资源的自然属性、商贸往来的天然便利之中，完全不同于西方利用海洋进行的扩张与攫取。近现代以来，中国继承古代海洋观中朴素、自然的特点，形成绿色海洋观。绿色海洋观强调在发展海洋经济的同时，注重保护海洋生态环境，注重提高生物多样性保护水平，坚持开发与保护并重的方针，走可持续发展之路。中国的海洋观具有鲜明的绿色、生态、和谐的特点。

中国古代海洋观有着鲜明的和平特点。影响深远的郑和下西洋即是和平的创举。尽管当时明朝拥有比世界上任何其他国家都雄厚的国力，但是郑和船队并没有因此而凌辱小国，没有在海外建立一块殖民地，没有在他们到达的任何地方声称拥有主权，更没有夸耀某地是自己的伟大发现，而是在海外所到之处大力推行和平外交，通过协商和劝慰化解各种错综复杂的国际矛盾，营造友好气氛。新时代的中国倡导和平解决海上领土纠纷、共建 21 世纪海上丝绸之路等举措，均是对传统和平海洋观念的继承与发展。

三、发展、共赢的海洋观

几百年来，世界历史对海洋的主流认知有着非常深刻的领土扩张、资源扩张、建立霸权的烙印，因此海洋的意义与价值在西方主流话语中通常意味着资源、权力、崛起。自 20 世纪末开始，西方非常警惕乃至敌视中国海洋事业的发展，其霸权周期理论、"修昔底德陷阱"理论等均以零和博弈的观念看待中国在海洋上的发展。

在此背景下，中国提出了共建 21 世纪海上丝绸之路的倡议，阐述了中国面向海洋的发展理念——合作、包容、共赢，不搞封闭排他、不搞唯我独尊、不搞冲突对抗、不搞故步自封，对所有国家一视同仁。这不仅是中华民族海洋观的新内涵，也是世界范围内认识海洋、利用海洋的创举。

第二节　海洋强国的文化建设与宣传教育

一、海洋强国的文化建设

建设海洋强国除了国家意志与顶层设计，还需要国民的广泛认可和参与。中国社会及民众总体上的海洋意识较为淡薄，直至党的十八大提出建设海洋强国，民众对海洋的关注度才有所上升。要更好地为海洋强国建设服务，增强民众的海洋意识，鼓励有识之士积极投身海洋建设，就必然要实施与之相适应的海洋文化建设、宣传教育。

习近平指出："我们要坚持道路自信、理论自信、制度自信，最根本的还有一个文化自信。"文化自信是一个民族、一个国家以及一个政党对自身文化价值的充分肯定和积极践行，并对其文化的生命力持有的坚定信心①。实施海洋文化建设就要坚定海洋文化自信。海洋文化自古以来就是中华文化的重要组成部分，传承着中国的文化特质。郑和下西洋的光辉历史、戚继光抗倭的艰苦卓绝、林则徐构筑海防的历史功业，都已经深深地熔铸在中华民间文化的血脉里，渗透到各种家喻户晓的民间文学作品中，被改编为各种民间戏剧，对民众的思想观念、审美志趣、伦理道德等都产生了深远影响。源远流长的海神崇拜、海神祭祀活动，包括妈祖信仰和祭祀、海龙王信仰和祭祀、道教的八仙过海传说及相关文学艺术、与佛教相关的南海观音传说及其物质载体（浙江普陀山、海南三亚观音巨像）、海外华人返乡祭祖等在历史上就是沿海各地（特别是东南沿海）尤为重要的社会文化内容，对社会凝聚力、社会秩序的维护发挥了重要作用，至今仍有不可忽视的影响。

中国海洋文化发展至今，除了上述特质，也添加了很多新时代背景下的新内容，如前所述的绿色、和平、发展、共赢的新型海洋观。中国海洋文化内容丰富，兼具民族性与时代性，塑造着国民的海洋意识，也向世界其他国家表述出中国对海洋的认知。

二、海洋强国的宣传教育

海洋强国的宣传教育应分为两种，一种是政策性宣传教育，另一种是公益性宣传教育。

---

① 赵银平：《文化自信——习近平提出的时代课题》，http://www.xinhuanet.com/politics/2016 - 08/05/c_1119330939.htm，访问日期：2020 - 04 - 15。

政策性宣传教育旨在令民众了解国家的海洋政策、海洋发展状况。2002 年 3 月，习近平在福建省海洋经济工作会议上指出，要广泛宣传海洋对缓解人口、资源、环境三大难题的重要作用，提高全省人民的海洋经济意识、海洋环境意识，使海洋国土观念深植在全体公民尤其是各级决策者的意识之中，真正在思想上实现"四个转变"：从狭隘的陆域国土空间转变为海陆一体的国土空间思想；从单一的海洋产业思想转变为开放的多元的大海洋产业思想；从追求陆地经济效应的大陆经济思想转变为多层次、多空间、海陆资源综合开发的现代海洋经济思想；从海洋谁占有谁开发的旧观念转变为有序开发有偿使用的新观念。讲话明确指出了海洋政策性宣传教育的重大意义。

公益性宣传教育旨在培育社会海洋文化与民众的海洋意识。经过多年的探索和努力，我国形成了多项海洋文化和海洋意识宣传教育工程，如 2008 年将世界海洋日，即每年的 7 月 18 日确定为"全国海洋宣传日"①，在当日组织不同主题的大型海洋宣传活动，以全民参与的社会活动为载体，以媒体的报道为介质，通过连续性、大规模、多角度的宣传，主动传播海洋知识，挖掘、传承海洋文化，引导舆论关注海洋热点问题，努力增强全民的海洋意识。各相关单位还通过举办蓝色经济发展高峰论坛、中国国际渔业博览会、海洋节、海军节、中国国际航海博览会、厦门国际海洋周等重大节会宣传海洋知识，展示海洋建设成果。

近年来，国家公益性宣传教育的一个重要平台就是每年一届的中国海洋经济博览会（简称"海博会"）。海博会于 2012 年底创办，到 2021 年已举办 8 届：第 1 届在广州举办，第 2～6 届在湛江举办，第 7～8 届在深圳举办。海博会是深入贯彻落实习近平总书记关于建设海洋强国和 21 世纪海上丝绸之路的战略部署、促进海洋经济合作发展的重要高端平台，开始由国家海洋局后由自然资源部和广东省人民

---

① 2008 年 12 月 5 日，第 63 届联合国大会通过第 111 号决议，自 2009 年起，将每年的 6 月 8 日确定为"世界海洋日"。我国自 2010 年起将全国海洋宣传日改期为每年的 6 月 8 日，并更名为"世界海洋日暨全国海洋宣传日"。

政府主办。海博会被誉为"中国海洋第一展",是对外展示中国海洋经济发展成果的重要窗口和世界沿海国家开放合作、共赢共享的重要平台,也是促进海洋经济国际合作的高端经贸平台。它以大产业、大企业、大平台为方向,致力开辟一个充分展示中国乃至世界海洋经济发展前沿成果的窗口。

海博会依托原国家海洋局宣传教育中心,举办建设 21 世纪海上丝绸之路战略支点城市市长峰会及专业论坛;组织海博会主论坛以及海洋能源、海洋装备、海洋科技、海洋环保、海洋旅游文化等分论坛,探讨交流 21 世纪海上丝绸之路建设合作议题,交流海洋经济政策、海洋产业创新发展等内容。邀请国家部委及沿海城市领导、国内外知名专家、企业家等参加论坛。同时还举办各种专业论坛,涉及海洋经济政策、海洋金融和海洋战略性新兴产业等内容,邀请自然资源部(包括原国家海洋局)及沿海城市领导,全国或国际知名海洋经济专家、金融学家、生态学家、专业技术人员、企业家和为沿海城市可持续发展作出贡献的国际组织等参加。国际海洋文化高端论坛还聚焦海上丝绸之路的历史文化、当代海上丝绸之路语境下的南中国海文化构建、海洋城市互联互通共建海上丝绸之路等主要内容,旨在服务海洋强国和 21 世纪海上丝绸之路战略,因而是一个国内外都极具影响力和知名度的海洋文化和宣传教育平台。

习近平总书记致 2019 中国海洋经济博览会的贺信深刻指出了海洋对人类社会生存和发展的重要意义,要求把海洋作为高质量发展的战略要地,加快海洋科技创新步伐,促进海上互联互通和各领域务实合作,高度重视海洋生态文明建设;强调举办中国海洋经济博览会旨在为世界沿海国家搭建一个开放合作、共赢共享的平台,希望大家秉承互信、互助、互利的原则,深化交流合作,让世界各国人民共享海洋经济发展成果。

除了面向公众的宣传教育工程,还需注重对海洋专门人才的教育,完善海洋科研教育体系,加快培养海洋专门人才,为海洋强国事业提供坚实的保障。

第五章
海洋强国建设的生态维度

第一节　海洋健康指数与海洋生态环境保护

一、海洋健康指数

地球的海洋面积约占地球总面积的 70%，海洋是世界上独一无二的资产。根据美国生态学家罗伯特·克斯坦萨及其同事的估算（1997 年），地球所有生态系统能够服务的全球商业价值为每年 33 万亿美元，而海洋生态系统提供的服务价值每年达 23 万亿美元，超过总价值的 2/3。目前，全球约 70 亿人中，有将近一半的人生活在海岸带及其附近区域。人类的过度捕捞、海岸带开发和污染行为（气体、固体、液体污染物排放）等，严重改变了海洋生态系统[①]。为了指导协调人类发展和海洋生态系统健康之间的矛盾关系，人类需要寻找一种新的评估方法来对不同区域和时段的海洋生态系统健康进行横向和纵向的比较。"海洋健康"和"海洋健康指数"（Ocean Health Index, OHI）的概念应运而生。作为一种科学严谨的指数，海洋健康指数揭示海洋健康的变化及趋势，可从不同的时间和空间尺度对海洋生态系统健康进行评价和比较，从而促使公众、政府和企业共同努力来改善海洋健康的薄弱环节[②]。

借鉴财政部门使用道琼斯工业平均指数跟踪经济健康状况的做法，海洋科研人

[①]　刘志国、叶属峰、邓邦平、蔡芃：《海洋健康指数及其在中国的应用前景》，《海洋开发与管理》2013 年第 11 期。

[②]　同上。

员创建了一个海洋健康指数，用来评估整体的海洋活力。海洋健康指数是在坚实的科学基础上，通过收集和整合研究数据并进行科学分析建立的一套多角度地、全面地评估和监测海洋健康的体系。它是一种兼顾人类利益和海洋及海洋生物需求的新方法，用多项指数归纳食物供给、非商业捕捞、天然产品、碳汇、生计、旅游与度假、清洁的水、生物多样性、地区归属感、海岸带保护 10 个目标，并用这 10 个目标来评估海洋生态系统的健康。这 10 个目标在保证数据一致性的基础上，既可以单独评估，也可以在一个地区、一个国家甚至整个海洋的尺度上进行整体评估与比较。

2012 年 8 月 16 日，《自然》杂志首次发布海洋健康指数。在满分 100 分的衡量标准下，此次全球海洋的总平均分为 60 分，表明海洋渔业和生态等方面还有很大改善空间。科研人员研究了 171 个专属经济区的整体情况，结果发现，非洲国家塞舌尔（Seychelles）和德国海域，是所有有人居住的地区中最健康的。另一非洲国家塞拉利昂（Sierra Leone）海域状况最糟糕。最高分 86 分由美国拥有的南太平洋无人小岛贾维斯岛（Jarvis Island）海域获得。从各国的评价得分来看，全球各国海域的得分在 36～86 分之间，其中 1/3 低于 50 分，只有 5% 的沿海国家得分高于70 分，得到最低分 36 分的海域是西非沿海。从不同区域来看，西非、中东和中美洲国家得分较低，部分北欧国家、加拿大、澳大利亚和热带岛国和未开发区域得分较高。美国海域的得分是 63 分，中国海域的得分是 53 分。

我国的海洋生态系统健康评价还处于摸索阶段，正在形成自己的评价方法。2005 年国家海洋局制定颁布了《近岸海洋生态健康评价指南》（HY/T087—2005）。"海洋健康"和"海洋健康指数"概念的提出为中国海洋环境健康提供了一种新的思路和方法。这一概念和方法的采用，将为中国的海岸带与海洋综合管理提供科学的目标和途径，并有利于与国际的海洋科学研究、海洋开发与管理接轨。

二、海洋生态环境保护

当前，中国海洋生态环境保护的主要问题包括：部分典型海洋生态系统和生物多样性退化，海洋生态灾害频发、突发环境事故风险较高，公众临海难亲海、亲海质量低的现象普遍存在，海洋生态环境治理能力仍需提升。

全国历年海洋环境质量监测评价结果显示，近岸部分海湾河口水质污染依然严重，不同海湾河口存在海水水质等级下降、海水富营养化、有毒有害新型污染物被检出等现象。《2019 年中国海洋生态环境状况公报》显示，重度富营养化海域主要集中在辽东湾、长江口、杭州湾、珠江口等近岸主要海湾河口。

中国管辖海域分布着滨海湿地、红树林、珊瑚礁、河口、海湾、潟湖、岛礁、上升流、海草床等多种典型海洋生态环境，生物物种丰富、生态系统类型多样。但近年来，部分地区红树林、珊瑚礁、海草床等典型海洋生态系统退化的趋势未得到根本遏制，自然岸线保有率降低、滩涂湿地被大面积占用等问题突出。同时，海洋生物多样性水平退化趋势明显，优质渔业资源衰退，濒危物种数目显著增多，珍稀物种保护面临较大压力。

2019 年监测的 18 个典型海洋生态系统中，3 个呈健康状态，14 个呈亚健康状态，1 个呈不健康状态。2019 年中国管辖海域共发现赤潮 38 次，海洋赤潮仍处于高发期，有毒有害赤潮生物增多。2007 年以来，南黄海浒苔绿潮灾害连续暴发，对南黄海生态环境和人们的生产生活等均带来巨大影响。外来物种入侵对海洋生态环境影响较大，海上突发环境事故风险仍然较高，风险防控和应急响应任务艰巨。海洋生态环境治理的法规政策体系还需进一步建立健全，存在着海洋生态环境"家底"不清，生态环境监管和应急响应能力不足，基础性、关键性科技支撑不足等突出短板。

良好的海洋生态环境是最普惠的民生福祉。海洋生态环境保护"十四五"规划的总体目标，就是要在"十三五"海洋生态环境质量总体改善的基础上，进一步巩固污染防治攻坚战成果，着力解决人民群众反映强烈的海洋生态环境突出问题，全面推进海洋生态环境质量持续改善，不断提升海洋生态环境综合治理水平和生态保护修复成效。

从 20 世纪 70 年代末开始，随着经济快速发展，中国近海环境日趋恶化，主要体现在：近海富营养化加剧，海洋生态灾害严重；围填海失控，沿海海洋生态服务功能严重受损；渔业开发利用过度，资源种群再生能力下降；陆源入海污染严重，海洋生态环境持续恶化；流域大型水利工程过热，河口生态环境负面效应凸显；等等。长期以来，人们只注重海洋资源的开发利用，而忽视了海洋资源的恢复保护；只注重眼前和局部的经济利益，而忽视了整体效益的发挥和海洋经济的可持续发展。

最近几十年来，中国海岸建筑工程、挖砂、围堰养殖等人为活动已使得某些岸线变形，景观受到破坏；过度的渔业捕捞造成生物多样性锐减；工业废水、生活污水和养殖业自身排放的污水导致海水和沉积物污染程度日益严重，赤潮事故频繁发生，重金属等惰性污染物则通过食物链对人体产生毒害。

海洋生态环境保护是人类为解决海洋（包括海岸带）现实或潜在的生态破坏和环境污染问题，维持海洋经济可持续发展而采取的各种保护措施。为了保护和改善海洋环境，保护海洋资源，防治污染损害，维护生态平衡，保障人体健康，促进经济社会可持续发展，中国建立了一系列海洋生态环境保护管理制度。比如重点海域排污总量控制制度，确定主要污染物排海总量控制指标，并对主要污染源分配排放控制数量。对陆源排放，海岸工程、海洋工程建设项目，倾废活动，船舶等污染进行专门防治。国家组织专门机构进行海洋环境的调查、监测、监视、评价和科学研究。

国家实施海洋功能区划制度，沿海地方各级人民政府根据全国和地方海洋功能区划，科学合理地使用海域。实行环境影响评价制度。制定实施国家重大海上污染事故应急计划。对红树林、珊瑚礁、滨海湿地、海岛、海湾、入海河口、重要渔业水域等具有典型性、代表性的海洋生态系统，珍稀、濒危海洋生物的天然集中分布区，具有重要经济价值的海洋生物生存区域及有重大科学文化价值的海洋自然历史遗迹和自然景观等实施保护，并对具有重要经济、社会价值的已遭到破坏的海洋生态进行整治和恢复。

第二节　陆海统筹与新海洋治理运动

一、陆海统筹的缘起和发展

党的十九届五中全会通过了《中共中央关于制定国民经济和社会发展第十四个五年规划和二〇三五年远景目标的建议》。建议提出并强调，"坚持陆海统筹，发展海洋经济，建设海洋强国"。"陆海统筹"已经成为国家发展战略和公共政策领域一个明确、稳定的专属概念。

从新海洋治理的角度对陆海统筹的新时代战略定位、政策内涵进行审视、辨析，具有理论和实践意义。

陆海统筹最早来自中国政府的政策文件，主要应用于区域经济发展、海洋综合管理领域。1996 年，国家海洋局组织编写的《中国海洋 21 世纪议程》，提出"要根据海陆一体化的战略，统筹沿海陆地区域和海洋区域的国土开发规划，坚持区域经济协调发展的方针，逐步形成不同类型的海岸带国土开发区"。"海陆一体化"是陆海统筹的理念雏形。2005 年，我国海洋经济研究学者张海峰在北京大学纪念郑和下西洋 600 周年报告会上提出，应该在党的十六届三中全会提出的统筹城乡发展、统筹区域发展、统筹经济社会发展、统筹人与自然和谐发展、统筹国内发展和对外开放"五个统筹"的基础上，再加上"海陆统筹、兴海强国"。

此后，陆海统筹逐渐上升为国家意志，进入国家战略、政策文件，对海洋管理、海洋事业产生指导作用。2010 年 10 月，"十二五"规划正式提出，"坚持陆海统筹，制定和实施海洋发展战略，提高海洋开发、控制、综合管理能力"。2011 年 3 月，国务院政府工作报告提出，"坚持陆海统筹，推进海洋经济发展"。2012 年 11 月，党的十八大首次正式提出"建设海洋强国"。2013 年 7 月 30 日，习近平总书记在主持中共中央政治局第八次集体学习时指出，要着眼于中国特色社会主义事业发展全局，统筹国内国际两个大局，坚持陆海统筹，坚持走依海富国、以海强国、人海和谐、合作共赢的发展道路，通过和平、发展、合作、共赢方式，扎实推进海洋强国建设。

2017年10月，党的十九大报告在"贯彻新发展理念，建设现代化经济体系"部分提出"坚持陆海统筹，加快建设海洋强国"。2018年11月，中共中央、国务院《关于建立更加有效的区域协调发展新机制的意见》设置专节，提出"推动陆海统筹发展"。2019年4月，中共中央办公厅、国务院办公厅印发的《关于统筹推进自然资源资产产权制度改革的指导意见》，提出"加强陆海统筹，以海岸线为基础，统筹编制海岸带开发保护规划，强化用途管制，除国家重大战略项目外，全面停止新增围填海项目审批"。2019年5月，中共中央办公厅、国务院办公厅印发的《国家生态文明试验区（海南）实施方案》，明确海南省的战略定位之一是建设"陆海统筹保护发展实践区"。

二、陆海统筹的核心和关键

需要指出的是，陆海统筹最早的定义，内涵和外延并不十分清晰。初始定义包含了多种学科、理论背景，如地理学（经济地理）、经济学（区域经济、产业经济）、环境学、海洋学、海洋管理，甚至政治学（国际政治、地缘政治）等。学者在给陆海统筹下定义时，往往采取综合、混杂的方式。这一定义特点使得陆海统筹在不同语境、不同条件下导向不同的战略、政策议题。一种是国内发展议题，如发展海洋经济、构建生态文明、优化国土空间布局、统筹陆海保护发展等，这里的"陆海统筹"是海洋事业、海洋经济、海岸带与海洋综合管理领域的一个重要概念。另一种是国际战略议题，陆海统筹有时用来表述地缘政治概念和战略原则（基于中国陆海兼备的地理特性），相关命题包括海洋/陆地的二分与统筹、海权/陆权的选择与平衡、中国的东/西两向战略、边防/海防力量建设与分配等。

就理论、学科现状而言，目前有关陆海统筹的研究成果和学术著作，绝大部分属于地理学（人文地理）、经济学（区域经济发展）、公共管理（如海岸带与海洋综合管理）或海洋学、环境学范畴，只有少部分属于国际政治学科（地缘政治）领域。从实践来看，中国现有的权威、顶级战略文本、政策文件，把陆海统筹基本锚定在国内发展议题上，主要是在经济发展（海洋或涉海区域经济、产业经济）、自然资源管理或生态环境保护（海岸带与海洋综合管理）领域使用这一概念。在中国，陆海统筹已经成为一个相对专属、较为固定的国内公共政策概念；这一定义目前尚未在地缘政治、国际战略乃至大战略意义上专门应用。广义的、地缘政治和国际战略意义上的陆海统筹，尚未成为专属、严格的国际战略与国际政策术语。广义的陆海统筹以具体的战略实践和政策操作方式，嵌合在外交、安全（国防）专业领域。

对陆海统筹的定义和概念认识不清、观念不一，各种义项混杂使用，多个目标来回切换，会给理论研究、政策制定和具体实践带来一系列不利后果。比如，有的理论文章在论述陆海统筹问题时，多种专业术语、学科理论混用，多个战略、政策目标兼顾，浮泛、杂糅，从而弱化了对实践的参考、指导价值。再如，国内有多个部门涉及陆海统筹。陆海统筹在对内、对外，以及国内的自然资源管理、生态环境保护、区域经济与产业经济宏观调控等不同领域，政策主体、针对对象、内容和方式并不相同。如果陆海统筹定义源头不清，后续实践就会出现混乱。如果国内发展与国际战略两个议题过度交叉、相互干扰，海洋与涉海的自然资源管理、生态环境保护、宏观经济调控等各个系统之间就会出现"空白"（推诿）或"重叠"（竞争）。如果对陆海统筹的理解有偏差、重心不明，也容易错失机遇。

党中央、国务院印发的战略文本和政策文件显示，陆海统筹的方向和重点越来越明晰，即聚焦于国内发展议题，并以基于生态系统的海岸带与海洋综合管理为出发点和落脚点。"基于生态系统的海岸带与海洋综合管理"是国际通行概念，英文称作"Integrated Coastal and Ocean Management"（ICOM）。中文翻译的"海洋综合管理"是简称，准确所指应是"综合性的海岸带与海洋管理"。提倡陆海统筹、推动基于生态系统的海岸带与海洋综合管理，是中国特色社会主义事业"五位一体"总体布局、全面发展的需求。

近年来，党代会报告、国务院政府工作报告，以及国民经济和社会发展五年规划纲要等重大战略、政策文件，都把陆海统筹定位为国内发展议题，归属在经济板块（优化国土空间布局、推进区域协调发展）和生态板块（推动绿色发展、生态环境治理）。《关于建立更加有效的区域协调发展新机制的意见》提出，要"推动陆海统筹发展"，"以规划为引领，促进陆海在空间布局、产业发展、基础设施建设、资源开发、环境保护等方面全方位协同发展"，要"编制实施海岸带保护与利用综合规划"，尤其是要"推动海岸带管理立法"。陆海统筹主要定位在自然资源、生态环境的管理领域和专业范畴。

《关于统筹推进自然资源资产产权制度改革的指导意见》提出，"强化自然资源整体保护"，"加强陆海统筹"。《国家生态文明试验区（海南）实施方案》明确提出，要建设"陆海统筹保护发展实践区"，"坚持统筹陆海空间，重视以海定陆，协调匹配好陆海主体功能定位、空间格局划定和用途管控，建立陆海统筹的生态系统保护修复和污染防治区域联动机制，促进陆海一体化保护和发展。深化省域'多规合一'改革，构建高效统一的规划管理体系，健全国土空间开发保护制度"。

上述文件对于陆海统筹的表述不断收敛，内容愈加确定、清晰。可以看到：第一，尽管国内发展和国际战略联系紧密，但在专业上有区分、分工，狭义的陆海统筹定位在国内发展议题上。第二，海洋经济领域的陆海统筹是对国家宏观区域经济、产业经济政策的补充和完善，而非重组、替代。海洋经济管理应当以国家层面的区域经济、产业经济宏观政策为基础和依据；前者对后者是局部之于整体、特殊之于一般的关系，主要起支撑和促进作用。海洋经济宏观调控的基点和主轴是海岸带、海洋自然资源的可持续开发利用以及生态环境的保护、优化。第三，陆海统筹的核心和关键是基于生态系统的海岸带与海洋综合管理。这将是今后及未来一段时期中国海洋管理、海洋事业的重要使命和主攻方向。

三、新海洋治理运动及其未来

中国实行陆海统筹、推进基于生态系统的海岸带与海洋综合管理，符合国际潮流和发展大势。20 世纪 60 年代，世界范围内兴起新海洋治理运动，提倡实施海洋综合管理。传统的海洋管理具有单一性、行业性的特点，往往条块分割、相互隔离。而海洋综合管理模式不同，强调跨部门的、政府之间的、空间的、科学的和国际的综合，主要目标是沿岸和海洋及其自然资源的可持续开发和利用。这是一个动态的、跨学科的、重复的参与过程，旨在促进沿岸和海洋的生态环境、经济、文化和居民生活（健康、娱乐）长期发展目标平衡协调的可持续管理[①]。新海洋治理运动与传统的海洋管理相比，更注重哲学和艺术。

新海洋治理运动大致分为两个阶段：一是探索和形成阶段，亦即一般意义上的海岸带与海洋综合管理阶段，主要是从 20 世纪 60 年代到 80 年代；二是成熟和升级阶段，亦即基于生态系统的海岸带与海洋综合管理倡议实施阶段，主要是从 20 世纪 90 年代到 21 世纪的头 10 年。1992 年联合国环境与发展大会和 2002 年联合国可持续发展世界首脑会议特别强调海岸带与海洋综合管理的重要性。2002 年联合国可持续发展世界首脑会议通过的《可持续发展世界首脑会议执行计划》，要求世界各国"到 2010 年采用基于生态系统的管理方法"和"在国家层面推进（海岸带与海洋）综合管理，鼓励并帮助各国制定（海岸带与海洋）政策和建立（海岸带与海洋）综合管理机制"。

过去几十年，联合国及其相关组织，如经济合作与发展组织（OECD）、世界银行（WB）、世界自然保护联盟（IUCN）、联合国环境规划署（UNEP）、联合国粮食及农业组织（FAO）等颁布的重要议程和行动计划，以及《生物多样性公约》等文件，确立了海岸带与海洋综合管理的主要框架和实施准则。2007 年，欧盟出

---

① 《海洋综合管理手册——衡量沿岸和海洋综合管理过程和成效的手册》，林宁、黄南艳、吴克勤等译，海洋出版社，2008。

台《海洋综合政策》，明确海岸带与海洋综合管理模式；2008 年，《欧盟海洋战略框架指令》要求"（采用）基于生态系统的方法管理人类开发、利用海洋的活动，以确保到 2020 年欧盟海域环境状况保持良好"。与此同时，在政府间海洋学委员会（Intergovernmental Oceanographic Commission, IOC）的组织下，美国、加拿大的政府部门和大学机构联合编写了《海岸带与海洋综合管理手册》，大力推广基于生态系统的管理方法（Ecosystem-based Management, EBM）。

专家估计，自 20 世纪 60 年代以来，全世界共有 140 多个沿海国家开展了近700 项基于生态系统的海岸带与海洋综合管理计划；截至 2000 年，这些计划只有大约一半（90 多个国家）得到了充分执行。21 世纪已经过去了 1/5，海洋综合管理在地区、国家和全球层面的实现情况并不理想。不少发展中国家由于自身能力有限，本国的海岸带、海洋生态系统结构和功能方面的本底资料、基础信息缺乏，后续工作难以跟进。不论发达国家还是发展中国家，海洋综合管理在推进过程中都遇到体制不畅、行业分割方面的阻力，普遍缺乏有效的综合决策和协调执行机制。有的国家对海洋的经济、社会价值认识不足，海洋意识的普及、宣传不力，以致国家决策层不了解、不重视海洋的实际、战略价值，发展海洋事业的政治意愿不足。

全球海洋论坛的海洋管理专家曾认为：从世界各国来看，基于生态系统的海岸带与海洋综合管理在国际、国内层面所面临的一个共同、类似的障碍是体制方面的陈规陋习和官僚机构之间的相互推诿或相互争权。基于中国特色社会主义制度的优越性，中国针对这一体制通病和机制痼疾积极探索、着力解决。党的十八大、十九大对加快海洋强国建设、推进海洋事业发展进行战略部署和政策调整。涉及海洋管理、海洋事业的新一轮机构改革，在更为宏观、系统的层面，从更加集中、专业的角度，对海洋、涉海自然资源管理和生态环境保护职能进行了优化分配。海洋管理、海洋事业在各个子系统调整归位、集中赋能的基础上实现专业化、功能性和网络式发展。

中国的新海洋治理，具有完善和发展中国特色社会主义制度、推进国家治理体系和治理能力现代化的新时代背景。党的十八大、十九大召开以来，中国的大部制改革为海洋管理、海洋事业注入新的动力，传统的陆地、海洋分割管理正向基于生态系统的海岸带与海洋综合管理转型、迈进。中国的海岸带与海洋综合管理长期以来有海洋无海岸的历史行将结束。编制中的"全国海岸带综合保护利用规划"，将在陆海统筹视角下重点考虑沿海地区海岸带、海洋区域自然资源的节约集约利用，海岸带、海洋生态环境保护以及灾害防御等问题。海岸带产业布局与滨海人居环境将通过空间规划指引得到优化，沿海地区的土地、海域使用管理水平将得到切实提高。

可以预见的发展趋势是：

——海岸带的规划、立法和管理是陆海统筹的题中应有之义，并将成为未来一段时期的工作重心。

——基于海岸带与海洋综合管理的科学原则和基本原理，海洋、涉海自然资源管理和生态环境保护的空间管辖范围将从过去的海域①使用管理向陆地和远海两个方向延伸；沿海海岸地区的土地空间规划利用和管理将增加海洋要素和标准。

——基于生态系统的海岸带与海洋综合管理的主要途径和有效手段将是空间规划；空间规划的科学性、有效性取决于特定海岸土地和海洋海域空间自然、社会属性和功能的充分显露和协调平衡；空间规划将更加强调治理思维，各个利益主体和相关方甚至第三方、研究机构、社会媒体将得到鼓励，通过积极参与充分表达正当诉求和理由。

——基于生态系统的海岸带与海洋综合管理、以海洋健康为目标的海洋生态环境保护，都是一种综合、复杂治理，最终主体是各级人民政府；各级自然资源管理和生态环境保护部门应当摆脱本位主义的思维定式，善于将自己的重大决策和管理行为上升为同级政府的政治意志和行政指令，获得相应权威。

——基于生态系统的海岸带与海洋综合管理、以海洋健康为目标的海洋生态环

---

① 平均大潮高潮时水陆分界痕迹线向海一侧的内水、领海区域。

境保护，具有重要的治理价值，将在中国沿海的重大国家发展战略如京津冀协同发展、长三角一体化发展、粤港澳大湾区建设中寻找定位、发挥重要作用。

——大数据、人工智能等高新技术的结合、应用，有可能使得基于生态系统的海岸带与海洋综合管理和以海洋健康为目标的海洋生态环境保护产生一系列质的飞跃。

……………

在以习近平同志为核心的党中央领导下，全国人民向着"两个一百年"奋斗目标不懈努力、大步迈进，国家治理体系和治理能力现代化正在有序、加速推进。中国的政治、经济、文化中心大多分布在东部，主要人口和生产力集中在沿海。实施陆海统筹、推进基于生态系统的海岸带与海洋综合管理任重道远。我们有理由相信，在党中央、国务院的坚强领导下，中国的新海洋治理必将获得成功，并向世界贡献中国智慧、中国经验。

习近平反复强调关于生态文明的思想和理论，指出"坚持人与自然和谐共生"，"绿水青山就是金山银山"，"推动形成绿色发展方式和生活方式"，"统筹山水林田湖草系统治理"，"实行最严格的生态环境保护制度"[①]。他还进一步指出，"自然是生命之母，人与自然是生命共同体，人类必须敬畏自然、尊重自然、顺应自然、保护自然。""要像保护眼睛一样保护生态环境，像对待生命一样对待生态环境。""我们既要绿水青山，也要金山银山。宁要绿水青山，不要金山银山，而且绿水青山就是金山银山。""推动形成绿色发展方式和生活方式，是发展观的一场深刻革命。""只有实行最严格的制度、最严密的法治，才能为生态文明建设提供可靠保障。"[②]

当前和今后一个时期的海洋生态环境保护工作，要以习近平生态文明思想为指

[①] 中共中央宣传部编《习近平新时代中国特色社会主义思想学习纲要》，学习出版社、人民出版社，2019。

[②] 同上。

导，清醒认识中国生态环境保护结构性、根源性、趋势性压力总体上尚未根本缓解的总体形势，以"水清滩净、岸绿湾美、鱼鸥翔集、人海和谐"的美丽海洋建设总体目标为牵引，进一步贯彻落实精准治污、科学治污、依法治污要求。

保护恢复自然生态空间，保住海洋生物休养生息的底线。推进海洋生态环境治理体系和治理能力建设。以海湾（河口）为基本单元，推动实施"美丽海湾"百湾治理等重大工程。采取国家试点示范与地方系统治理相结合的方式，分类梯次推进岸线和滩涂湿地保护恢复、海洋生物多样性抢救性保护、生态安全屏障建设等生态环境综合治理重点任务。强化海洋环境风险防控与应急响应，提高公共服务水平。

针对近岸污染严重的河口、海湾和岸滩等，将其作为陆海统筹、联防联控的重点，根据区域不同污染特征和主要污染来源，分区分类实施陆海污染源头控制工程。通过实施这些工程，提高污水和污染物接收和处理能力、滨海湿地污染自净能力等，减少氮、磷等主要营养物质以及塑料垃圾和其他特征污染物的入海量。

第六章
海洋强国建设的军事维度

第一节　强大海军和相关军种

一、海军是建设海洋强国的战略支撑

海运即国运。回顾历史，海洋安全曾是中国安全的短板。近代史上的中国积贫积弱，处于任人宰割的状态，外敌从中国陆地和海上入侵大大小小数百次，给中华民族造成了深重灾难。习近平总书记更是将百余年前的甲午战争形容为"剜心之痛"。

进入 21 世纪以来，世界和中国都发生了深刻而重大的变化，我们面对的是百年未有之大变局。今天的中国，前所未有地走近世界舞台的中心，前所未有地接近实现中华民族伟大复兴的目标，前所未有地具有实现这个目标的能力和信心。在全球化时代，海权是国家综合实力的体现。从 20 世纪后半期到 21 世纪初，国际社会的海洋之争主要是海洋权益之争。海权属于权力政治的范畴，一个国家对海权的实际掌控能力，间接体现出了这个国家综合国力的大小。习近平总书记强调，海洋在国家经济发展格局和对外开放中的作用更加重要，在维护国家主权、安全、发展利益中的地位更加突出，在国家生态文明建设中的角色更加显著，在国际政治、经济、军事、科技竞争中的战略地位也明显上升。在党的十九大开幕式上，习近平总书记在报告中再次提出"加快建设海洋强国"。实现由海洋大国向海洋强国的历史

跨越，是中国特色社会主义新时代的召唤，也是中华民族永续发展、走向繁荣昌盛的必由之路。

海军是建设海洋强国的战略支撑。习近平总书记指出，海军是战略性军种，在国家安全和发展全局中具有十分重要的地位。要以党在新形势下的强军目标为引领，贯彻新形势下军事战略方针，坚持政治建军、改革强军、科技兴军、依法治军，瞄准世界一流，锐意开拓进取，加快转型建设，努力建设一支强大的现代化海军，为实现中国梦强军梦提供坚强力量支撑。

二、海军与相关军种的转型建设

海军转型建设要贯彻国家安全战略和军事战略要求，科学统筹和推进。要深入贯彻新时代党的强军思想，坚持政治建军、改革强军、科技兴军、依法治军。瞄准世界一流，紧紧抓住当前世界海军信息化、智能化、远洋化、核动力化的发展潮流，深入推进战略转型，促进中国海军由近海型向远海型、由机械化向信息化、由常规动力向核动力、由数量规模型向质量效能型整体转型，不断提高基于网络信息系统的体系作战能力，促进海军现代化水平和综合作战能力跃上一个新高度，为打赢信息化条件下海上局部战争、高标准履行新形势下中国军队历史使命，为维护海洋权益、建设海洋强国提供坚强力量支撑。

海军精锐作战力量建设是海军转型建设的重要突破点。2018 年 6 月 11 日，习近平在视察北部战区海军时进一步强调，"要用好改革有利条件，贯彻海军转型建设要求，加快把精锐作战力量搞上去。要积极探索实践，扭住薄弱环节，聚力攻关突破，加快提升能力"。在习近平加强海军建设的思想指导下，在新一轮国防和军队建设改革中，全军裁减员额 30 万，但海军员额没有缩减，《解放军报》还刊登证实了海军陆战队调整扩编的消息。实施部队改革行动，海军飞行学院改组为海军航空兵学院，海军兵种指挥学院则改组为海军陆战学院，组建新的水警区构筑陆海一体防御。

提升海军战斗力是海军转型建设的目标和方向。近年来，海军战斗力建设取得实质性进展，战略性、综合性、国际性军种的特征逐步显现。随着新一轮国防和军队建设改革的深入推进，海军的兵力结构和整体布局得到了进一步优化，体系重塑迈出重要步伐。航母战斗力建设不断取得新跨越，先后有数十名舰载战斗机飞行员、着舰指挥员顺利通过航母资质认证，中国成为世界上少数几个具备自主培养航母舰载战斗机飞行员能力的国家之一。

第二节　军事装备和体制机制

一、海军的装备建设和发展

"工欲善其事，必先利其器。"武器装备是军队现代化的重要标志，是国家安全和民族复兴的重要支撑。习近平深刻指出，打现代化战争，人还是决定性因素，但武器装备的作用也决不能低估。

建设海洋强国，首先要提高武器装备的现代化水平。

科技兴军是大势所趋。当前，新一轮科技革命和产业变革正在孕育兴起，新军事革命加速推进，未来战争将可能从以信息技术和精确打击武器为核心的"初智"阶段，跃升到以人工智能等技术为支撑的"高智"阶段。世界各主要国家纷纷调整安全战略、军事战略，加大科技创新投入，试图形成新的压倒性技术优势，抢占未来战争制高点。我们要在激烈的国际军事竞争中掌握主动权，就必须大力推进科技进步和创新，大幅提高国防科技自主创新能力。牢牢扭住国防科技自主创新这个战略基点，大力推进科技进步和创新，努力在前瞻性、战略性领域占有一席之地。

在习近平海洋强国建设的思想指导下，围绕习近平对国防科技自主创新的要求，相关部门充分利用中国工业体系健全的优势，加大军工研发投入力度，海军装备研发取得明显进步，主战装备在成建制更新换代，一大批新型舰艇、飞机等先后入列，航母、核潜艇等大国重器捷报频传。

航母是一个国家综合实力和军事科技装备水平的重要体现，是大国海军的标志。中国人的航母情结，源于近代海权尽失的伤痛，源于国家和民族危亡的屈辱。今天，建设一支拥有航母的强大海军，寄托着中华民族向海图强的夙愿，是实现中华民族伟大复兴的重要保障。随着中国走向世界，拥有自己的航母，也是人民军队提升保卫世界和平的能力和中国履行国际义务的必然要求。2017年4月26日，中国首艘国产航母下水，2019年12月17日在海南三亚某军港交付海军。

潜艇是国之重器，是深海中的一把利剑。自1970年12月26日我国第一艘核潜艇下水，经过40多年的发展，我国已拥有多艘先进的战略核潜艇和常规动力的潜艇。

以区域防空和对海打击能力见长的昆明舰、合肥舰、西宁舰等新型导弹驱逐舰陆续入列；先后服役的长春舰、郑州舰、西安舰等新型导弹驱逐舰，因具有出色的区域防空和超视距打击能力被军迷网友誉为"中华神盾"；兼具防空、对海、反潜能力，被称为"海上多面手"的临沂舰、黄冈舰、烟台舰等新型导弹护卫舰先后入列；蚌埠舰、惠州舰、大同舰等轻型导弹护卫舰密集下水，隐身性能好、电磁兼容性强，先进技术广泛应用，被誉为"海上轻骑兵"；舰载战斗机批量交付；新型战斗机整建制改装；预警机、舰载直升机家庭再添新成员；等等。

海上军事力量装备体系建设日益加强，海军远海护卫作战装备力量体系发展加快步伐，海基核力量装备体系建设大力推进，近海防御作战装备力量体系优化提高，两栖投送装备力量体系不断建强，信息系统与配套保障装备力量建设取得新进展，等等。

二、海洋强国的军事体制机制建设

随着新一轮国防和军队建设改革的深入推进，海军的兵力结构和整体布局得到进一步优化，体系重塑迈出重要步伐；中国海军认真履行国际义务，积极参与联合国维和、海上护航、国际人道主义救援等行动，在执行亚丁湾、索马里海域护航任务的同时，实现了水面舰艇编队、海军航空兵、核潜艇和常规潜艇"走出去"常态化，在吉布提建立了首个海外保障基地。推进国防和军队改革，其中涉及海洋和海军的是在濒海方向成立北部战区、东部战区、南部战区，健全和完善了海上方向联合作战指挥体制：北部战区重点维护东北亚地区稳定、防止核威胁；东部战区重点维护两岸和平统一，并兼顾来自琉球群岛方向的压力；南部战区主要维护南海方向稳定和抗击域外强敌介入。

2017 年 1 月，曾任北海舰队司令员兼北部战区海军司令员的袁誉柏任南部战区司令员，成为首位担任战区司令员的海军将领，打破解放军五大战区清一色陆军为主官的局面。十二届全国人大一次会议作出了设立高层议事协调机构——国家海洋委员会的决定，并重新组建国家海洋局，整合海上执法力量，将国家海洋局的中国海监、公安部边防海警、农业部中国渔政、海关总署海上缉私警察等进行整合，统一成立中国海警局，并接受公安部业务指导。2017 年，新一轮党和国家机构改革中，海警队伍被纳入武警部队序列。

民兵是中国共产党领导的在长期革命战争中逐步发展起来的不脱离生产的群众武装组织，是中国人民解放军的助手和后备力量，在维护社会治安、保护重要目标、守卫祖国的陆海边防、配合边境自卫反击作战等方面发挥重要作用。为了加强民兵建设，进行民兵调整优化，推动我国民兵力量结构由机械化战争条件下的传统作战力量为主向信息化战争条件下的新型保障力量为主转型，支援保障对象由陆军为主向诸军兵种全面覆盖转型，初步实现民兵力量由庞大走向强大、由精干走向精锐。

第三节　军事战略和政策策略

一、海洋强国的军事战略

党的十八大以来，习近平站在维护海洋权益、建设海洋强国、实现中华民族伟大复兴中国梦的战略高度，深刻总结历史上世界大国兴衰成败的经验教训，深入分析中国由陆权国家向陆权海权兼备国家迈进面临的形势任务，围绕维护海洋权益、建设海洋强国、加强海军建设、做好海上军事斗争准备作出了一系列重大战略判断、重大战略决策、重大战略部署，深刻阐述了海洋、海权、海军在国家主权、安全和发展全局中的突出地位和作用，揭示了海洋、海权、海军与国家崛起、民族复兴的内在联系。

中国是爱好和平的国家，中华民族是爱好和平的民族。中国建设海洋强国始终秉持着和谐海洋的理念，同时也坚定地捍卫自身的海洋权益。正如习近平所说，"中国决不会以牺牲别国利益为代价来发展自己，也决不放弃自己的正当权益，任何人不要幻想让中国吞下损害自身利益的苦果"。党的十八大以来，习近平多次论述战争与和平的辩证法，强调指出，"有文事者，必有武备"。历史经验表明，和平必须以强大的实力为后盾。要善于运用底线思维的方法，凡事从坏处准备，努力争取最好的结果，这样才能有备无患，遇事不慌，牢牢把握主动权。我们爱好和平，坚持走和平发展道路，但决不能放弃正当权益，更不能牺牲国家核心利益。习近平指出，要坚持把国家主权和安全放在第一位，贯彻总体国家安全观，周密组织边境管控和海上维权行动，坚决维护领土主权和海洋权益，筑牢边海防铜墙铁壁。这划出了中国维护海洋权益、捍卫海洋安全的底线，表达了中国在涉及重大核心利益问题上的严正立场、高度自信和坚定决心。

习近平强调，注重掌握军事斗争主动权。用兵如对弈，不能仅是"接招"，也需要主动"出招"，否则处处被动。中国奉行防御性的国防政策和积极防御的军事战略。坚持积极防御，表明我们坚持"人不犯我，我不犯人；人若犯我，我必犯人"的自卫原则。在此前提下，要把战略态势上的防御性同军事指导上的积极性统一起来，注重攻势防御的运用，采取灵活的斗争策略，努力在战略竞争和军事斗争中赢得主动。2018年6月，习近平听取北部战区海军工作汇报并发表重要讲话，指出要正确把握国家安全形势变化，抓紧推进军事斗争准备，做好作战筹划、力量手段建设、指挥体系建设等方面工作。

2015年5月，中华人民共和国国务院新闻办公室发布的国防白皮书《中国的军事战略》明确提出，要"根据战争形态演变和国家安全形势，将军事斗争准备基点放在打赢信息化局部战争上，突出海上军事斗争和军事斗争准备"，强调海军要"按照近海防御、远海护卫的战略要求，逐步实现近海防御型向近海防御与远海护卫型结合转变，构建合成、多能、高效的海上作战力量体系，提高战略威慑与反击、海上机动作战、海上联合作战、综合防御作战和综合保障能力"。我军的军事战略指导重心开始适应新的国家安全形势下做好军事斗争准备的客观需要而前移，根据中国地缘战略环境、面临的安全威胁和军队战略任务，加强海外利益攸关区国际安全合作，加强对海外军事存在和活动、海外行动能力建设等问题的筹划和指导，形成有效维护我国海外军事利益的军事力量布局。

二、海洋强国的军事政策策略

海洋的和平安宁关乎世界各国的安危和利益，需要各国共同维护、倍加珍惜。进入21世纪，海洋经济在整个国民经济中占有越来越大的比重，海洋安全也在国防和军事现代化进程中扮演着重要角色，全球海洋治理问题成为国际社会共同面临的重要课题。当今世界，尽管冷战早已结束，然而冷战思维并没有退出历史舞台。只有走出冷战思维窠臼，顺应时代发展潮流，树立海洋命运共同体理念，坚持平等协商,完善危机沟通机制,促进海上互联互通和各领域务实合作,合力维护海洋和平安宁,共同增进海洋福祉,才能促进海洋发展繁荣。构建海洋命运共同体的重大倡议,正是人类命运共同体理念在海洋领域的具体实践,同时也为全球海洋治理贡献了中国智慧和中国方案。

建设海洋强国,要走军民融合发展之路。实施军民融合发展战略是中国构建一体化的国家战略体系和能力的必然选择,也是实现党在新时代的强军目标的必然选择。推进军民融合深度发展也是建设海洋强国的应有之义和客观要求。据悉,首艘国产航母研制所需1万多台(套)一级配套设备全部来自国内的500多家配套单位,其中多数是非军工企业,军民融合率接近80%。

建设海洋强国,维护国家海洋权益,须着力推动海洋维权向统筹兼顾型转变。要统筹维稳和维权两个大局,坚持维护国家主权、安全、发展利益相统一,维护海洋权益和提升综合国力相匹配。要坚持用和平方式、谈判方式解决争端,努力维护和平稳定。要做好应对各种复杂局面的准备,提高海洋维权能力,坚决维护中国海洋权益。要坚持"主权属我、搁置争议、共同开发"的方针,推进互利友好合作,寻求和扩大共同利益的汇合点。海军不但是维护海洋权益的中坚力量,而且是建设海洋强国的战略支撑,更是开展海上维权斗争和海上军事斗争的兜底工具和保底手段,对维护海洋和平安宁与良好秩序负有重要责任。各国相互尊重、平等相待、增进互信,加强海上对话交流,深化海军务实合作,走互利共赢的海上安全之路,是维护海洋和平安宁的治本之策。

第七章
中国特色的海洋强国之路

第一节　经略海洋与和平海洋

一、经略海洋的重要意义和思想内涵

"经略海洋"是 2013 年中共中央政治局第八次集体学习时习近平总书记提出的一个与海洋有关的谋略构想概念。这不仅是一个谋略的措施概念，也是一个谋略形成的思维概念。其中，经略是一个经营概念。大政方针确立之后，经营方式及其程度决定胜负和成败。习近平的经略海洋思想不仅是对海洋战略和海洋方略的包容与兼容，更是对海洋战略和海洋方略的发展与超越。在海洋问题上，在习近平的意识、概念和逻辑系统中，战略和方略还只是思维概念，尚未达到措施层次。只有认识到这一点，才能深入、深刻和彻底地理解与领会习近平的经略海洋思想。

应该看到，战略只是一个长度概念，且历来都跟战争有关。战略的大小决定所考虑的时间和空间的长度不同。由此决定了方略与战略的不同。方略本身是一个面积概念，其中就有长方形面积和正方形面积的差别。但经略是一个小度、细度和精度的概念，是一定要达到的一个细致和精致的程度概念，其中的细致度和精致度都是经略的程度概念。

经略海洋就是要把海洋意识深入人们的心理层次和情感层面，要让每一个人都拥有浓厚甚至浓烈的海洋情怀。习近平同志不仅具有深切的海洋情怀，同时还主张

"天下大事，必作于细"。

其实，经略海洋不仅是一个关心海洋、认识海洋和发展海洋的结果，还是人类对海洋的认识形成的三个步骤之一，最后的认识一定要落实在具体的可操作的细节度、细致度和精确度上。经略海洋也是海洋战略、海洋方略深化的一个产物。其中，海洋战略虽然还没有一个完整的表达，但它既是一个战略定力思维看海洋的结果，也是一个基本方略思维看海洋的结果。而战略定力就是十八届中共中央政治局第三次集体学习时的一个主题。基本方略是党的十九大报告提出的与基本理论和基本路线一起要求全党"全面贯彻"的教育内容。

经略海洋是在战略的长度和方略的宽度基础上对海洋深化、细化和进化的谋略，其中的关键是一定要全面深刻地理解"经略"这个主题的意义、意识和意图并且加以贯彻落实。

习近平总书记在主持2013年中共中央政治局第八次集体学习时对经略海洋的内涵进行了细致的阐述。这个阐述是习近平关于海洋强国的思想的初心。

一是怎么发展海洋。习近平认为，"要提高海洋资源开发能力，着力推动海洋经济向质量效益型转变。发达的海洋经济是建设海洋强国的重要支撑。要提高海洋开发能力，扩大海洋开发领域，让海洋经济成为新的增长点。要加强海洋产业规划和指导，优化海洋产业结构，提高海洋经济增长质量，培育壮大海洋战略性新兴产业，提高海洋产业对经济增长的贡献率，努力使海洋产业成为国民经济的支柱产业"。其中，一定要注意到这样一个阐述——建设海洋强国的重要支撑是发达的海洋经济。习近平的海洋强国思想是一种经济思想。

二是怎么保护海洋。习近平直截了当地指出，"要保护海洋生态环境，着力推动海洋开发方式向循环利用型转变。要下决心采取措施，全力遏制海洋生态环境不断恶化趋势，让我国海洋生态环境有一个明显改观，让人民群众吃上绿色、安全、放心的海产品，享受到碧海蓝天、洁净沙滩。要把海洋生态文明建设纳入海洋开发总布局之中，坚持开发和保护并重、污染防治和生态修复并举，科学合理开发利用海洋资源，维护海洋自然再生产能力。要从源头上有效控制陆源污染物入海排放，加快建立海洋生态补偿和生态损害赔偿制度，开展海洋修复工程，推进海洋自然保护区建设"。由此可见，习近平的海洋经济思想是一种海洋生态经济思想，是一种生态文明思想。

三是怎么支撑海洋。习近平强调的是，"要发展海洋科学技术，着力推动海洋科技向创新引领型转变。建设海洋强国必须大力发展海洋高新技术。要依靠科技进步和创新，努力突破制约海洋经济发展和海洋生态保护的科技瓶颈。要搞好海洋科技创新总体规划，坚持有所为有所不为，重点在深水、绿色、安全的海洋高技术领域取得突破。尤其要推进海洋经济转型过程中急需的核心技术和关键共性技术的研究开发"。从中可以看出，习近平的海洋经济思想不仅是一种海洋科技经济思想，更是一种海洋生态科技经济思想。没有生态科技作为支撑的生态文明，还只是一个理论性文明和提倡式文明。

四是怎么维护海洋。习近平指出，"要维护国家海洋权益，着力推动海洋维权向统筹兼顾型转变。我们爱好和平，坚持走和平发展道路，但决不能放弃正当权益，更不能牺牲国家核心利益。要统筹维稳和维权两个大局，坚持维护国家主权、安全、发展利益相统一，维护海洋权益和提升综合国力相匹配。要坚持用和平方式、谈判方式解决争端，努力维护和平稳定。要做好应对各种复杂局面的准备，提高海洋维权能力，坚决维护我国海洋权益。要坚持'主权属我、搁置争议、共同开发'的方针，推进互利友好合作，寻求和扩大共同利益的汇合点"。这是习近平海权思想的深度阐述。从中可以看出，习近平的经略海洋思想归根结底是一种和平海洋思想。

二、和平海洋的发展道路和本质特征

经略海洋与和平海洋是习近平关于海洋强国的思想与世界上其他海洋思想相比不同的核心内容。其他的海洋思想以格劳秀斯的海洋自由论和马汉的海权论为代表。两者都是主张海上自由和霸权的思想。但习近平关于海洋强国的思想是和平海洋的思想。海洋发展道路和发展方式是一种和平发展的道路和方式。而经略海洋是达到这种和平发展目标的谋略。

经略海洋的目的就是达到和平海洋的状态。这既是海洋强国思想的本质概念，也是中国经略海洋方案的基本要求。这既要求把"和平"概念放在一个方式维度中给予审视，也要求把"和平"从一个状态概念升入一个方式概念。

建设海洋强国必须通过和平、发展、合作、共赢的方式扎实推进。这也是习近平关于海洋强国的思想的核心和本质特征。这一思想是特别注重"海洋三权"中的海洋权益的思想。仅这个思想就已经大大地超越了马汉的海洋权力思想和1982年《联合国海洋法公约》的"海洋利益"（Sea Interest）的实际理念及其效果。这蕴含了一个从利益和平到权益和平的发展与跨越。只有把利益（Interest）上升到权益（Right）的层次时，海洋和平发展方式才能真正、全面达到。

21世纪的世界和平主要是海洋和平。利益和平虽然是达到权益和平的第一步，但有时利益和平又会产生两极分化，然后再分裂海洋。利益和平首先要摆脱权力和平的状态，但在获得了利益和平之后，又会反过来对权力和平的达到形成障碍。所以，习近平的海洋强国思想特别注重海洋权益和平问题。在习近平的系列重要讲话中，至今还没有一个海洋权力的表达。这主要是因为中国既没有对外扩张霸权的传统，也没有与人争权夺利的习惯。习近平一再强调，"我们有权维护自己的领土主权和合法、正当的海洋权益"，"中国一贯致力于通过和平方式处理同有关国家的领土主权和海洋权益争端"。这些海洋强国思想贯穿于习近平自2013年至今的所有海洋讲话和实践中。

同时，也应该从中文的概念内涵中体悟、感悟和领悟和平海洋的本质特征。中文的"和平"与英文等外文的"和平"在内涵上有所不同。英文等外文的"和平"原则上只是非战争、不战争的意思。中文的"和平"在内涵上则要丰富和深邃得多。

和平海洋的本质特征包含不争海洋、开放海洋、平等海洋、和气海洋、平和（即心平气和的）海洋、包容海洋、合作海洋、制度海洋、发展海洋等。其中，不争思维又是海洋和平本质特征的基础和前提。不争思维是老子《道德经》中的一个重要思维。《道德经》中说，"水善利万物而不争"，"夫惟不争，故天下莫能与之争"。

在 21 世纪的海洋时代，典型的水思维和最大的水思维就是海洋思维。水思维已经有"池思维""塘思维""湖思维""河思维""江思维""海思维""洋思维"，不过还应该有"气思维""雨思维"。海洋是水的主要、最后和代表性的形态。不争思维，不仅是一种不战争思维，还是一种不斗争思维和不竞争思维，更加注重和发展合作思维和协作思维达到和谐，并且在和谐的基础上再创造一个共同赢和公共赢的状态。

和平海洋思想主要是一种共赢思想。共赢的概念和理念几乎贯穿于习近平所有关于海洋的重要讲话。而共赢又是对共享的发展。

第二节　公共海洋与包容海洋

一、公共海洋与人类命运共同体

公共海洋是 2015 年 9 月在联合国成立 70 周年系列峰会上习近平全面论述的人类命运共同体中就隐含着的。因为 21 世纪是一个海洋时代，海洋也就自然成了一个物理的人类命运共同体。

海洋不仅是人类命运共同体的载体，也是人类真实的命运共同体。海洋是人类的公共池塘，要特别在意和注重海洋生态。没有了生机盎然的海洋，人类也将趋于灭亡。海洋生态还关系到人类的食品安全。"共同体"的英文是 community。而

commune（公共性）就是 community（共同体）的核心词。这是一种超越了共同性的公共性。在英文语境中，只有 public 才是"共同性"，把 Republic 翻译为"共和国"就是重要例证。"共同性"的另一个单词是 common，与 commune 十分相似。不同之处主要在于各自相同位置上的一个字母的不同，即其中的"o"与"u"不同。"共同性"是"o"，公共性是"u"。但共同体（community）是共同性（common）的基础，虽然从发展的程序来看，是先有共同性（common）后有共同体（community）的，但现实是，共同性（common）只有在共同体（community）中才能持久地依存和发力。习近平在金砖国家工商论坛上提出的"共同发展"（common development）引起国际政界、学界和传媒界的高度重视。

习近平强调中文的"人类命运共同体"，注重英文的"community"，其实既是历史重任，也是历史趋势。世界潮流正在以 commune 逐渐取代 public 和 common。这是一个共同性被公共性逐渐取代的过程。由此看出，commune 即"公共性"，不仅是一个政治概念，还是一个社会运行和生活方式概念。只是在海洋思想中，习近平把这种公共性最后落实在了海洋里，形成了"海洋是人类命运共同体"的理念。

不仅保护海洋人人有责，而且海洋利益人人有份。"利益＝利＋益"。其中，凡"利"者，都是"私利"；凡"益"者，都是"公益"。但现实是，人们至今只对共同体有认识，对公共性还没有感觉。这是我们把 community 翻译成"共同体"的认知原因。

一定要看到，由命运共同体带来的新经济本身就是一种崭新的公共经济、新工业经济、新科技经济、新海洋经济。公共性将导致公益性，公益性又将导致权益性。所以，在 2016 年 9 月二十国集团（G20）工商峰会开幕式主旨演讲中，习近平呼吁要树立一种人类命运共同体意识。在 2017 年 1 月联合国日内瓦总部，习近平在万国宫出席"共商共筑人类命运共同体"高级别会议，并发表题为《共同构建人类命运共同体》的主旨演讲。2017 年 2 月，联合国社会发展委员会第 55 届会议协商一致通过"非洲发展新伙伴关系的社会层面"决议，首次写入"构建人类命运共同体"理念。习近平的"人类命运共同体"概念被联合国接受，说明人类需要一种新公共经济（The Economic Community）。而海洋经济就是最大的新公共经济。海洋是人类最大的物理"命运共同体"。

二、包容海洋的思想特征和海洋强国之路

何为包容海洋？不仅海洋本身具有包容性（"海纳百川"就是例证），而且要以更大的胸怀去包容海洋的不同性和多样性。中国特色社会主义文化不仅要包容有形的、表层的、中国特色的海洋文化，而且要包容无形的、深层次的、全球性的海洋文化。其中的"包容"是一个"包 + 容"的状态概念。虽然"包"已经很难，但"容"的难度更大。"容"是要在"包括""包含"的基础上再溶化、再创新。习近平总书记正在以包容海洋的理念和态度创新解决全球海洋问题的理论与方法。包容海洋，是"增长"发展到现在的一个世界性难题。以习近平在 2017 年"一带一路"国际合作高峰论坛开幕式上的演讲为标志，中国的海洋事业特别是海洋经济呈包容性增长态势。

"包容性增长"的英文概念是由亚洲开发银行在 2007 年提出的，但习近平海洋思想中的包容性是另一个概念。中文的"包容性"比英文的"包容性"既深刻，又丰富。中文的"包容性"概念既包含了英文中"包容性"的一般定义，还超越了英文的"包容性"。中文的"包容"等于"包 + 容"。但英文的"包容性"只有"包"没有"容"。因此，英文中所讲的"包容性增长"（inclusive growth）仍有进一步挖潜和完善的空间。

现在，中国推动全球"治球理海"的方式是包容性增长，最大的载体就是"一带一路"。由于海洋占地球表面积的 71%，因此"一路"在其中更具有全球性。在"一带一路"国际合作高峰论坛上的演讲中，习近平不仅把包容性增长理念融进了"一带一路"特别是"一路"的愿望和倡议中，而且使其内涵由比较简单的"机会平等的增长"发展成为丰富的"和平合作、开放包容、互学互鉴、互利共赢

为核心的丝路精神",并且认为,"这是人类文明的宝贵遗产"。

其实,世上最大的包容性在海洋,最大的包容性增长在海洋经济。古语"海纳百川"很好地体现了这一思想。其中,包容是创新的基础。"包容 = 包 + 容"。包容既是两个阶段,又是两个层次,还是两种状态,更是两种作用。融为一体、不分彼此是包容的最后和最终目的。"容"是一个综合过程和复杂过程。它一般有四种形式:火熔、金镕、水溶、器皿融。融合是一种"器皿融化"。所谓器皿融,就是在一个框架里面"容"。我们希望并倡议各国的海洋战略在中国的"一路"倡议框架中包容、兼容、宽容、从容和美容起来。

中国是最早接受、提倡和落实包容性增长理念的国家之一。国务院批复的《浙江舟山群岛新区发展规划》已经明确了舟山群岛新区在长三角地区经济社会发展中的增长极地位。其实,中国的自由贸易试验区应该在世界的包容性增长中有所创新、突破和展开。中国的海上之路发展路径一要靠舟山江海联运服务中心来"嫁接",二要靠"一路"来包容世界各地、各国文化、各种势力,并在文化包容的基础上开创、创新和产生新时代的海洋(蓝色)文明。文明不仅是对文化的发展,更是对文化共识的构筑。

在 2017 年"一带一路"国际合作高峰论坛上,习近平指出,我们要将"一带一路"建成和平之路、繁荣之路、开放之路、创新之路、文明之路。"一带一路"建设要以文明交流超越文明隔阂、以文明互鉴超越文明冲突、以文明共存超越文明优越,推动各国相互理解、相互尊重、相互信任。

人类发展至今已经经历了两个阶段,一是陆地的陆权时代,二是从陆地到海洋过渡的陆权和海权相间与相容的时代。现在已经进入海权时代。在海权时代,走的路不仅是"海路",还必须和更应该是一条"海洋之路"。从进入航海时代起到飞机大规模使用之前,这个路径曾是人类发展的主要生命线。所以,在"二战"后的 70 余年历史中,"海路"的概念在人们的思维中已慢慢淡去。现在,随着人类对大宗商品需求的大幅度增加,随着人类对海洋休闲业和旅游业需求的几何级数增长，"海路"将再次成为人与人之间联系和发展的主要路径，也将成为中国乃至世界发展的主要"强大之路"。

我国既是陆地大国，也是海洋大国，拥有广泛的海洋战略利益。经过多年发展，中国海洋事业总体上进入了历史上最好的发展时期。这些成就为我们建设海洋强国打下坚实的基础。中国特色的海洋强国之路包括以下要点：

一是要建设一个"海洋上强"的国家。这个提法对应的是"海洋上霸"的国家。其中，"海洋霸"是一个单面的海上军事强且耀武扬威的概念。"海洋强"是一个综合的多面都强尤其是利用海洋资源强的概念。

二是建设海洋强国的思维是"着眼于中国特色社会主义事业发展全局，统筹国内国际两个大局，坚持陆海统筹"的着眼思维和统筹思维。其中明显包含了陆地经济必须投资海洋经济这个内涵。海洋经济是一个投资周期长、收效慢的领域。

三是建设海洋强国要走的发展道路必须是一条依海富国、以海强国、人海和谐、合作共赢的道路。

四是建设海洋强国必须通过和平、发展、合作、共赢的方式。其中，既有目标，又有思维，还有道路，更有方式。

所以，一定要重视海洋强国思想中的"海路"思想研究。这不仅是一个海洋事业是否会高质量发展的道路问题，也是一个中国经济发展和转型升级的方向和道路的问题。道路既是理论的又是实践的。习近平提出的"一带一路"倡议中的"一路"就充分体现了这个发展道路的概念。由于地球的陆地面积和海洋面积相差巨大，"一路"比"一带"更加丰富，发展的空间也更大。这方面的思想在 2017 年"一带一路"国际合作高峰论坛中，习近平就有很充分和精准的阐述。不走海洋之路，要发展和强大自己的国家很难。少走海洋之路，就多难。多走海洋之路，就少难。全走海洋之路，就不难。因为走海洋之路，人类的能源消耗最少，地球环境保护就会更好，地球生态才会更好。

第二篇

海洋强国战略实践

第八章
建设海洋强国的战略依据和战略方针

第一节　建设海洋强国的历史依据

一、中华民族曾创造过灿烂的海洋（蓝色）文明

从中国历史看，中华民族曾经创造过灿烂的海洋（蓝色）文明。几千年前，中华先民就认识到海洋对于人类生活的"鱼盐之利"和"舟楫之便"，海洋（蓝色）文明逐步形成中华文明的源头之一。尽管自周、秦、汉、唐以来，华夏民族所创造的农耕（黄色）文明逐步占据中华文明的主体地位，然而几千年来，中华各族人民特别是沿海地区各族人民所探索和创造的海洋（蓝色）文明，仍在中华大地上不断生根、发芽、开花、结果，形成了丰富多彩的海洋（蓝色）文明基因。

一是非凡的探海能力。即从上古时期开始几千年来中华民族长期不断地探索和开发海洋的能力。商周时期，中华先民就已能够利用舟楫在沿海地区生产和生活，舟楫已广泛运用到交通和捕鱼活动中。春秋战国时期，齐、吴、越等国在沿海发展起早期的海上力量，并能跨海远航至朝鲜半岛和日本。秦始皇统一六国后曾多次巡海，并催生了历史上著名的徐福东渡，秦人徐福率庞大船队东渡日本，探海求"仙"。汉武帝也曾七次巡海，进一步增强了中华先民对海洋的了解和海洋开发的能力。唐、宋、元时期，四大发明之一的指南针的应用促进了航海事业的迅猛发展，开辟了众多国际航线。中国航海者当时曾有"夜则观星，昼则观日，阴晦则观指南针"的记载。明清初年，中国的探海能力达到历史上的高峰，突出表现为

1405—1433 年明朝航海家郑和率领庞大船队七次下西洋，反映了当时世界上极为先进的探海能力。

二是广大的管辖海域。即从炎黄时期就开始拓展，到秦汉时期逐步形成的、总面积达 300 万平方千米的广大海域。黄帝时期，中国的版图就"东至于海"。秦始皇最早统一南海沿岸地区，设立闽中、南海、桂林、象郡，其中象郡包括今越南中部、北部和广西西南部地区。汉武帝时期不仅把台湾地区划归会稽郡管辖，而且把海疆扩大到朝鲜半岛地区，在朝鲜设真番、临屯、乐浪、玄菟四郡，由此奠定了中国容纳一个内海（渤海）、濒临并拥有三个边海（黄海、东海和南海）的基本海洋格局。目前，中国拥有长 1.8 万多千米的海岸线，拥有众多的海湾和深水良港，还有面积超过 500 平方米的岛屿 7 300 多个，由此形成了完整的海洋发展自然结构系统。

三是繁盛的海上贸易。即从商周时期就开始的、延续几千年的海上贸易及其蕴含的经济和文化交流。绵延中国历史几千年的海上贸易，最突出的表现就是在汉唐时期驰名中外的丝绸之路，包括一条海上丝绸之路。这一线路源远流长，蔚为大观。海上丝绸之路本来是为了通商，但实际产生的意义远大于通商。几千年来，中国的茶叶、丝绸、瓷器以及宝石、珍珠等源源不断地销往国外，复杂的工艺、精致的审美、强烈的文化意蕴，向海外国家彰示了中国古代文化的繁荣和国家的强盛。海上丝绸之路成为中外文化交流的重要渠道，也使得中国繁荣昌盛的形象深入海外各国。

四是不断的海外移民。即从商末周初的贤人箕子率领商朝遗民迁徙到今朝鲜北部并建立政权开始，到明清时期集中移民至今东南亚地区，并进一步扩展到澳大利亚、美国、加拿大等地，奠定了今日全球海外华人分布的基本格局。海外移民身在海外，心系桑梓，既在海外传播了中华文化，又为中华文化注入了更多的海洋要素。他们的开拓精神、团结精神、乡土意识、爱国情怀传承不息，成为中国海洋（蓝色）文明基因的重要因素。

五是深远的海洋信仰。即从《山海经》关于"精卫填海""四海海神"等海上神仙的描述，发展到后来以探海求仙为核心的海神思想。春秋战国时期《列子》《庄子》等古籍记录了古代中国人对海洋的想象。秦汉时期探海求仙思想直接催生了后世道教的海上仙岛、洞天福地等传说，并在唐宋时期逐渐形成以"八仙过海"为核心的系列故事、文学文本等。北宋时期，妈祖信俗产生，成为影响最为深远的民间信仰之一。联合国教科文组织于2009年9月将妈祖信俗列入人类非物质文化遗产代表作名录，妈祖信俗成为中国首个信俗类世界遗产。与海神信仰相伴的是，沿海地区为保证出海平安、风调雨顺，一直举行各种各样、规模不一的海祭活动。

六是和平的海外交往。即几千年来中国的天下观念、和平思想和交往哲学指导下的和平外交实践。突出表现在：其一，从商周时期就逐渐形成并一直延续到清朝末年、以中国为核心的外交朝贡体系，即在和平友好理念指导下逐渐形成的亚洲地区独特的国际关系体系。其二，明朝前期郑和率领庞大船队进行的长达28年七次下西洋的重大外交实践。郑和下西洋是和平之旅，郑和船队是中国和平友好的使者，而不是征服者。中国人从不抢劫或屠杀，与葡萄牙人、荷兰人和侵略印度洋的其他欧洲人显然不同。郑和还在海上生涯中大力推行和平外交，通过协商和劝慰化解各种错综复杂的国际矛盾，营造友好氛围。

中华民族虽然创造了灿烂的海洋（蓝色）文明，形成了丰富多彩的海洋（蓝色）文明基因，但由于历史上的中国，陆地经济繁荣，产出富庶，海洋方向安全无虞，加之当时国家体制的限制和海洋文化的缺陷，中国在长期的历史发展中高度重视陆地发展而轻视或漠视海洋发展，明清之际干脆封闭了发展海洋的大门。

近代以来的100多年间，由于国内外形势的发展变化、地缘政治经济格局的巨大变革和地缘环境从"陆、海"二维战略空间向"陆、海、空、天、网"五维战略空间的快速变动，中国经济社会发展所需的各种要素得以激活，显示出各自的价值，海洋的重要性前所未有地突显在人们面前。值此发展的重要关头，必须充分认识中国海洋发展的优势和劣势，把握住当前开发利用海洋的历史良机。过去，海洋

（蓝色）文明曾是中华文明的重要组成部分和中华文明发展的内在动力，如今，更应把中华民族几千年来创造的海洋（蓝色）文明作为建设海洋强国的历史依据，并在新的历史条件下激活海洋（蓝色）文明基因，使海洋发展成为实现中华民族伟大复兴中国梦的重要推动力。

二、世界海洋强国兴衰的历史经验和教训

强于世界者必盛于海洋，衰于世界者必先败于海洋。建设海洋强国，是世界大国崛起和发展的必由之路。历史的经验告诉我们，面向海洋则兴，放弃海洋则衰；国强则海权强，国弱则海权弱。因此，建设海洋强国，必须充分吸取世界海洋强国兴衰的历史经验和教训。

第一，世界强国的兴衰史几乎等同于海洋霸权的兴衰史。近代以来，海外殖民地、海上贸易、海洋控制权在世界强国发展的过程中发挥了重要作用。大航海时代拉开近代史的序幕，葡萄牙、西班牙、荷兰、英国、美国先后成就了海上霸业，这些国家或殖民地遍布全球，或建立了强大的海上贸易帝国，或成为全球金融中心，与之相伴的是海权和全球霸权的双重胜利。法国、德国、日本、俄国，乃至此后的苏联，也非常重视海权的发展，但这些国家或在海上争霸战争中被打败，或出海口受制于其他国家，始终未能掌握海洋的绝对控制权。值得注意的是，这些国家也始终未能成为独霸全球的超级强国。

第二，综合实力是一国海上霸权与强国地位的根本保障。对一些国家来说，如西班牙、葡萄牙、荷兰等国，资源匮乏、本土面积非常有限，海上扩张为它们掠夺资源，促进贸易发展，是它们获取全球霸权的途径；海上霸权的丧失也给西班牙、葡萄牙、荷兰等国带来了无法避免的衰落。但对资源相对丰富、综合国力强大的国家来说，海上霸权是走向强大的必要条件，而非充要条件。如美国，充分利用了海上霸权的有利因素，使其成为提升国力的重要手段，同时高度重视本国经济发展、科技进步、政治制度革新，最终成就全球霸权。

第三，海洋发展涉及政治制度、经济结构、国家政策、军事战略等各个方面的综合发展。一国要发展海洋，必须将其纳入基本国策，形成长期、稳定、具有前瞻性的战略方针。同时，也必须考虑海洋发展战略的合理性与可行性。如葡萄牙、西班牙等国的衰落原因之一就是海上战线过长，不仅耗资巨大，也为其树立了许多敌人。日本在第二次世界大战时期的亚太政策则严重忽略了战略的可行性。

第四，具有陆海双重性质的国家需要慎重制定双向的发展战略，规避地理区位的缺陷。英国、日本是地理上的海洋大国，它们即便经历了衰落也可以保持这一优势，并在需要的时候可以快速、灵敏地进行重建和调整。而法国、德国、俄国则始终囿于地理区位的劣势，受到陆海双向的牵制，这是法国败于英国、德国败于同盟国的重要原因之一。俄国通过夺取出海口扩展了自身的势力范围，但其出海口始终受制于英国、土耳其、日本、韩国等国家，整个防御体系仍然隐患重重。然而，单纯的海洋国家也并非没有区位缺陷，如果一国与别国的经济贸易、原料进口都必须经过海洋，那么海上交通线一旦被切断，就很容易陷入封锁之中。各国应按照各自的地缘特点，扬长避短，合理规划地缘战略。

第五，民族统一是发展海上力量的重要条件和保障。古希腊是西方海洋（蓝色）文明的源头，却未能发展出一个强大的海洋帝国，主要是由于小国林立，战乱不断。近代德国晚于英国、法国形成统一的民族国家，对海洋的重视与开发也大大晚于英国、法国。

第六，海洋力量的强大在不同时代有不同的定义。近代之前，海上力量的主要特点是区域性和防御性；在近代，海上力量的主要因素是远洋军事能力和海上控制能力；在现代，海上力量涉及物质、环境、科技因素，具有很强的综合发展性质。值得注意的是，当代海洋发展的内涵与外延不断扩大，非军事因素、非零和博弈以及非硬实力竞争等特点不断凸显，海洋相关的国际公约、国际组织等国际规范模式先后问世，体现出海洋发展的多样性和国际社会对和平开发利用海洋的不断努力。

20世纪80年代以来，人类社会进入和平发展的时代，国际社会得到了重建与培育，国家间关系趋于缓和，全球经济进一步发展，各国联系愈加紧密。完全依靠武力与控制的海权理论已经过时，基于历史记忆的大国兴衰模式正在被打破；通过和平、合作的方式解决海洋争端，发展海洋事业成为可能，这是中国可以和平开发利用海洋、建设海洋强国的最好时机。在这样的时代背景下，中国能够以世界海洋强国兴衰的历史经验和教训为鉴，通过和平、发展、合作、共赢的方式，走出一条中国特色的依海富国、以海强国、人海和谐、合作共赢的发展道路。

第二节　建设海洋强国的现实基础

一、海洋事业取得历史性伟大成就

纵观历史，中国经历了自发地探索海洋、闭关锁国、海防溃败、重建海防、自觉发展海洋事业几个阶段，直到最近几十年才迎来发展海洋的历史机遇。在此背景下，中国海洋事业经历了几乎是从无到有的缓慢发展到快速发展的阶段。改革开放以来，特别是进入21世纪以来，中国的海洋事业总体上进入了历史上最好的发展时期，取得了历史性的伟大成就。这些成就为建设中国特色海洋强国打下了坚实的基础。

一是雄厚的海洋经济实力。改革开放以来，中国海洋产业不断发展，从构成单一的海洋渔业、海洋盐业发展为以海洋交通运输、滨海旅游、海洋油气、海洋船舶为主导，以海洋电力、海水利用、海洋工程建筑、海洋生物医药、海洋科研教育管理服务等为重要支撑的相对完整的产业体系，从而具备了大规模开发利用海洋的经济实力。根据2019年海洋经济发展数据，全国海洋生产总值89 415亿元，比上年增长6.2%，海洋生产总值占国内生产总值的比重为9.0%，在沿海地区，海洋生产总值的占比为17.1%。到2020年，全国已有深圳、上海、天津、大连、青岛、宁波、舟山 7 个城市提出建设全球海洋中心城市。海洋中心城市的建设将大力带动全方位海洋开发与建设，推动形成陆海统筹的发展格局。

二是较强的海洋科技能力。经过多年发展，中国已具备了大规模开发利用海洋的科技能力。经过艰苦努力，中国海洋科技工作已形成面向经济建设主战场、发展高新技术、加强基础研究三个层次的战略格局，形成了比较完整的海洋科学研究与技术开发体系。1998 年，中国基本完成第二次海洋污染基线调查，1999 年 7 月和 2003 年 7 月先后两次开展北极科学考察；2005 年 4 月 2 日首次开展横跨三大洋的环球海洋科学考察，航次作业横跨了太平洋、大西洋、印度洋三大洋，航程 43 230 海里，历时 297 天，实现了由单一的资源调查向资源调查与科学考察相结合的综合科学考察的实质性转变。在海洋基础研究方面，1997 年以来，先后有 9 个海洋基础研究项目得到国家重点基础研究发展计划的支持。围绕资源开发、海洋安全、防灾减灾等国家重大需求，先后开展了近海环流、海洋生态系统、海水养殖病害、边缘海形成演化、赤潮、河口与近海陆海相互作用等方面的基础研究，获得一批高水平成果。与此同时，海洋国际合作科学研究方面取得了较大进展，在传统的中美、中日、中加、中德、中法合作得到不断加强的同时，中韩、中印及中国同南海周边国家的海洋科技合作也不断强化。进入 21 世纪，国家把海洋经济上升为国家发展战略规划的蓝色经济，先后颁布实施了《全国科技兴海规划纲要（2008—2015 年）》《国家"十二五"海洋科学和技术发展规划纲要》《"十三五"海洋领域科技创新专项规划》等规划文件，为加快海洋科技发展、建设海洋强国、实现 2050 年远景目标奠定了政策基础。2020 年初发布的《全球海洋科技创新指数报告（2019）》显示，中国居全球海洋科技创新指数第 5 位，与排在第 4 位的日本差距逐渐缩小，中国海洋科技创新能力显著提升。其中，在创新产出和创新应用两个分项中跻身世界前二。加大对海洋科技创新与成果转化的投入力度，推动海洋产业发展。2018 年我国重点监测的海洋科研机构中科技活动人员数量比 2011 年增长了 20% 以上，研究与试验发展经费比 2011 年增长近 90%，专利授权量是 2011 年的 3.5 倍，科技创新与成果转化对海洋产业发展的推动作用日益显著①。

三是强大的海上力量建设。中国海军力量的提升是西太平洋上引发关注的热点之一。中华人民共和国成立以来，人民海军从无到有、从小到大、从弱到强，已发展成为一支由水面舰艇部队、潜艇部队、航空兵部队、岸防部队和海军陆战部队五大兵种组成的战略性、综合性、国际性军种，成为一支能够有效捍卫国家主权和安全、维护海洋权益、应对多种安全威胁、完成多样化军事任务的现代海上作战力量。近年来，海军扩大了近海防御的范围，并开始向蓝水②发展。强大的海上力量是国家安全的保障，同时也是中国提供公共产品的支撑。如在亚丁湾索马里海域，中国自 2008 年 12 月 26 日派出第一批赴索马里海域护航编队至 2020 年底，已经累计派出 35 批护航编队执行索马里海域护航任务，为维护地区安全、世界海洋秩序作出积极贡献。

二、党和国家强化海洋发展的政治意志

21 世纪以来，党和国家逐步强化海洋发展的政治意志。2002 年，党的十六大从经略海洋的高度作出实施海洋开发的战略决策。为贯彻落实这一战略部署，国务院于 2003 年出台《全国海洋经济发展规划纲要》，提出要研究建设海洋强国的战略目标。2006 年，胡锦涛在中央经济工作会议上提出海洋经济发展问题，强调要在做好陆地规划的同时，增强海洋意识，做好海洋规划，完善体制机制，加强各项基础工作，从政策和资金上扶持海洋经济发展。2007 年，党的十七大把发展海洋产业列为加快转变经济发展方式、产业结构优化升级的重要内容。为贯彻落实这一战略部署，国务院于 2008 年发布《国家海洋事业发展规划纲要》，提出要把海洋经济作为海洋事业发展的重点来规划。2011 年，国家发布《中华人民共和国国民经济和社会发展第十二个五年规划纲要》，提出了海洋发展的"百字方针"，其中最重

---

① 立风：《走向蔚蓝　中国海洋科技破浪前行》，《人民日报》（海外版）2020 年 6 月 18 日。
② 指远离海岸线的深海。

要的是提出陆海统筹、协调发展，即把海洋发展与陆地发展同等看待的战略思想，并且第一次提出海洋发展战略的新理念。2012年，党的十八大第一次作出建设海洋强国的重大部署。

为贯彻落实这一重大部署，中共中央政治局于2013年7月30日举行以建设海洋强国研究为主题的集体学习。习近平总书记在主持学习时发表重要讲话，系统阐述了海洋发展战略问题。

关于21世纪海洋在人类社会发展中的战略地位，习近平指出，21世纪，人类进入了大规模开发利用海洋的时期。海洋在国家经济发展格局和对外开放中的作用更加重要，在维护国家主权、安全、发展利益中的地位更加突出，在国家生态文明建设中的角色更加显著，在国际政治、经济、军事、科技竞争中的战略地位也明显上升。

关于建设海洋强国在国家发展战略中的重大意义，习近平指出，建设海洋强国是中国特色社会主义事业的重要组成部分。党的十八大作出了建设海洋强国的重大部署……实施这一重大部署，对推动经济持续健康发展，对维护国家主权、安全、发展利益，对实现全面建成小康社会目标、进而实现中华民族伟大复兴都具有重大而深远的意义。

关于建设海洋强国的道路和模式，习近平指出，我们要着眼于中国特色社会主义事业发展全局，统筹国内国际两个大局，坚持陆海统筹，坚持走依海富国、以海强国、人海和谐、合作共赢的发展道路，通过和平、发展、合作、共赢方式，扎实推进海洋强国建设。

此外，习近平还从提高海洋资源开发能力、保护海洋生态环境、发展海洋科学技术、维护国家海洋权益四个方面系统阐述了建设海洋强国的战略领域、战略措施和战略任务。为此，他要求全党和全国各族人民"进一步关心海洋、认识海洋、经略海洋，推动我国海洋强国建设不断取得新成就"。

习近平总书记把海洋开发和海洋事业提到一个前所未有的高度，把海洋与国家的前途命运紧密地结合在一起，具有重大的理论意义和实践意义，是指导中国特色海洋强国之路的纲领性文件。

综上所述，21世纪以来，特别是党的十八大以来，党和国家层面关于海洋发展的一系列重大部署和政策的出台，已经表明党和国家发展海洋的坚强意志。但同时也应该看到，比起世界上其他海洋大国，中国目前仍缺乏海洋发展的总体战略。美国和俄罗斯的战略专家甚至指出，中国只有海军战略，没有海洋战略。也就是说，中国尚无集海洋安全、海洋发展和海洋文化宣传于一体的国家最高层面的战略规划方案及其实现手段。近年来已经出台的多种关于海洋发展的政策性文件仍然显得不够全面。此外，中国尚未出台海洋安全战略纲要，推动海洋发展和保障海洋安全的法理框架也很不完善。为了贯彻落实建设海洋强国的重大部署，应抓紧制定集海洋安全、海洋发展和海洋文化宣传于一体的总体战略，同时完善相关的法理框架，使海洋事业的发展得到有效保障。

第三节　建设海洋强国的战略方针

为推动海洋强国建设，落实习近平总书记关于"进一步关心海洋、认识海洋、经略海洋，推动我国海洋强国建设不断取得新成就"的具体要求，必须立足于中国目前仅有涉海部门的局部发展战略，而缺乏集海洋安全、海洋发展和海洋文化宣传于一体的国家最高层面的总体战略、战略规划方案及其实现手段的现状，通过全面梳理中华民族几千年来创造的海洋（蓝色）文明，深入研究当今时代国内外形势、海洋地缘政治经济格局以及"陆、海"二维战略空间向"陆、海、空、天、网"五维战略空间快速变动的地缘环境，确立国家海洋发展的战略方针，其内容可以概括为"两个协调""三个主体""五种手段"。

一、战略方针的"两个协调"

"两个协调"是指建设中国特色海洋强国必须实现海洋政治、经济、科技、文化协调发展和陆海统筹协调发展。

第一个协调的具体内容包括：其一，继承自古以来海洋文化里的开拓精神和政治大局观。面对其他国家的猜疑，尤其不能抛弃这一点。同时要全力规避传统文化对经济因素的忽略，实现国家海上政治经济利益的统一，逐步强化国家海洋开发的政治意志，并加强执行力，为民间的海洋开发和海外商务拓展提供支持。其二，推动海洋生产力（如海洋经济、海洋产业等）发展，塑造更为均衡的生产力海陆分布。古代中国与古希腊等典型的海洋（蓝色）文明国家相比，根本区别在于陆地产出与海洋产出的不均衡。今天，这种状况已经发生了改变。古代经济依靠种植、捕捞等方式，现代经济则主要依靠生产、服务等方式，曾经的海洋大国，发展到现代也经历了海陆生产力的平衡阶段。塑造更为均衡的生产力海陆分布，将是建设海洋强国的必由之路。其三，制定海洋科技发展战略，用海洋科技推动扩大再生产。中国传统海洋文化中的仙道思想对海洋科技的发展造成阻碍，但这种传统思想的另一面却可以与科技中的某些因素相结合，如生态、环境等因素可以与天人和谐主张、海事活动的道义主张、有机自然观等相结合，借此推动具有中国特色的内生式增长。其四，鼓励传统海洋文化研究与创新海洋文化相结合，力求形成中国特色的现代海洋文化观。过去关于海洋文化的研究大部分顺应的是西方海洋观，应对此作出突破。中国目前正处在渴望发展海洋实力又面临诸多猜忌和压力的时代，要想有所突破，就应形成独特的观念和一整套能够自洽的逻辑。

第二个协调的具体内容包括：一方面强调海洋开发的重要性，另一方面坚持以陆地为根本立足点。要扭转中国古代重陆轻海的传统发展观念，也要防止只见大海不见大陆的狭隘观念。在更广泛的意义上，陆海统筹协调发展是一种全新的发展模式和发展道路，它摒弃了西方国家在新航路开辟后依赖海洋进行扩张的发展道路，在立足陆地、开发海洋的联动中走出一条和平发展的中国道路，从而形成本土与外来、传统与现代、黄色与蓝色有机结合的现代文化，推动中华文明的全面进步。

二、战略方针的"三个主体"

"三个主体"是指建设中国特色海洋强国必须充分发挥政府、企业、民间组织这三个主体的积极性，并使之充分协调、相互配合。

传统的海洋发展路径完全侧重于政府政策，而在中国特色海洋强国之路的战略指导方针中，政府虽然仍是主导，但企业和民间组织也将发挥重要作用，是不可替代的重要组成部分。政府要充分发挥主导作用，制定合理的政策，对企业和民间组织进行引导，并在国际组织中积极发挥作用。企业要积极从事海洋经济开发、海洋渔业开发、海洋科技研究、海洋资源勘探与开采、海底光缆建设、海洋旅游开发等项目。这既是企业谋求自身利益的自然诉求，也是国家利益的必然要求。民间组织可以积极从事海洋文化、国际海上交流历史等方面的研究与宣传，培育民众的海洋意识，以此发挥政府所不能发挥的作用。企业和民间组织还可以推动海洋文化相关组织进行国际交流，构成政府间国际交往之外的第二轨道。

三、战略方针的"五种手段"

"五种手段"是指建设中国特色海洋强国必须综合运用经济开发、文化宣传、法律制度、军事力量、国际关系这五种手段。

海洋经济开发是维护国家利益的必然要求，也是巩固国家海上实力的重要手段，其地位正变得越来越突出。特别是在周边某些国家与中国海洋争端升级、军事手段又难以施展的情况下，加速海洋经济发展（包括渔业开发、海洋非生物资源勘探与开采等）具有更大的现实意义。

建设海洋强国，必须大力加强文化宣传工作，以提升各级领导干部和广大民众对建设海洋强国重大意义的认知度，特别是充分认识和深刻理解中国所具有的海洋

（蓝色）文明基因，并在新的历史条件下激活海洋（蓝色）文明基因全面协调发展，从而使建设海洋强国的战略意图深入社会和民众之中。文化宣传的手段还可有针对性地运用于海外，团结和凝聚具有共同文化背景的国家和人民，以发挥军事和经济等手段无法发挥的作用，解决军事和经济等手段难以解决的问题。

建设海洋强国，必须大力加强海洋法律制度建设。要深入研究以《联合国海洋法公约》为核心的国际海洋法律制度，重视国际海洋法法庭、国际法院等解决和处理国际海事争端的重要国际机构，为现有国际海洋法律制度的修订、完善与发展贡献自己的力量。要努力完善自身的法理框架，并在国内法中增加一些鼓励、支持和保护中国海洋开发的法律和现有法律中的条款。目前，中国与海洋相关的法律法规主要有：1958 年的《中华人民共和国政府关于领海的声明》、1992 年的《中华人民共和国领海及毗连区法》、1996 年的《中华人民共和国人民代表大会常务委员会关于批准〈联合国海洋法公约〉的决定》、1998 年的《中华人民共和国专属经济区和大陆架法》、2001 年的《中华人民共和国海域使用管理法》、2009 年的《中华人民共和国海岛保护法》等。还有一批关于海洋管理的地方立法，但尚无一部综合性的海洋基本法。编制综合性的海洋基本法，将会推动海洋开发和管理等各个层面的工作向前发展。首先，编制海洋基本法，需要确定中国在海洋发展上的核心利益是什么，这也将是中国海洋基本法的核心所在。在此基础上，需要研究、确定中国维护海洋安全、维护海洋权益、管理海洋、开发海洋的战略框架，这将会引发执政层对涉及海洋的各方面进行全盘思考，并为全面的海洋战略提供法理支持。其次，完善海洋开发和保障海洋安全的法理框架必然会引起新一轮的海洋研究热潮，为海洋基本法的编制提供智力支持，推动中国海洋研究进一步发展。最后，海洋基本法可以厘清并明确管理机构的职责职能，以便对海洋事业发展进行更有效的管理。

尽管军事力量在当代国际格局中的作用有了新的变化，但其重要地位并未动摇。因此，中国建设海洋强国仍要坚定而审慎地发展海洋军事实力，尤其是建设一支强大的海军，有能力捍卫中国的海域疆土主权。

除此之外，中国还要善于利用国际关系，积极参与国际海底管理局和政府间海事、海洋协商组织等政府间涉海国际组织的活动，推动民间团体积极参与和影响非政府涉海国际组织的活动以及涉及海洋问题的重大国际政治活动，并在国际海洋公共产品的标准制定及其供给过程中抢占先机，为全球海洋事业发展贡献更多中国智慧和中国方案。

第九章
海洋管理体制改革和全球海洋治理

第一节　深化海洋管理体制改革和机构设置

一、中华人民共和国成立后海洋管理体制的演变

中华人民共和国成立后，随着海洋事业从无到有、从小到大、由弱变强，海洋管理体制不断发展和演变。

从 20 世纪 50 年代开始，中国的海洋开发和管理从中央到地方基本上以行业管理为主，管理方式就是陆地各种资源开发部门的管理职能向海洋自然延伸。比如，水产部门负责海洋渔业的管理，海洋渔业属于大农业范畴；交通部门负责海上交通安全的管理，海事属于大交通范畴；石油部门负责海洋油气勘探开发的管理，地矿部门负责海洋矿产勘探开发的管理，海洋油气和矿产属于大能源范畴；轻工业和商业部门先后负责海盐业的管理，海盐生产属于工商业范畴；旅游部门负责滨海旅游的管理，滨海旅游属于大旅游范畴。这种分散型、行业性的海洋管理体制是由中华人民共和国初期的政治、经济、社会、技术等客观条件决定的，符合当时的生产力发展水平。正是凭借大农业、大交通、大能源、工商业、旅游业等各个行业系统的支撑和推动，中国海洋开发和管理事业以分门别类的方式，依托各自所在行业的生长要素迅速发展起来。

随着海洋事业的发展，中国的海洋管理体制从 20 世纪 60 年代开始向综合型和

专门性的方向演变，突出表现就是国家海洋局的建立、发展和变迁。1964年，国家海洋局成立，由海军代管，主要负责海洋环境监测、资源调查、资料汇集和公益服务等。1980年，国家海洋局由海军代管改为国家科委代管。同时，在国家海洋局和国家科委的推动下，沿海地方科委纷纷下设海洋管理机构。

1983年，国家海洋局改由国务院直接领导，负责组织协调全国海洋工作，组织实施海洋调查、海洋科研、海洋管理和公益服务。1988年以后，国家海洋局系统内部形成国家海洋局、海区海洋分局（3个分局）、海洋管区（10个管区）、海洋监察站（50个监察站）四级管理体系。1993年，国家海洋局重新划归国家科委代管。1998年，根据国务院通过的"三定"规定，国家海洋局改由国土资源部代管，其职能转向立法、规划和管理，基本职责包括海域使用管理、海洋生态环境保护、海洋科技、国际合作、防灾减灾、维护海洋权益六大方面。

2008年的国务院机构改革，促使国家海洋局的职能继续向综合、协调方向转变。2013年3月，全国人大通过相关决议，决定成立国家海洋委员会、重新组建国家海洋局（仍由国土资源部管理），对中国海监、边防海警、中国渔政、海上缉私警察的队伍和职责进行整合统一。这一重大举措表明了中央建设海洋强国的战略决心，对中国走海洋强国之路发挥重要的组织保障作用。

此后，中国初步形成了纵向的国家、省、市、县四级海洋管理体制与横向的涉海、海洋行业管理体制并存的格局。纵向体制表现为综合型和专门性。比如，国家海洋委员会办公室的具体职责由国家海洋局承担。国家海洋局在渤黄海、东海和南海分别设立北海分局、东海分局和南海分局，作为派出机构，代表国家实施海洋行政管理，并设5个国家级业务中心。在沿海省、市、县各级政府中设有相应级别的海洋行政管理部门，负责所辖区域的海洋管理工作。除中国海事之外，中国海上执法力量得到统一。横向体制则表现为分散型和行业性。比如，仍然存在以海洋、环保、渔政、海事和边防为主的分散型横向管理，同时还涉及其他部门，如国家发展和改革委员会、外交部、国土资源部、环境保护部、交通运输部、科技部、公安部、国家旅游局、工业和信息化部、国家林业局、国家文物局、海关总署等多个政府部门。

上述海洋管理体制经过了长期探索和不断磨合，在海洋事业发展中发挥了重要作用。但是，与建设海洋强国的宏伟目标相比，这一海洋管理体制还存在一些薄弱环节，并不能适应海洋事业的发展需要。比如，国家海洋事务的高层次协调机制还不够健全，涉海管理部门之间的统筹协调和沟通配合不足，中央与地方海洋管理工作的联动性不强。体制性弊端有可能导致一系列不利后果：海洋行政管理的效能不高导致国家海洋宏观政策能力弱以及国家海洋综合管理对海洋开发利用与保护的调控效率低，尤其是运用法律、经济、技术等手段实施海洋综合管理的能力和利用海岸带、海域、海岛、海洋渔业、海事、生态环境等典型杠杆对海洋产业发展和海洋经济运行实施引导和调节的能力弱。主要问题表现为：

第一，地方各级政府海洋管理机构和管理职能不够清晰。多年来，地方海洋管理机构形成了几种模式：一是海洋与渔业结合，如辽宁省、山东省、江苏省、浙江省、福建省、广东省、海南省；二是海洋与土地、地矿结合，如河北省、广西壮族自治区；三是海洋与水利结合，如上海市水务局与上海市海洋局合署办公；四是专设海洋行政管理机构，如天津市。一方面，局部地区的海洋机构设置比较脆弱和混乱，会导致一些地方政府在开发本地经济时管理能力不足，容易忽略海洋开发及环境保护，如违反规定围海造田、牺牲海洋生态环境换取陆地经济发展等。另一方面，海洋的流动性也使得海洋生态保护等问题成为跨地区、跨层级的治理难题。

第二，分散型的管理模式不适应海洋事业快速发展的需要。中央和地方政府机构不同部门分别管理不同类型海洋事务的模式在计划经济时代发挥了积极作用，但随着海洋事务越来越具有综合性和复杂性，经常出现同一事务由不同部门管理和部门之间争权推责的情形。尤其在海岸带地区和近岸海域，海洋事务涉及的因素复杂、部门多，管理部门之间容易出现职能冲突和管辖真空问题，对突发事件和跨区域事件有时难以迅速反应、高效处理。

第三，过渡性的管理体制不利于海洋事业长远发展。2013 年 3 月全国人大会议决定设立国家海洋委员会以及重新组建国家海洋局（仍由国土资源部管理），但新设立的国家海洋委员会仍具有一定的临时性和过渡性，难以满足海洋事业长远发展的需要。

重建后的国家海洋局以中国海警局名义开展海上执法将面临诸多困难：军事化管理和政府行政管理并存、武警序列编制和行政机关编制混合、警察职能和普通行政职能杂糅等问题，容易导致体制性深层次矛盾和运行混乱，进而影响海洋管理和海上执法工作的最终成效，甚至有可能在应对国内外海上突发事件时处于不利局面。

二、大部制改革背景下的海洋管理与海上执法

2018 年 3 月，根据党的十九届三中全会审议通过的《中共中央关于深化党和国家机构改革的决定》《深化党和国家机构改革方案》和第十三届全国人民代表大会第一次会议批准的《国务院机构改革方案》，国家设立自然资源部，国家海洋局整体并入自然资源部，中国海警队伍并入武警序列。

涉及海洋管理、海洋事业的大部制改革，是在更为宏观、系统的层面，从更为集中、专业的角度，对海洋、涉海自然资源管理和生态环境保护职能进行优化分配。这两项职能分别集中到新组建的自然资源部和生态环境部。需要澄清和强调的是，广义上的海洋管理、海洋事业并未因此分散、弱化，而是各就其位、再次出发，是在各个子系统调整归位、明确属性的基础上实现专业化、功能性和网络式发展。

从某种意义上说，大部制改革为海洋管理、海洋事业注入新的动力，提供新的起点。在推进国家治理体系和治理能力现代化的新时代背景下，我国的新海洋治理正在实现突破，传统的"陆、海"二维分离、光有海洋而无海岸的历史行将结束，国家将大力推进基于生态系统的海岸带与海洋综合管理。

海洋管理和海上执法分属两种业务体系，机构和队伍的管理方式各有侧重。海上执法队伍一般具有准军事性和司法相关性。中国海警队伍宜定位为以刑事执法和海上维权巡航为主、海上行政执法为辅的军事化管理机构。中国海警队伍的海上行政执法职能（法律法规授权或委托）最好限定在简易程序（当场处罚）案件一类，一般（尤其是重大）违法案件则应当移送行政机关进行处理。同时，中国海警队伍的海上行政执法活动应当接受相应职能行政机关的监督指导。

三、国外海洋管理体制的启示

目前，世界上的海洋国家大多采取三种管理体制。一是相对集中型管理体制。这种体制有专职的海洋管理职能机构，海洋管理职能涵盖了海洋管理的主要方面，海洋管理体制比较健全，建有全国海洋政策研究制定和组织协调机构，海洋法律法规和海洋政策比较完善，拥有统一的海上执法队伍，如法国、波兰、韩国、新西兰、荷兰等。二是相对分散型管理体制。这种体制没有集中负责海洋管理的专职部门，大多没有专门的委员会或类似的协调机构，大多没有统一的海上执法队伍。采取这种管理体制的大多是发展中国家，少数为发达国家，如俄罗斯、英国、马来西亚等。三是半集中、半分散型管理体制，也称集中与分散结合型管理体制。这种体制没有专职的海洋管理职能机构，但是建有全国性高层次海洋工作协调机构，海洋法规体系基本健全，拥有统一的海上执法队伍，如美国、加拿大、澳大利亚、日本、印度、朝鲜等。

综合协调体制是海洋管理发展的必然趋势。加强海洋综合管理已经成为世界性潮流。联合国《21世纪议程》明确提出，沿海国家要在传统部门管理的基础上进行海洋综合管理，加强海洋管理机构建设，实现海洋资源可持续利用。美国、加拿大、澳大利亚、日本均属海洋强国，采取的都是集中与分散结合型管理体制。美国的管辖海域面积巨大、海洋经济实力强劲、海洋活动最为丰富，它选择海洋管理体制的做法值得借鉴。事实上，完全的集中型管理体制和完全的分散型管理体制既不科学，也不可能。前者容易导致权力过度集中，以致体制僵化，海洋事业各子系统缺乏活力；后者容易导致重复建设、功能矛盾，以致秩序混乱。集中与分散结合型管理体制既保护、鼓励了各个涉海行业管理部门的事业成长和工作积极性，又实现了国家层面的综合协调，是相对合理的一种管理体制。

在深化海洋管理体制改革过程中，国家对海洋管理历史、理论和实践进行了系统梳理，准确把握集中与分散之间的尺度，该集中的集中，该分散的分散。一方面避免了综合协调部门过多地承担专业职能，另一方面也避免了专业部门过多地承担综合协调职能。由于中国的海洋管理体制初始框架具有分散性的特点，在改革过程中，国家要重点加强单项职能的集中性以及多种职能的协调性，即一方面重点加强国家最高层面海洋事务综合协调机制的建设，另一方面在自然资源管理系统集中建立海岸带与海洋综合管理体制，在生态环境保护系统集中建立海洋生态环境保护管理体制。在海上执法队伍的建设和管理上走法治化、专业化和规范化道路，逐渐与国际先进水平接轨。

第二节　全球海洋治理的概念和主体、客体

一、全球化、全球治理的概念和内涵

1. 全球化的概念和内涵

20世纪90年代以来，有关全球化（globalization）、全球治理（global governance）的讨论，成为国内外国际关系学界探讨的主题之一。全球关系相对于国际关系具有明显的进步性。国际关系在关系属性上是时而处于安全困境的国家间关系；在问题取向上是个体主权，平等互利；在解决办法上是确定边界，分而治之；在解决结果上是零和性或关注相对收益的分配。全球关系在关系属性上则是具有共生性

的非国家间关系；在问题取向上则是整体性，需要系统思维；在解决办法上是寻求整体方案，共同管理；在解决结果上是正和性[①]。

但是，全球化概念本身也存在局限性。安东尼·吉登斯认为，全球化是一种世界规模的社会关系的强化，距离很远的两个地方之间产生联系，一个地方发生的事情由另一个地方发生的事情引发，反之亦然[②]。吉登斯的观点具有代表性。这一全球化概念具有平面性和共时性。人们往往容易将全球化简单归结为平面上的时空压缩，而对全球化的复杂性程度没有充分认知；有的甚至还会乐观地认为"世界政治的时空压缩现象已经结构化"[③]。

事实上，全球化不仅是不同空间的事物（主体和事件）相遇，也有可能是处于不同历史发展阶段的事物在时间上的相遇。全球化本身存在很大的不确定性和复杂性，离结构化目标还有很远的距离。因此，如果要表达空间、时间的双重相遇性以及主体的多样性，世界化的概念或许要比全球化更加优越。"世界"一词出自佛教用语，其概念本身就包含了时间和空间双重因素[④]。

国内有学者针对全球化的词义局限，提出"充满复杂性的'世界化'（worldization）时代"的观点[⑤]。体认世界化定义内在的空间、时间双重相遇性，有利于强调这样一个事实：世界上的发达国家、发展中国家和欠发达国家在海洋开发利用以及管理上处在不同的历史阶段——有的已经开发利用过度，有的才刚刚开始，甚至还未起步；有的管理对象（问题和矛盾）开始隐没、转移，有的管理力

---

① 陈玉刚：《全球关系与全球研究》，载蔡拓、刘贞晔主编《全球学的构建与全球治理》，中国政法大学出版社，2013。

② Anthony Giddens, *The Consequences of Modernity*, London: Polity Press, 1990.

③ 星野昭吉：《全球政治的拓展与全球治理、区域治理：全球规模问题群的解决和日本、中国、中日关系》，载星野昭吉、刘小林主编《全球政治与东亚区域化：全球化、区域化与中日关系》，北京师范大学出版社，2012。

④ 见佛教《楞严经》："世为迁流，界为方位。汝今当知，东、西、南、北、东南、西南、东北、西北、上、下为界，过去、未来、现在为世。"

⑤ 霍宪丹、常远、杨建广：《世界化时代之安全问题与安全系统工程——兼论科学的安全与发展观》，《中国监狱学刊》2005年第4期。

度亟待加大。

2. 全球治理的概念和内涵

全球治理委员会对全球治理的定义是，"治理是各种各样的个人、团体——公共的或个人的——处理其共同事务的总和。这是一个持续的过程，通过这一过程，各种相互冲突和不同的利益可望得到调和，并采取合作行动。这个过程包括授予公认的团体或权力机关强制执行的权力，以及达成得到人民或团体同意或者认为符合他们的利益的协议"。对照中西方学者的主流观点，如英国的托尼·麦克格鲁①、美国的詹姆斯·N. 罗西瑙②，国内的俞可平③、蔡拓④等，大家对于全球治理的定义有三个方面的共识：一是治理主体的多元性，包括政府、企业、非政府组织、国际组织、国际非政府组织、跨国企业、个人等；二是对象的统一性，需要应对共同的危机或追求共同的利益；三是行为的协调性，需要通过协商和合作来解决问题。

学者认为，当前全球治理面临的一个根本性困境是参与的赤字和责任的赤字。前者是指现有的治理结构未能充分表达许多国家和非国家行为体的意见，许多国家和非国家行为体没有参与渠道或不愿意参与；后者是指不存在任何超国家的实体来调节全球公共产品的供给和使用，对于诸多紧迫问题，大国放弃责任，小国"搭便车"，缺乏寻求持久性集体解决方案的意愿和行动。这一困境源自基于"方法论的个人主义"的"国家中心主义"理念⑤。

为了应对和解决全球治理面临的矛盾和问题，美国学者安德鲁·库珀建议重新建构全球治理，提出通过界定义务获得权力、将非国家行为体引入治理当中、重新分配责任、推动非选举民主、建立权力的多元性、扩展责任机构、突出义务宪章、重构企业和公民社会八项革新举措。英国学者戴维·赫尔德建议实现政策转向，以

① 托尼·麦克格鲁、陈家刚：《走向真正的全球治理》，《马克思主义与现实》2002 年第 1 期。
② 詹姆斯·N. 罗西瑙：《没有政府的治理》，张胜军、刘小林等译，江西人民出版社，2001。
③ 俞可平：《全球治理引论》，《马克思主义与现实》2002 年第 1 期。
④ 蔡拓：《全球治理的中国视角与实践》，《中国社会科学》2004 年第 1 期。
⑤ 蔡拓、曹亚斌：《全球治理的困境及其超越：一种政治发展视角的分析》，载蔡拓、刘贞晔主编《全球学的构建与全球治理》，中国政法大学出版社，2013。

替代"华盛顿共识"及其安全战略[①]。国内学者提出了全球深度治理、全球法治、全球行政、世界政府、全球公民社会等理论[②]。这些一般性的全球化和全球治理理论，对于分析全球海洋治理问题以及优化全球海洋治理具有重要参考价值和现实指导意义。

二、全球海洋治理的概念和内涵

地球上的海洋面积约占地球表面积的 2/3，海洋与人类的安全与发展息息相关。2009 年 6 月 8 日，首个世界海洋日的主题是"我们的海洋，我们的责任"[③]。联合国秘书长在 2012 年《关于海洋和海洋法的报告》中指出，"无论我们是否临海而居，海洋都在我们生活中发挥关键作用。作为可持续发展的基本组成部分，海洋提供许多发展机会，例如实现粮食保障、便利贸易、创造就业、开辟旅游去处。海洋还通过制造氧气、调节气候、碳固存和营养循环，为支撑地球上的生命发挥着至关重要的作用"[④]。

海洋与全球化具有特殊渊源。海洋可以视为全球化的初始物质条件和重要载体。在古代，因为工具和技术的问题，陆地上的时间和空间难以压缩，人类分别生活在不同的、相互隔绝的世界里。真正的全球化从大航海时代开始[⑤]。从现代早期直到当今社会，国家、组织、个体之间大规模的物质、能量和信息交换，很大一部分是通过海上通道进行的。海上通道是全球化的大动脉。海上通道也可以被看作是全球化历史的基因图谱，因为一条特定通道的建立、发展和演变情况及其物质、能

---

① 戴维·赫尔德、安东尼·麦克格鲁主编《全球化理论——研究路径与理论论争》，王生才译，社会科学文献出版社，2009。

② 蔡拓、刘贞晔主编《全球学的构建与全球治理》，中国政法大学出版社，2013。

③ 2008 年 12 月 5 日，联合国大会决定，从 2009 年起，将 6 月 8 日定为"世界海洋日"。联合国正式确定世界海洋日，为增强全人类的海洋意识和使人类更好地认识海洋面临的挑战提供了机遇。

④ 国家海洋局海洋发展战略研究所课题组：《中国海洋发展报告（2013）》，海洋出版社，2013。

⑤ 斯塔夫里阿诺斯：《全球通史——1500 年以前的世界》，吴象婴、梁赤民译，上海社会科学院出版社，1999。

量和信息的载荷，往往能够精确指示特定国际关系乃至某类全球关系的性状。

海洋也是全球化的物质镜像。挪威社会人类学教授托马斯·许兰德·埃里克森总结的全球化维度是：抽离、加速、标准化、互联性、移动、混合、脆弱性、再嵌入[①]。其中大部分可以直接拿来描述海洋的基本属性及其运动规律。从系统科学的角度来看，全球海洋系统的物质、能量和信息运动交换模型及其客观规律具有特殊的研究和应用价值，甚至可以用来解释人类的一部分全球化现象及其基本原理。通过建立、完善全球海洋治理系统，人们可以进一步充实、完善全球治理体系，甚至为全球治理系统本身探索、提供先进的思想和方法。

一是关于海洋治理与海洋管理。海洋治理（ocean governance）和海洋管理（ocean management）具有明显区别。美国学者比利安娜·西西恩－赛恩和罗伯特·克内希特认为，"海洋治理用来表示那些用于管理海洋区域内公共和私人的行为，以及管理资源和活动的各种制度的结构与构成。海洋管理则是指为了达到人们所希望的某一目标而对某一特定资源或者某一特定海域进行管理的过程"[②]。治理（governance）和管理（management）的不同体现在范畴和内容上，前者更加宏观、宽泛，内容更加丰富、多元。国内学者认为，公共管理（亦即公共治理）理论引进以及相应的改革运动出现后，海洋管理朝着海洋治理的方向转变，具体特征体现为：治理主体的多元化、治理客体的扩展、管理过程具有互动性、方式手段多样化等。

二是关于海洋综合管理。与海洋治理概念密切相关的一个概念是海洋综合管理（ICOM），英文称作"Integrated Coastal and Ocean Management"。海洋综合管理的主要目标是沿岸和海洋及其自然资源的可持续开发和利用。海洋综合管理是一个动态的、跨学科的、重复的参与过程，旨在促进沿岸和海洋的生态环境、经济、文化和娱乐长期发展目标平衡协调的可持续管理。海洋综合管理采取一定范围沿岸和海洋

---

① 托马斯·许兰德·埃里克森：《全球化的关键概念》，周云水、张劲夫、叶远飘译，译林出版社，2012。

② 比利安娜·西西恩－赛恩、罗伯特·克内希特：《美国海洋政策的未来——新世纪的选择》，张耀光、韩增林译，海洋出版社，2010。

区域内人类活动规划和管理的综合方法，考虑生态、社会、文化和经济相关特性及其相互作用。从理想情况考虑，海洋综合管理项目应在一定地理范围内密切结合的连贯管理体制内运作。海洋综合管理的基本原则包括：沿岸和海洋可持续发展原则，环境和发展原则，沿岸和海洋的特殊性、公共性及其资源利用原则[①]。

相关的国际框架和准则包括：1992 年联合国《21 世纪议程》第 17 章，1993 年经济合作与发展组织"海岸带管理"综合政策，1993 年世界银行"海岸带综合管理准则"，1993 年世界自然保护联盟"沿岸地区跨部门综合规划"沿岸地区开发准则和原则，1995 年联合国环境规划署"沿岸地区和海域综合管理准则"特别是关于地中海海盆，1996 年联合国环境规划署大加勒比海域沿岸地区和海域综合规划和管理准则，1998 年联合国粮农组织沿海综合管理、水产养殖、林业和渔业准则，1999 年联合国环境规划署沿岸地区和河谷盆地综合管理概念框架和规划准则，1999 年欧共体（EC）"迈向欧洲海岸带综合管理的战略"总体原则和政策选择，1999 年欧洲理事会欧洲海岸带行为准则，2000 年《生物多样性公约》中有关海洋和沿岸地区综合管理及其贯彻执行的现有手段的评述，2004 年《生物多样性公约》中确立的海洋和沿岸地区综合管理方法。这些国际框架和准则具有开放性，处于发展过程中。

1992 年联合国环境与发展大会和 2002 年联合国可持续发展世界首脑会议，特别强调了海洋综合管理的重要性。2002 年联合国可持续发展世界首脑会议通过的《可持续发展世界首脑会议执行计划》，要求世界各国"到 2010 年采用基于生态系统的管理方法"和"在国家层面推进（海岸带与海洋）综合管理，鼓励并帮助各国制定（海岸带与海洋）政策和建立（海岸带与海洋）综合管理机制"。基于生态系统的管理方法（EBM）成为海洋综合管理的发展方向。国际实践中的成功范例：加拿大"东斯科舍陆架综合管理计划"，智利"全国海岸边缘政策"，中国"厦门

---

① 《海洋综合管理手册——衡量沿岸和海洋综合管理过程和成效的手册》，林宁、黄南艳、吴克勤等译，海洋出版社，2008。

海岸带综合管理项目"，法国"托湖潟湖综合管理项目"，丹麦、德国、荷兰"瓦登海三方合作项目"，德国"奥得河河口区海岸带综合管理研究项目"，坦桑尼亚"海洋和沿海环境管理项目"，泰国"沿岸环境和资源管理项目"，等等。目前还有新增案例不断出现。

据估计，20 世纪 60 年代以来，全世界 140 多个沿海国家开展了近 700 项沿岸和海洋综合管理计划，但是这些计划至今可能只有半数得到彻底的执行①。究其原因，在后现代、后工业时期，发达国家普遍采用金融、品牌、知识产权和管理等经济战略控制手段来获取全球资本利润；发达国家把沿海地区大量的高能耗、高污染制造业迁移到发展中国家和欠发达国家，它们自身境内的海洋环境和生态压力骤减；发达国家的海洋综合管理实践难以再有最初的动力。而发展中国家和欠发达国家为了生存，必须承接发达国家的产业、产能转移，处在开发与保护的两难境地。

因此，海洋综合管理计划在发达国家变得后续动力不足，而在发展中国家和欠发达国家则面临战略阻力，少数的成功案例变成暂时的样板，但难以全面铺开。此外，海洋科学技术、海洋管理经验与技术从"北"到"南"的国际流动不畅也是导致这个局面的原因之一。针对这一现象产生的客观条件和深层原因的相关专业分析（比如政治学、经济学、法学、社会学等学科的专业性分析）并不足够，并没有切实、有效的应对方案。

三是关于全球海洋治理。由于海洋本身的流动性和国际性，全球海洋治理的实践要早于一般性的、理论意义上的全球治理。可以认为，全球化伊始，全球海洋治理便几乎同时出现。美国学者劳伦斯·朱达认为，人类社会的海洋治理具有悠久的历史；格劳秀斯 1609 年发表的《海洋自由论》（*The Freedom of the Seas*）是此后三个世纪海洋法的基础，并特别强调 1982 年《联合国海洋法公约》对于海洋治理的

---

① 《海洋综合管理手册——衡量沿岸和海洋综合管理过程和成效的手册》，林宁、黄南艳、吴克勤等译，海洋出版社，2008。

规制意义①。这种广义的海洋治理概念及其使用在西方学界具有普遍性，海洋治理被认为在实践层面有地方、国家、地区和国际四个层次，甚至海洋治理的国际性和全球性隐含其中。但是，笔者认为，即使是广义的海洋治理和国际海洋治理（international ocean governance）概念，也不应用来指代全球海洋治理（global ocean governance）；因为这样做的后果之一是使海洋治理定义及其理论系统本身产生封闭性，甚至可能与一般性的全球化、全球治理理论脱节，失去"元理论"的观照和指导。

事实上，也有人从更广阔的全球化、全球治理理论视角检视海洋问题，明确使用全球海洋治理概念。如美国学者罗伯特·弗雷德海姆，他把美苏冷战结束作为全球化的起点，并在20世纪的最后10年和21世纪的前1/3时间跨度内设计海洋政策的未来。这一观点具有标准的国际政治学意义②。全球海洋治理的定义元素，来自全球化、全球治理、海洋治理、海洋综合管理等概念群。全球海洋治理离不开"全球化"这一特殊的历史背景，全球海洋治理是全球治理的一个重要类别，全球海洋治理是全球化了的海洋治理。基于生态系统管理方法的海洋综合管理则是当前全球海洋治理的具体技术方法和主要目标。

因此，可以将全球海洋治理定义为：在全球化背景下，各国政府、国际组织、非政府组织（国际非政府组织）、企业（跨国企业）、个人等主体，为了在海洋领域应对共同的危机或追求共同的利益，通过协商和合作来共同解决在利用海洋空间和开发利用海洋资源的活动中出现的各种问题，主要方式方法是制定和实施全球性或跨国性的法律、规范、原则、战略、规划、计划和政策等，并采取相应的具体措施。全球海洋治理的核心目标是建立和维护主体（国家、组织和个人）在海洋领域（海洋活动和相关事务）中的平等互利、友好合作关系，建立和维护人类与海

---

① Lawrence Juda, *International Law and Ocean Use Management*(NewYork: Routledge, 1996) .

② Robert Friedheim, "Designing the Ocean Policy Future: An Essay on How I Am Going To Do That", *Ocean Development and International Law*, No. 31(2000) .

洋之间的和谐关系，保护和促进海洋健康，实现海洋资源的可持续开发利用。

三、全球海洋治理的主体

全球海洋治理的主体主要有各国政府、国际组织、非政府组织（国际非政府组织）、企业（跨国企业）、个人等。上述各类主体根据自身的角色、地位对全球海洋治理发挥着不同的作用。目前，在全球海洋治理活动中起主导作用的是各国政府和国际组织（具体就是联合国机构），国际非政府组织、跨国企业的地位和作用有所上升。联合国机构中值得关注的是海洋与沿海区域网络（UN-Oceans）。

1. 联合国海洋与沿海区域网络

1992 年联合国环境与发展大会通过的《21 世纪议程》，是全球的 21 世纪可持续发展行动计划。《21 世纪议程》第 17 章专门论述了海洋、海洋保护和海洋资源的合理利用与开发问题。1993 年，联合国系统内各涉海机构经协商同意后，在联合国协调工作行政委员会下面设立了负责协调统一工作的海洋与沿海事务分委员会。2003 年 9 月，联合国计划高级委员会批准在海洋与沿海事务分委员会的基础上设立海洋与沿海区域网络，工作范围涉及一系列海洋问题，参与单位包括联合国系统内的各相关计划、实体、专门机构以及各有关国际公约秘书处。

海洋与沿海区域网络的职能主要包括：加强对联合国系统内涉海工作的合作与协调；审议联合国系统内为执行《联合国海洋法公约》《21 世纪议程》和《可持续发展世界首脑会议执行计划》而实施的计划和开展的有关工作；研究新出现的问题，确定应采取的联合行动，以及为解决这些问题而设立特别工作组；促进全球的海洋综合管理；酌情帮助联合国秘书长在其海洋年度报告中增加相关内容；促进联合国系统和联合国海洋事务协调网络成员单位，根据联合国大会规定的职权范围、千年发展目标确定的优先领域和《可持续发展世界首脑会议执行计划》协调各项涉海工作。

海洋与沿海区域网络的主要构成单位包括：联合国秘书处各个部门中的海洋事

务与海洋法司、经济和社会事务部；联合国开发计划署、联合国环境规划署；联合国专门机构中的国际劳工组织、粮农组织、教科文组织政府间海洋学委员会、世界银行、国际海事组织、世界气象组织、工业发展组织、世界旅游组织；国际原子能机构、相关公约（联合国公约和非联合国公约）秘书处如国际海底管理局等其他相关组织。其他可以加入的机构：世界贸易组织、世界卫生组织、联合国人居署、联合国贸易和发展会议、联合国大学和国际航道测量组织等。海洋与沿海区域网络认为，应当鼓励有关非政府间国际组织和国际上的其他利益攸关方参与特别工作组。上述机构正在开展或已经完成的工作：联合国海洋图集，保护海洋环境免受陆源污染全球行动计划，"评价的评价"①，国际珊瑚礁行动计划，海洋环境保护科学问题联合专家组，全球海洋观测系统，全球气候观测系统，等等。

2. 国际非政府组织

可以预见，除了各国政府、联合国机构等官方组织外，随着全球公民社会的兴起，国际非政府组织也发起了一系列运动。比如，绿色和平组织的反对日本捕鲸运动、美国野生救援协会（WildAid）发起的禁食鱼翅运动等。1972 年，伊丽莎白·曼·博尔基斯教授倡导、创办了国际海洋学院（International Ocean Institute, IOI）。这些组织和运动对全球海洋治理具有一定的推动作用。全球公民社会代表着一种非政府的组织、网络、运动和制度体系，它以超越国家领土局限的全球意识为价值取向，在战争与和平、环境、人权和妇女运动等议题领域以及抗议和治理全球不公正的领域展开活动。比如：倡导新观念，教育民众，引导公共舆论；从事信息咨询活动，宣传自己的观点和政策主张；游说各国政府和国际组织，促进国际性立场、公约的达成并对政府和国际组织的行为进行监督；举办国际性论坛和平行峰会，为国

---

① "评价的评价"是联合国环境规划署和联合国教科文组织政府间海洋学委员会共同组织的计划，是全球海洋环境状况（包括社会和经济状况）常规报告与评价工作的起始阶段的组成部分。它的工作基础是国际论坛和各国海洋环境主管部门已经开展的相关工作。

际事务确定议事日程；参与国际发展援助项目及国际协调和救助活动；等等[①]。

学者研究发现，当前的国际非政府组织已经具备两项重要能力：一是基于现代交通和通信技术尤其是互联网技术的强大动员和组织能力；二是基于高度专业的技术、法律和外交资源的强大政策影响能力[②]。可以预见，在今后的全球海洋治理当中，非政府组织将会发挥更加重要、更加突出的作用，应当引起足够重视。

四、全球海洋治理的客体

全球海洋治理的客体或对象主要是指海洋领域（发生在海上或涉及海洋）的已经影响或将要影响全人类的跨国性问题。这些问题很难依靠单个国家得以解决，而必须依靠双边、多边乃至国际社会的共同努力。目前，需要全球海洋治理机制关注和解决的问题主要有五类。

1．非传统海洋安全问题

进入 21 世纪以来，海上安全形势发生了较大的转变，各国逐渐将关注点从强调对抗与军事力量的传统安全领域分散开来，更多地关注非传统安全问题。与传统安全不同，非传统安全问题涉及地区、国家、全球等多个层次，单个国家往往无法独自解决，必须进行各种层次的合作。现有的非传统海洋安全问题：海盗问题、海上恐怖主义、非法捕鱼、走私、贩毒、偷渡、奴隶贸易，以及其他针对人身和财产安全的海上暴力犯罪；特大自然灾害、人为事故灾难；等等。危害最大的是海盗问题和海上恐怖主义。当前海盗活动主要集中在从非洲通往亚洲的航线上，主要有西非海岸、索马里半岛附近水域、红海和亚丁湾附近、孟加拉湾沿岸和整个东南亚水域五大区域。国际海事组织专家表示，有组织、有预谋、规模庞大、手段先进的海上恐怖主义袭击正在成为更严重的海事威胁；现代恐怖分子的目的是对抗政府、制

---

① 刘贞晔、李晓乐：《全球公民社会的治理参与及其政治效应》，载蔡拓、刘贞晔主编《全球学的构建与全球治理》，中国政法大学出版社，2013。

② 黄志雄：《非政府组织与 2008 年〈集束弹药公约〉：走向新的全球治理模式?》，载蔡拓、刘贞晔主编《全球学的构建与全球治理》，中国政法大学出版社，2013。

造混乱，目标不限于油轮和商船，军舰、码头、港口、旅游胜地乃至居民聚集区都可能成为袭击对象。

2．海洋健康问题

海洋污染已经成为联合国环境规划署提出的威胁人类的十大环境祸患之一。随着人类社会工业化、城镇化的快速发展和人口数量的增长，海洋污染日益严重，自然海岸线被过度占用、破坏和侵蚀，海洋资源退化严重，海洋健康面临巨大威胁。具体表现为：海洋生物物种减少甚至灭绝、生物多样性遭到破坏，珍贵水产资源大幅减少，重金属、矿物质、有机物污染毒害间接影响人类身体健康，海上溢油事件、毒害物泄漏事件频发，赤潮、绿潮频发，水质恶化等。科学家研究发现，全世界的鱼类资源呈减少趋势，大型肉食性鱼类（包括金枪鱼、旗鱼、鲨鱼等）锐减90%，河口和近海水域的大型鲸鱼减少了85%、小型鲸鱼也少了近60%。信天翁、海象、海豹、牡蛎等常见的海洋生物数量锐减。2010年10月的联合国生物多样性峰会上，联合国环境规划署提交的研究报告称，"随着环境污染、过度捕捞和气候变化等因素对海洋造成的威胁越来越严重，在未来几十年中，全球海洋生态系统将面临崩溃的危险"。

事实上，海洋健康的理念并没有在全球得到有效推广。海洋健康标准的制定及其评估体系，海洋健康的保护战略、制度、政策和措施并没有进入各国的海洋政策核心领域。环境美好的前提是环境健康。人类社会越过环境健康谈环境美好，意味着人们对环境危机的轻视和忽略，至少表现得思维混乱。

3．海洋资源开发利用问题

由于过度开发和粗暴开发，人类对海洋不可再生资源的浪费使用问题和开发利用不可持续问题并存。大量原始海岸线、优质近岸海域被围填，海洋环境质量下降，潮间带生态系统、红树林、珊瑚礁等重要海洋资源大面积退化。一方面，海洋油气、海洋矿产等不可再生资源勘探开发缺少科学统筹；另一方面，可再生、可重复利用海洋资源的开发利用进展缓慢，难以形成规模。发达国家尽管占据技术领先地位，但在海洋资源勘探开发技术风险的管控方面并不值得信任。美国墨西哥湾的特大溢油事件便是个明证。而在发展中国家和欠发达国家，海洋资源的开发利用刚刚起步，既缺少资金、装备、技术以及管理经验的支持，也缺乏预见、防范和处理风险的经验和能力。

4. 海洋技术国际转让问题

广义的海洋技术包括海洋科学与技术和海洋管理经验与技术。1982 年《联合国海洋法公约》"海洋技术的发展和转让"部分第 266 条规定，"各国应直接或通过主管国际组织，按照其能力进行合作，积极促进在公平合理的条款和条件上发展和转让海洋科学和海洋技术。""各国应对在海洋科学和技术能力方面可能需要并要求技术援助的国家，特别是发展中国家，包括内陆国和地理不利国，促进其在海洋资源的勘探、开发、养护和管理，海洋环境的保护和保全，海洋科学研究以及符合本公约的海洋环境内其他活动等方面海洋科学和技术能力的发展，以加速发展中国家的社会和经济发展。""各国应尽力促进有利的经济和法律条件，以便在公平的基础上为所有有关各方的利益转让海洋技术。"

海洋技术的国际转让是一个长期性难题。全球发展中国家、欠发达国家亟须海洋高新技术的援助，以提升自身在海洋资源开发利用、海洋环境与生态保护、海洋管理和公益服务等方面的能力。但是，发达国家在转移制造业基地、转嫁环境和人力成本的同时，并没有积极转让科学技术。一方面，一些国家出于片面的军事安全和商业利益考虑，对关键技术出口进行严格限制。另一方面，有的发展中国家和欠发达国家自身欠缺先进设备、高新技术引进的系统性条件，如教育水平、培训机制等。

5. 气候变化与海洋的关系问题

气候变化正在给海洋环境带来前所未有的威胁。气候变化导致海洋环境出现以水温升高、海平面上升和海洋酸化为主要特征的一系列物理和化学的连锁反应。人类活动和气候变化之间的协同作用也将进一步加剧气候变化对海洋生态系统的负面影响。按照发展趋势，太平洋上的低地岛国（如基里巴斯、库克群岛、瑙鲁和萨摩亚等）、拥有灌溉耕地平原的亚洲国家（如中国、印度、泰国、越南、印度尼西亚等）、包括欧美在内的许多濒海国家，都将面临海平面上升侵吞国土的严峻威胁。

人类社会亟须在科学层面加强海洋与大气、气候之间的关联性研究，同时促进和加强海洋治理与气候变化应对之间的政策联系，实施跨制度合作①。

上述问题的解决，必须以全球海洋治理结构的建立、完善为前提。阻碍全球海洋治理结构完善、升级的是原有、守旧的价值观和方法论。有学者认为，传统意义上的海洋制度围绕海上扩张、控制海外殖民地和开拓海外市场三个根本需求进行构建，这导致各国在处理海洋问题时的霸权思维，表现为排他性、扩张性和无序性②。海权论是霸权思维的高级形式。《联合国海洋法公约》出台以后，世界范围内兴起"海洋圈地"运动。世界很多国家（主要是相邻、相向国家）之间存在海域划界争议、岛礁主权争端、海洋资源争夺，以及对于领海、毗连区、专属经济区、大陆架以及公海区域内特定事项管辖权的法律立场分歧等。有的海洋权益纠纷甚至会和沿海国的国内政治局势、地区战略格局、大国政治博弈发生关联和耦合，成为国家内部、地区甚至全球政治秩序的不稳定因素。这些问题背后，多少都有海权论的影子。人类要确保世界和平与发展，实现全球海洋善治（good governance），就必须建立共生性、克制性、有序性的合作新思维，以取代对抗性的海权论的旧思维。

第三节 全球海洋治理与中国的海洋强国建设

一、全球海洋治理的方法

全球海洋治理是一个复杂的问题，涉及大自然和人类社会、经济、政治、文

---

① 李良才：《气候变化条件下海洋环境治理的跨制度合作机制可能性研究》，《太平洋学报》2012 年第 6 期。

② 赵隆：《海洋治理中的制度设计：反向建构的过程》，《国际关系学院学报》2012 年第 3 期。

化、生态等诸多现象。全球海洋治理需要国际政治学、国际法学、经济学、公共管理学、自然科学、工程技术等多个学科的理论支撑，几乎涵盖一般意义上的现代科学领域——自然科学、人文社会科学和技术科学。全球海洋治理的方法大约可以分为三个层次：基本方法、专业方法和技术性方法。

基本方法又称"元方法"（fundamental method），亦即哲学方法。哲学是对世界本质及其意义的研究，表现出根本性探究、整体性思考、终极性关怀，以及高度的抽象性和普遍的指导性等特点。海洋是一个大系统，人类社会是一个开放的复杂巨系统①。海洋的开发利用和管理是一个复杂现象，全球海洋治理是一个复杂的问题。对于这样一个复杂的问题，适宜用系统哲学、系统科学、系统工程的视角和逻辑（即系统理论和方法）去认知和分析。

20世纪80年代兴起的复杂性科学（complexity sciences），是系统科学发展的新阶段，也是当代科学发展的前沿领域之一。复杂性科学的发展不仅引发了自然科学界的变革，而且日益渗透到哲学、人文社会科学领域。复杂性科学与传统物理学、生物学和社会科学在理念和思维上的本质区别是：复杂性科学转向强调非平衡状态、非决定论，重视概率化，强调转向非线性发展，重视随机性，从还原主义、机械主义转向有机论和整体论，重视物理、生物、社会领域的现象和结构向更高组织层次和更大复杂性的汇聚、进化。英国学者约翰·厄里认为，把全球化和复杂性结合起来，目的是向人们揭示全球化的过程其实是内含一套涌现系统（a set of emergent systems）的。这套涌现系统的特性和模式是：经常远离平衡态。复杂性强调，存在多种多样网络化的时空路径以及经常的、大量的非线性因果关系；同时又强调，不可预见性以及不可逆性似乎是所有社会系统和物理系统的特征②。

国内已经有学者将系统哲学和复杂性科学引入国际政治理论③。全球性海洋问

① 魏宏森、曾国屏：《系统论——系统科学哲学》，清华大学出版社，1995。
② 约翰·厄里：《全球复杂性》，李冠福译，北京师范大学出版社，2009。
③ 蔡拓：《全球学：时代呼唤的新学科》，载蔡拓、刘贞晔主编《全球学的构建与全球治理》，中国政法大学出版社，2013。

题、全球海洋治理问题具有鲜明的复杂性、多维度性、非线性、不平衡性、整体性、自组织性和涌现性，本质上需要复杂性科学原理和方法的指导。

专业方法（professional approach）是元方法指导下的具体应用方法。比如，在实施全球海洋治理时，需要运用政治学（国际政治学）、经济学、法学、社会学、人类学、哲学、自然科学（海洋学）、工程技术等学科工具（基本理论和方法），对在海洋领域遇到的共同危机或面对的共同利益进行专业分析，需要运用法学、外交学、历史学、哲学、心理学、文学等人文社会学科的知识和技巧进行协商与谈判，以共同解决在利用海洋空间和开发利用海洋资源的活动中出现的各种问题。在制定和实施全球性或跨国性的法律、规范、原则、战略、规划、计划和政策等，并采取相应的具体措施的过程中，国际政治学、国际法学、经济学、军事学、公共管理学、海洋科学、工程技术等学科的知识和工具必不可少。此外，全球海洋治理的核心目标是促进和维护主体（国家、组织和个人）间关系和人海关系的和谐，因此人类积极理念的树立与推广，还需要伦理学、宗教学、文化学和传播学等知识的支持。

概而言之，只要是全球海洋治理在具体实施过程中必须用到的知识和方法，都有可能成为专业方法，而主要的专业方法就是政治学（国际政治学）、法学（国际法学）、经济学、管理学（公共管理学）、海洋科学、工程技术等。

技术性方法是指在元方法统摄和专业方法支撑下，针对特定客体、具体对象而采取的技术性措施。前文阐述的全球海洋治理问题大体可以分为两大类：一是海洋环境和资源开发利用问题，如海洋健康问题、海洋资源开发利用问题、气候变化与海洋的关系问题，以及相关的海洋技术转让问题等。二是海上安全与秩序问题，如非传统海洋安全问题，涉及查处一般违法、打击犯罪、搜救和赈灾等。针对以上两类问题的解决方案是实施海洋综合管理和建立海上执法国际合作机制。

1. 海洋综合管理

基于生态系统管理方法的海洋综合管理是当前处理海洋环境和资源开发利用问

题的具体技术方法和主要目标，具有鲜明的技术性，可以定义为技术方法（scientific and technological plan）。海洋综合管理的总体目标是从沿岸和海洋生态系统中获取经济、社会和文化利益的最大化，同时保持这些生态系统与其健康和生产力密切相关的生物物理特性。对沿岸和海洋的人类活动的管理必须考虑生态系统健康的核心方面。海洋学、生物学、生物物理学、地质学、地理学和生态学概念和参数的综合对于科学家、海洋综合管理的管理者和决策者处理生态系统尺度的环境问题具有指导作用①。

生态系统管理方法的内涵包括三个方面的基本要素：一是综合管理，即在管理过程中必须考虑生态、经济、社会和体制等各方面因素；二是管理对象是对生态系统造成影响的人类活动，而不是生态系统本身；三是管理的目标是维持生态系统健康和可持续利用。生态系统管理方法的基本框架和步骤是：研究范围界定→管理目标设定→基础信息收集与基本生态学问题的分析和评价→系统综合→在管理对象中执行管理方案→生态系统和管理效果的监测和评价→构建管理平台②。

2. 海上执法国际合作机制

建立、完善海上执法国际合作机制，是解决非传统海洋安全问题的一个有效途径。广义的海上执法是对海上力量的综合利用，包括查处一般性违法、打击海上犯罪、搜救和赈灾等。海上执法国际合作也主要在上述几个领域开展。合作的表现形式包括信息沟通、人员互访、业务交流、人才培训、海上行动协调与配合、平台（船舶或飞机）共享等。海上行动协调与配合则涵盖了情报交换、联合巡逻、共同执法、案件移交、司法协助、联合演习（桌面推演和实地演习）等方式。中国参与的海上执法国际合作实践有两个较新的实例：一是北太平洋地区海岸警备执法机

---

① 《海洋综合管理手册——衡量沿岸和海洋综合管理过程和成效的手册》，林宁、黄南艳、吴克勤等译，海洋出版社，2008。

② 张利权、袁琳等：《基于生态系统的海岸带管理——以上海崇明东滩为例》，海洋出版社，2012。

构论坛（The North Pacific Coast Guard Forum, NPCGF）①，二是索马里海域打击海盗。

目前，海上执法国际合作存在若干不利因素。比如法律因素，各国对《联合国海洋法公约》确立的管辖范围和管辖事项的理解有时存在分歧，各国就《联合国海洋法公约》内容实施国内立法的程度和水平不一。再如体制因素，各国的海上执法体制并不统一，有的国家内部存在组织混乱、职能交叉、工作上大量交集、信息不通、联动不能等现象，限制了对外合作。又如，非传统海洋安全问题本身边界比较模糊，与传统的海洋安全因素密切相关，具有较高的敏感度，加上各国海上执法力量的角色定位并不相同，有的具有军事化、准军事化色彩，有的偏向政府管理部门身份，合作起来难以充分互信、有效对接。最具挑战性的一点是，在建立区域性、全球性海上执法多边合作机制的过程中，地缘政治、国际战略博弈的因素有时难以剔除，围绕自身国家利益的主导权争夺和杯葛现象十分常见。

目前，海洋综合管理没能得到有效推广以及海上执法国际合作面临各种不利因素，部分原因可能并不在于海洋治理问题本身；有些问题属于全球性问题，必须以更为宏观的视角——如在全球治理框架下予以分析和探讨。除了技术之外，全球海洋治理面对的问题大都属于全球性问题和全球治理问题，全球海洋治理遭遇的困难是全球治理面对的一般性困难和海洋领域特殊困难的综合与叠加。建构良好的全球海洋治理理论与实践体系，应当基于两个维度：一方面离不开全球化、全球治理基本理论和原理的支持；另一方面也离不开对海洋治理自身特性和规律的探究。而且，僵化、封闭、单一的海洋治理方法难以为继，只有在基本方法、专业方法和技

---

① 北太平洋地区海岸警备执法机构论坛于 2000 年成立，由中国的海上执法队伍、俄罗斯边防总局（RFBC）、美国海岸警备队（USCG）、日本海岸警备队（JCG）、加拿大海岸警备队（CCG）、韩国海洋警察厅（KNMPA）组成。2013 年以前，中国代表团由公安部边防海警牵头，中国海监、中国海事、中国渔政、海关缉私参加；2013 年，中国组建中国海警局，将除中国海事以外的四家海上执法力量进行了整合。该论坛旨在通过年度例会磋商，推动成员机构深化海上执法国际合作。论坛每年召开一次专家会和高官会，由成员机构轮流办会。

术性方法综合集成、持续进化的前提下，全球海洋治理才能取得成功，得到好的效果[①]。

从中国参与全球海洋治理的目标和途径来看，实施海洋综合管理和建立海上执法国际合作机制是两个重要的切入点。而这两个重点方向取决于国内海洋综合管理和海上执法的不断完善、优化。只有内部实现良善治理，获得卓越成效，才有可能向外输出具有参考价值的成功经验和智慧。

二、全球治理背景下的海洋强国建设

一是全球治理与人类命运共同体思想和理论。党的十八大、十九大召开以来，习近平提出推动构建人类命运共同体的重要思想。人类命运共同体思想和理论，基于人类生活在同一个地球村里的基本现实，向全世界亮明中国的立场和主张是始终不渝走和平发展道路，具体将促进"一带一路"国际合作，推动建设相互尊重、公平正义、合作共赢的新型国际关系，积极参与引领全球治理体系改革和建设，建设持久和平、普遍安全、共同繁荣、开放包容、清洁美丽的世界。人类命运共同体思想和理论也是我们参与全球海洋治理、建设海洋强国的指导方针。

按照人类命运共同体思想和理论的判断，全球治理格局取决于国际力量的对比，全球治理体系变革源于国际力量对比变化。当今世界，随着国际力量对比消长变化和全球性挑战日益增多，加强全球治理、推动全球治理体系变革是大势所趋。习近平总书记指出，"要高举构建人类命运共同体旗帜，推动全球治理体系朝着更加公正合理的方向发展"[②]。

推动全球治理体系朝着更加公正合理的方向发展，符合世界各国的普遍需求。

---

① 本章作者黄任望曾于 2010 年参加了国际海洋学院主办的国际海洋管理、法律与政策高级培训班。从教学模块来看，国际海洋学院已经拥有全球海洋治理的大部分技术工具，但严格意义上的方法论系统并未形成。该次培训对海洋治理的探讨并没有和全球化背景紧密结合，主要停留在技术性方法层面，相关的专业方法（如国际政治学、国际法学、经济学等）更新不足，对基本方法（即元方法）的研究也比较薄弱。而当时的全球化、全球治理理论已经形成热潮。

② 习近平：《习近平谈治国理政》第三卷，外文出版社，2020。

新兴市场国家和一大批发展中国家快速发展，国际影响力不断增强，是近代以来国际力量对比中最具革命性的变化。经济全球化深入发展，把世界各国的利益和命运更加紧密地联系在一起，很多问题不再局限于一国内部，很多挑战也不再是一国之力所能应对。世界上的事情越来越需要各国共同商量着办，全球性挑战越来越需要各国通力合作来应对。建立国际机制、遵守国际规则、追求国际正义成为多数国家的共识。

推动全球治理体系变革是国际社会大家的事，要坚持共商共建共享原则，使关于全球治理体系变革的主张转化为各方共识，形成一致行动。什么样的国际秩序和全球治理体系对世界好，对世界各国人民好，要由各国人民商量，不能由一家说了算，不能由少数人说了算。

推进全球治理体系变革并不是推倒重来，也不是另起炉灶，而是与时俱进、创新完善。全球治理体系变革要更好地反映国际格局的变化，更加平衡地反映大多数国家特别是新兴市场国家和发展中国家的意愿与利益。坚定维护以《联合国宪章》宗旨和原则为核心的国际秩序与国际体系，维护和巩固第二次世界大战的胜利成果，积极维护开放型世界经济体制，推动建设和完善区域合作机制，加强国际社会应对全球性挑战的能力。

二是全球海洋治理是建设海洋强国的主要平台和重要路径。进入21世纪，中国将继续发挥负责任大国作用，积极参与引领全球治理体系改革和建设。始终秉持共商共建共享的全球治理观，倡导国际关系民主化，支持联合国发挥积极作用，支持扩大发展中国家在国际事务中的代表性和发言权。推动全球治理理念创新发展，发掘中华文化中积极的处世之道、治理理念同当今时代的共鸣点，努力为完善全球治理贡献中国智慧、中国力量。

中国需要积极参与全球海洋治理，这是建设海洋强国、实现自身发展的主要平台和重要路径。当前，海洋领域的国际竞争日益激烈，世界各主要海洋强国纷纷将海洋视为国家间经济、科技、文化教育、军事以及综合国力比拼的赛场，这就要求中国扩大改革开放的范围、加大改革开放的力度，实施更加主动的国际海洋政策，积极参与到全球海洋治理进程中去。改革开放以来，中国的综合实力与国际影响力不断攀升，为中国参与全球海洋治理提供了坚实的物质基础和条件保障。中国参与全球海洋治理是国家实力不断增强的必然结果。

从另一方面看，全球海洋秩序和治理体系也需要中国的参与。全球海洋治理的目标能否顺利达成，一定程度上取决于中国的参与度和贡献度。中国是联合国安理会常任理事国，是全球第二大经济体，也是世界上最大的发展中国家（同时还是世界上最大的二氧化碳排放国），经济贸易上是最大的原油进口国、最大的国际贸易国等。中国是地区性大国、发展中国家的代表国家、全球影响性大国，多种身份和角色并存，使得中国在全球海洋治理中起着举足轻重的作用。全球海洋治理体系的完善、地区与全球海洋公共产品的提供，都离不开中国的积极参与。国际社会迫切需要中国以自身的力量、经验和方案为全球海洋治理作出更大的贡献。

海洋是一个特殊的地理空间，海洋事业本身具有全球性的特点。中国建设海洋强国的基本战略要增强合理性、有效性和合法性，就必须与参与全球海洋治理、构建人类命运共同体紧密结合。中国必须吸取历史上海洋大国崛起的经验教训，超越既有的英美海权理念和文化，对现有的国际海洋秩序、全球海洋治理体系发挥具有中国特色的建设性作用。

第十章
海洋经济发展和海洋生态环境保护方略

第一节 系统推进海洋经济全面协调发展

一、陆海统筹与海洋经济发展战略

目前，中国海洋经济发展主要存在以下几个问题：

一是海洋经济发展的系统化水平有待提高。由于缺乏系统方法指引，现有海洋经济发展战略、规划、计划和政策的科学性与合理性并不十分理想。比如，对海洋经济发展宏观背景的认识分析以及战略指导思想和原则的研究不够系统、深入；现有海洋经济发展战略与中央基本路线、顶层战略的匹配程度还有待提高；海洋经济发展战略的总体思想不够系统、连贯，对具体问题的指导不够深入、有力。

二是对海洋经济发展重点目标和关键手段的认识和把握不足，聚焦程度不够。发展海洋战略性新兴产业的目标、思路不够清晰明确。对科技创新、人才战略、金融杠杆等关键手段的认识程度和运用能力不足。比如，随着全球化分工的不断深入，中国成为全球造船业基地和中心的趋势已十分明显，但在后金融危机、后疫情背景下，许多造船企业经营不善，一段时期甚至举步维艰、濒临倒闭，国家和地方应当运用政策、科技、人才、金融等综合手段进行有效的产业链整合和技术升级，为世界经济复苏后的下一轮国家竞争做好准备。

三是海洋经济宏观调控机制不健全、统筹协调水平低。海洋经济区域规划、产业政策协调性差，尚未达到空间集聚适度的基本要求；部分海洋产业存在重复建设、各自为政、特性趋同和恶性竞争现象。比如，地区之间——环渤海地区青岛港、大连港和天津港相互争夺北方国际航运中心地位；地区内部——营口港对大连港、烟台港对青岛港发起挑战，江苏盐城为了与连云港、南通竞争而盲目建设大丰港；产业内部——以滨海旅游业为例，山东一地建成十多处省级以上滨海旅游度假区，但由于依托资源类似、产品雷同，企业之间往往存在恶性竞争，最终导致产品质量下降、服务形象受损、资源与环境遭到破坏。总体上，海洋经济系统"1+1>2"的整体潜力远未得到发挥。

四是海洋经济发展模式不够科学。海洋经济总量规模不大，存在海洋新兴产业起步晚、发展缓慢、科技含量低、清洁生产水平低、污染严重等问题。海洋产业结构性矛盾突出，传统海洋产业仍处在粗放式发展阶段，一些海洋新兴产业尚未形成规模。海洋经济发展基础设施和技术装备相对落后。

中国海洋经济要实现快速、均衡甚至超越式发展，应当在海洋经济系统内部进行深度整合，鼓励区域之间、产业之间以及同一产业链内部各个组成要素之间建立良性的有机联系，充分培养、深度挖掘、积极发挥系统优势，通过资源整合和优势集成，引爆海洋经济发展"1+1>2"的系统级潜力。

国家在制定、实施海洋经济发展战略时，应当遵循以下五个原则：

一是坚持陆海统筹。陆海统筹要在宏观、中观、微观三个层面整体推进。战略规划上，遵循陆海统筹原则；政策制定上，锁定陆海经济一体化发展目标；实施过程中，鼓励海洋经济产业与陆地经济产业相互延伸、相互渗透、相互带动，实现共同发展。为体现陆海统筹原则，国家可以在科学设计陆海统筹经济发展具体原则和评估指标体系的基础上，在海洋经济发展水平高、中、低三个档位选择若干省（自治区、直辖市）、地级市、县（市、区）作为陆海统筹试点和示范区，边实践边总结经验，逐步向全国推广。

二是提升海洋经济系统的战略品位。海洋经济发展必须与国民经济发展整体目标相匹配，与国家的最高目标、核心目标相适应，发挥特有的探索、指引、支撑和保障作用。必须突出强调全球视野，在确立海洋经济总体布局、优化海洋经济空间格局的过程中，尊重、善用极化规律，找准地区、国家、全球三层定位，形成世界性的独特优势。可以依托中国现有北部、东部、南部海洋经济圈，根据各地自然资源禀赋、生态环境容量、产业基础和发展潜力，打造数个世界级海洋产业集群，建立若干世界级海洋产业基地，打造一批世界级涉海产品和服务品牌，形成增长极。

三是加强海洋经济发展系统化水平。海洋经济系统要素之间要建立有机联系，通过相互协调催生结构效应，避免简单叠加、功能冲突、作用抵消。重点强化海洋经济宏观调控机制，强化各级、各类海洋经济发展战略、规划、计划和政策之间的衔接配合。优化区域经济布局，制定出台海洋产业发展指导目录，确定鼓励、限制和淘汰类型，促进海洋产业结构优化，重点加快建立完善海洋经济统计指标和体系，实时掌握行业、企业发展动态，对行业发展情况、企业自生能力和竞争力进行准确测评；建立专业的海洋经济信息发布机制，综合各部门、各行业的相关信息（尤其是金融信息），提供规范、准确的行业数据。注重过程管理，适时制定出台区域经济调整、海洋产业与产业链整合指导性意见，对既有战略、规划、计划和政策及时进行测评和修正。

四是体现海洋经济发展的次序性。明确海洋经济发展战略的主攻方向是加快海洋资源开发与利用，重点是发展海洋资源开发利用类产业，尤其是海洋油气开采、海水利用、深海矿物开采和海洋能产业等。加快海洋产业结构调整，朝着高水平产业结构持续演进：改造提升传统海洋产业（海洋渔业、海洋交通运输业、海洋船舶工业、海洋油气业以及海洋盐业和盐化工等），培育壮大新兴海洋产业（海洋工程装备制造业、海洋药物和生物制品业、海洋可再生能源业、海水利用业、海洋旅游业、海洋文化产业和海洋公共服务业等），扶持鼓励未来海洋产业（海洋能开发、深海采矿业、海洋信息产业和海水综合利用等）。优先发展海洋军工及其关联产业，积极发展海上尖端武器装备、海洋气象控制（包括海啸抑制技术和台风控制技术等）等超常技术；充分开放海洋民用产业，鼓励民间主体、境外主体参与新兴海洋产业、未来海洋产业发展。

五是统筹可再生海洋资源与不可再生海洋资源的开发利用。随着科技水平的不断提高，加大可再生海洋资源的开发利用力度，逐步限制甚至停止不可再生海洋资源的开发利用。在各级政府的产业指导目录中，鼓励可再生海洋资源的开发利用。在各级政府的绩效考评体系中，对可再生海洋资源开发利用与不可再生海洋资源开发利用的经济指标予以明确区分。

二、大力推进海洋资源开发和利用

中国海域辽阔，管辖面积达 300 万平方千米，不仅有 1.8 万多千米的陆地海岸线，而且有 1.4 万多千米的岛屿岸线，海岸线总长居世界第 4 位。海洋生物 2 万多种，海洋鱼类 3 000 多种，海洋石油资源量约 240 亿吨，海洋天然气资源量 14 万亿立方米，东海、南海蕴藏着大量天然气水合物资源。海洋能（如潮汐能、潮流能、波浪能、海水温差能、海洋盐差能、海洋生物质能以及离岸风能等）理论蕴藏量为 63 亿千瓦；在国际海底有 7.5 万平方千米的多金属结核矿区（已探明的多金属结核资源量为 5 亿多吨），开发利用潜力巨大。

中国是一个渔业大国，现已成为海水养殖第一大国，养殖水产品产量占世界总产量的 70%。应从 21 世纪粮食安全、人口健康营养需求的战略高度出发，继续发挥传统产业优势，实施耕海牧渔战略，大力发展海水养殖业、远洋捕捞业，开发和完善各种水产品加工业，扩大水产品贸易出口。

耕海牧渔的核心是加快发展现代海水养殖业，变革传统养殖方式，提高集约化、现代化水平。实施边养边捕、以养支捕、养捕结合的政策：近岸进行严格控制，积极开展海洋环境治理和生态修复；近海、远海选点投放人工鱼礁，开展增殖放流，建设海洋牧场；以岛礁、人工构筑物为依托，大力发展离岸远海养殖、深水养殖和特种养殖。积极发展远洋渔业，引导传统捕捞业与旅游、休闲行业结合，鼓励产业创新。

为了加强海洋资源开发利用，在新一轮世界海洋经济发展竞争中占据先机，国家可以组织实施大规模、高强度的海洋资源开发利用系统工程大会战，突破海洋经济发展瓶颈，实现海洋经济腾飞。

实施海洋资源开发利用国家重大专项战略，建设若干"蓝色财富开发基地"。在海洋生物资源开发、海水利用、海洋能开发、海洋油气开采、深海矿物开采、海洋船舶工业、海洋工程装备制造业、海洋化工业和海洋公共服务业等领域攻克一些重点难点，如深海石油天然气开采技术，海底天然气水合物大规模商业开采技术，海水利用过程中的大型自主关键设备制造技术以及海水利用规模化、产业化，大洋矿产资源精密勘查及大规模商业开采和利用技术，海洋新能源领域技术研发、应用及其产业化。学习、借鉴世界先进海洋国家的国民健康饮食经验，引导国民饮食结构合理化调整，以强大的国民消费需求推动海洋食品经济实现超常规发展。

实施海洋资源开发利用系统工程，需抓住四个关键。

一是建立健全产业体系。以主体产业为龙头，带动发展其他海洋产业，形成引领、带动和支撑、促进双向效应。

二是鼓励科技创新。为海洋资源开发利用科技创新打造良好的硬件、软件环境，建立完善科技创新机制。

三是实施世界级人才战略。积极培养、引进世界级海洋资源开发利用技术人才、管理人才。破除国内、国际人才流动壁垒，鼓励政府部门、大型涉海企业、海洋高新技术企业、高校、科研机构、重点实验室、技术研发基地、海洋服务中介机构等加快建立尖端人才引进机制。为配合海洋资源开发利用系统工程，建议启动实施"蔚蓝国际人才计划"，在世界范围内吸引各类顶尖海洋科技人才、科技团队和经营管理人才、管理团队参与该系统工程。

四是积极发挥金融杠杆作用。明确对海洋资源开发利用主体产业的金融支持政策导向。在中央层面建立海洋经济金融政策的发起、传导和响应机制，完善配套支持体系，明晰金融支持定位，鼓励建立完善海洋资源开发利用的资本市场。鼓励成立支持海洋经济发展的专门性、政策性银行，为沿海地区海洋事业提供长期信贷支持和金融服务。鼓励成立专门的海洋商业银行、海洋投资基金、海洋保险公司、海洋信托基金等。将海洋金融和国家金融改革整体方案进行匹配，在海洋经济领域大胆进行金融改革的探索、试验和先行示范。在沿海地区开放许可设立以服务海洋经济发展为专门导向的民营、私有商业银行和保险公司；开放许可设立专业的私营海洋、涉海类资产管理机构。鼓励国有银行和股份制银行设立针对涉海小微企业的信贷专营机构。鼓励金融机构向海洋资源开发利用产业领域发展业务、创新金融产品。贯彻党的十八大报告"着力激发各类市场主体发展新活力"的要求，设立若干世界级、国家级和地方级的由政府主导、多元主体（尤其是民间资本）参加的海洋资源开发利用产业发展基金。

三、临港产业和海岛经济可持续发展

中国是一个港口大国。2018 年，港口完成货物吞吐量 143.51 亿吨，其中沿海港口 94.63 亿吨；完成旅客吞吐量 1.77 亿人次，其中沿海港口 0.88 亿人次；完成集装箱吞吐量 2.51 亿标准箱，其中沿海港口 2.22 亿标准箱。沿海港口是公路、铁路、水运、航空联运的中心结点，是交通运输枢纽和最重要的信息中心，具有强大的生产要素整合功能，对内、对外经济辐射和带动作用巨大。

因此，国家应大力发展临港产业经济，以现代装备制造业为核心，以高附加值先进制造业、高新技术产业为基础，建设集先进制造、现代物流、研发服务、出口加工、教育培训等功能于一体的现代化综合型海滨城区。鼓励临港新城在行政管理体制上改革创新，在资本市场体制机制上改革创新，使之成为新兴产业和行业的综合试验区。

建设中国特色海洋强国，必须高度重视海岛经济的发展。中国是个"万岛之国"，将海南、台湾、香港、澳门所属岛屿包含在内，共有面积大于 500 平方米的

海岛 7 300 多个，有 14 个海岛县（区）、近 200 个海岛乡，海岛总面积约 8 万平方千米，约占中国陆地总面积的 0.83%；面积小于 500 平方米的海岛有上万个。其中，东海的岛屿最多，约占中国海岛总数的 66%，南海的岛屿次之，约占 24%，黄海的岛屿较少，渤海的岛屿最少。距离大陆不到 10 千米的海岛约占中国海岛总数的 66%。中国 93% 的海岛都是大陆岛，地质条件稳定。海岛经济将会成为国民经济新的重要门类和新的增长点。

海洋开发，尤其是远离陆地与岛屿的海洋开发所面临的最大瓶颈是鞭长莫及导致的交通不便、管控不力。变"鞭长莫及"为"鞭短可及"的关键之一就在于海岛的建设，从经略海洋的大战略以及国家发展战略和安全战略的新要求出发，摈弃"就海岛论海岛"的短视思维，树立"就海洋论海岛"的新理念，通过强化海岛建设（尤其是边远海域的自然岛礁扩建及人工岛建设），选取地质条件合适的海域，借礁造岛、变岛为城，实现对周边大范围海域开发利用与管控的充分覆盖，逐步地、根本性地改变中国在有关海域的被动局面。这无论对海洋事业的发展，还是对海洋主权的维护，都具有基础性的重大现实意义。

海岛经济还与陆地上的房地产经济具有相似性，具有经济学上的地租、房地产和区位属性。大力发展海岛经济，有助于消化、吸收陆地房地产的过剩产能，带动上下游的建筑及建材、家装、家具、能源、环保、服务等行业的持续发展。

为实现海洋经济安全与可持续发展，海岛建设应统筹兼顾以下三个方面：

一是统筹兼顾国防目标与经济目标。在具有国防战略意义的岛屿上，实施"屯海戍疆"工程，采取军民共建方式，寓军于民，以军保民。具体可借鉴美国夏威夷的建设管理经验，将军事基地功能与民间生产、生活功能有机融合。

二是统筹兼顾生态目标与经济目标。在开发利用岛屿资源时，建设清洁能源型生态岛、区域服务型生态岛、科普教育型生态岛、休闲度假型生态岛、碳汇交易型生态岛、高新科技研发基地型生态岛、物流基地型生态岛、综合型生态岛等。具体可借鉴美国纽约长岛、加拿大爱德华王子岛、韩国济州岛、澳大利亚摩顿岛、法属波利尼西亚群岛等国外岛屿的建设管理经验。

三是统筹兼顾自然岛和人工岛建设。紧盯世界技术前沿，大胆设计建造人工岛和概念岛。具体可借鉴荷兰人工岛科学构想，参考新加坡实马高岛、中国首座大型离岸式生态人工岛——福建漳州双鱼岛的实践经验，引进比利时"丽丽派德"智能型人工生态岛的设计理念，实施海上"桃源工程"，研发建造能够供数万人居住、生活的智能型人工生态岛，创造性地探索人类生存、发展新空间。

发展海岛经济的关键：一是规范引领。抓紧制定、完善相关的海岛管理法律、法规规章和规范性文件，推动建立、完善海岛使用一级市场、二级市场，鼓励海岛产权交易，鼓励金融资本进入。二是实践推广。实施"海上明珠工程"。可选取若干个县级建制岛屿、乡级建制岛屿、小型有人岛屿和可开发利用无人岛屿进行试点、示范，以国际同类标准建成中国的"夏威夷"和"普吉岛"。生态经济岛以旅游开发为主，紧盯世界一流的海岛旅游开发技术与管理经验，在中国北部、东部、南部海域开发建设一批具有国际水准的观光、休闲、娱乐、游览和度假岛屿。三是技术突破。加快海岛开发利用关键技术的研发应用。建成完整、稳定和高效的海岛生命支持系统：加快研发太阳能、风能和海洋能技术以及海水淡化技术、无土栽培和绿色养殖技术、垃圾处理和循环利用技术等。

中国诸多海岛是待开发的处女地，必须改变许多海岛目前仍无人居住的蛮荒状态。对确实不适合居住的海岛，可用旅游常态化的形式进行补充。总之，要把海岛建成巩固海防和发展海权的有力支撑点。

临港产业和海岛经济是区位属性最为突出的海洋经济门类，对海洋资源与环境的依赖及影响最大。坚持走健康可持续发展之路，是海洋经济发展的题中应有之义。搞好海洋生态文明建设，走海洋经济健康可持续发展之路，也是落实党的十八大提出的"大力推进生态文明建设"要求在海洋经济领域的具体体现。

实现海洋经济健康可持续发展的关键是加快构建资源节约、环境友好的生产方式和消费模式，增强可持续发展能力。一是必须建立系统的内部机制。积极发展海洋循环经济，推进海洋经济生产、流通、消费各环节循环经济发展，鼓励资源循环利用产业发展；大力推进海洋产业节能减排，加快发展海洋产业节能环保技术，严格控制污染物排放；鼓励发展海洋环保产业。二是强化系统的外部约束条件。加强海洋资源节约和管理，实行海洋不可再生资源、稀缺资源利用的总量控制、供需双向调节和差别化管理；完善海域使用、海岛开发管理制度，强化海洋资源管理和有偿使用；加强海洋生态环境保护，加强海洋生态环境保护管理和执法；对海岸带、海岛和海域进行环境和生态系统修复；提高海洋防灾减灾能力，加强海洋自然灾害、事故灾难的监测预报、风险防范和应急处置能力；组织开展海洋经济发展与全球气候变化之间关系问题的专题研究，如海洋经济对全球气候的影响和全球气候变化给海洋经济活动带来的风险等。

第二节　发展海洋高新科技，改善沿海地区民生

一、发展海洋高新科技

海洋经济发展的关键在于发展海洋高新科技。早在 2000 年 6 月，习近平在福建省海洋与渔业局调研时就指出："海洋竞争实质上是高科技竞争，海洋开发的深度取决于科技水平的高度。"加快海洋开发进程，振兴海洋经济，关键在科技。海洋经济是高科技、高附加值的产业，没有充足的专门人才，没有强力的科技支撑，就不可能有发达的海洋经济，因此必须大力推进科技兴海战略。

2006 年 9 月，习近平在舟山调研时强调："发展海洋经济特别是发展海洋新兴产业，必须十分重视科技创新。"2014 年 6 月 3 日，习近平在国际工程科技大会上发表主旨演讲，认为"生物学相关技术将创造新的经济增长点，基因技术、蛋白质工程、空间利用、海洋开发以及新能源、新材料发展将产生一系列重大创新成果，

拓展生产和发展空间，提高人类生活水平和质量"。

因此，海洋科技发展的主要目标是深入实施科技兴海战略，加强产学研合作，加快人才培养和引进，大力推进海洋科技创新和进步，促进海洋开发由粗放型向集约型转变，不断提高海洋经济发展水平。基本思路是人才战略、产学研结合以及重点突破。

一要重视海洋科技人才的使用和培养。关键要调动好现有海洋科技人才的积极性，把人才的作用最大限度地发挥出来。同时，要着眼于未来发展需求，加快培养一批年轻的海洋科技人才，特别要适应海洋经济发展的新趋势，注意引进一批技术开发型、应用型的海洋科技人才。要进一步深化改革，推进体制创新，可以采取项目责任制，以项目带经费、项目出成果等办法，为科研工作注入活力。重大海洋科技项目可以实行公开招标，组织联合攻关。

二要加强科技与海洋产业的紧密结合。政府部门应充分发挥牵头、组织、协调作用，推动企业与科研机构、高校的科技合作，合理、有效地组织海洋科技攻关，集中力量解决海洋资源开发研究中的技术难点问题。通过组织科研机构与沿海市县结对子，促进科技与海洋产业的紧密结合。不断提高海洋研究开发、成果推广的科技水平，避免低水平重复，促进科技成果直接转化为生产力。重点鼓励龙头企业与高校、科研机构联合、协作，共建技术中心，开展重大科技攻关，完成重大科技成果转化。

三要研究探索海洋经济发展的重点方向。要根据海洋开发的实际需求，本着有所为、有所不为的原则，加强对海洋高新科技的关注、研究和应用，自主开发一批，消化国内一批，引进国外一批，促进多学科知识在海洋科研上的应用。积极探索海洋经济发展的重点方向和新方向，着重培育和发展海洋生物工程、海水综合利用及海洋盐化工业、海洋工程、海洋油气业、海洋能源利用等海洋经济中最具产业前景的领域。

建设中国特色的海洋强国，特别需要以重大海洋科技专项攻关带动海洋科技发展，以海洋军事科技发展为引领，占领海洋科技整体水平的制高点。国家有关部门（科技部、中国气象局等）可以成立专门的机构对重点领域进行研究和实验。比如海洋观测、预报技术，即以高性能海洋观测仪器设备研发和计算机信息技术应用为切入点，建立近海现场实时、快速观测技术体系，提高深远海调查与观测技术能力，突破近海环境观测关键技术，重点发展海洋立体观测关键技术、海洋遥感应用技术、海洋自动观测仪器和平台技术、海洋声学探测技术等，建立完善风暴潮、海浪、海冰等海洋灾害防治理论体系、海洋灾害风险评估技术体系、海洋灾害预警报技术体系，建成海洋灾害应急辅助决策支持平台。海洋可再生能源开发技术，即以设备研发和应用测试、使用维护等技术主题为切入点，进一步突破波浪能、潮汐能、海流能、海洋热能和海洋渗透能等海洋能开发关键技术，特别是重点攻克海水提氘技术和核聚变技术，实现新能源技术革命。深海勘探开发技术，即在海底油气资源成矿规律和探矿理论、方法，海底油气资源勘探、开发新技术新方法，海上油气储运技术，以及深海调查探测技术、深海地质学理论、深海矿物学理论、深海矿物勘探开采技术、潜水医学和深潜技术等方面实现突破。台风控制工程技术，即通过地球工程方法影响台风，以减少台风灾害损失，同时解决水资源缺乏问题，调节地球气候。

二、改善沿海地区民生

发展海洋经济，一是要高度重视民生利益和社会效益，二是应将海洋经济发展的收益有效回馈、积极返还到民生保障和社会公益领域。

比如，应当充分重视沿海地区的防灾减灾工作，如风暴潮、生态环境污染等海洋自然灾害、事故灾难的预警、预防和治理。

又如，高度重视困难渔民的生产生活问题。积极建立为民办实事的长效机制，加强对转产转业渔民的就业技能培训，帮助转产转业渔民拓宽就业渠道，引导渔民转产转业；多渠道筹集资金，积极探索多层次的渔民社会保障和社会救助机制，不断完善社会保障体系；不断强化基层治理，高度重视信访工作，党政主要负责同志负总责，分管领导亲自抓。

再如，着力推进与海岛居民生产生活密切相关的基础设施建设。完善配套政策，进一步加大支持力度，着力解决海岛贫困问题，把偏远贫困海岛纳入国家和沿海欠发达地区政策扶持范围。始终坚持以人为本，切实抓好海岛群众最关心、最现实、利益关系最密切的事情，使广大海岛群众在改革发展中真正得到实惠。

沿海地区要高度重视和解决好渔民的生产生活问题。采取有力举措，积极创造就业岗位，加大渔民就业技能培训力度，制定渔民自主创业的扶持政策，完善渔民就业服务体系，建立健全渔民社保和救助体系，千方百计促进渔民转产转业。处理好港口建设和城市建设中的群众利益问题。开发港口，推进城镇化，是沿海地区经济发展的重头戏。在这一过程中，必然会涉及群众的切身利益，一定要把各方面的利益协调好，讲究领导艺术和工作方法，既要把事情办好，又要兼顾群众的切身利益，解决群众的实际困难。进一步加强"平安渔场"建设。认真落实安全生产责任制，针对海上安全管理存在的薄弱环节，加强经常性的安全检查和防范措施，加强对船员的安全教育，加强渔船修造行业的专项整治，开展"平安渔村""平安渔船"建设。

第三节　海洋生态环境保护的基本方略

海洋生态环境保护的基本方略有以下三方面内容：

一是加强海域使用管理与海岛保护工作。鉴于中国陆上的耕地保护红线制度对维护国家粮食安全发挥的重大作用，建议国家严格实施管辖海域红线保护制度，以达到可持续捕捞和生态健康养殖的目的。具体内容包括以下方面：其一，以最严格的制度限制和管理围填海活动，保护具有重要生态价值和意义的海岸线与沿岸水域自然状态。其二，实施面积控制，即划定永久性的管辖海域资源保护和战略开发区域，严格管控优质管辖海域；严控建设用海或其他海洋开发利用活动占用优质海域。其三，实施质量管理，即建立广大管辖海域资源和生态可持续数控模型，严格控制管辖海域内捕捞、养殖活动的规模和强度；建立管辖海域及其周边海洋环境生态监视监测机制，及时进行健康评估和风险预警。其四，实施生态管护，即推进管辖海域整治，组织开展专门的海洋环境治理和生态修复；全面提升管辖海域质量等级；建设管辖海域高标准资源保护和战略开发区域。把海岛作为重要的生态系统进行保护，对海岛实行科学规划、保护优先、合理开发、永续利用。重点保护和改善海岛及其周边海域生态系统，对海岛及其周边海域生态环境状况进行动态监测，对有居民海岛的经济社会发展、开发建设活动进行环境容量和生态影响的严格控制。对于无居民海岛，除了军事利用和公共利益的需求，严格限制经济开发，严格管理人为活动。

二是加快从单一的海域使用管理向海岸带与海洋综合管理的转型。要从海陆分治、海陆脱节、陆海统筹不够、海岸带综合保护与利用规划管理不足的状况中尽快摆脱出来。改变海岸带开发利用方式粗放低效、碎片化，海岸线低效占有、无序圈占、严重浪费的现象。遏止海岸带与沿岸海域生态环境功能退化的趋势。坚持陆海统筹，突出保护优先、节约优先、绿色发展、改革创新，实施基于生态系统的海岸带与海洋综合管理，优化海岸带综合保护与利用空间格局，强化海岸线分类分段管控，在海岸带土地资源开发利用规划管理中增加涉海标准、海洋因素，严守生态红线，筑牢生态安全屏障。

三是确立海洋生态环境健康指数概念。通过海洋生态环境健康指数的设计、监测、评定和分析，为海洋生态环境保护工作确立科学、具体和有效的量化目标。要加大海岸带与海域的生态环境调查与监测力度。在陆海统筹的理念和原则指导下进行陆源排污、海上排污的总量控制及强度控制，加强入海排污口的设置管理。同时，加强对海岸工程、海洋工程建设活动（海洋油气勘探开发）、倾废活动等的生态环境保护管理，加强对海岸带土地、岸线和海域开发利用活动的项目环境影响评价审批。加强重特大海洋突发生态环境事件的应急管理。

以主体功能区规划为基础，以逐级压实地方党委政府海洋生态环境保护主体责任为核心，以构建长效管理机制为主线，以改善海洋生态环境质量、维护海洋生态安全与健康为目标，加快建立健全陆海统筹、河海兼顾、上下联动、协同共治的"湾长制"治理新模式。

在全球率先探索建立海洋垃圾（尤其是白色污染"微塑料"）全流程调查、监测、分析和治理机制，从经济调控、产业政策、市场干预、产品标准、消费文化等方面入手，进行多面向、溯源性治理。

此外，要重点加强典型海洋生态系统、海洋珍稀生物（动物、植物）的保护，对受损的海岸带、海洋生态环境进行修复。

第十一章
海洋文化工程和宣传教育基地建设

第一节　创建海洋文化重点工程和宣传体系

一、创建中国特色海洋文化重点工程

海洋文化是指人类认识海洋、利用海洋和因有海洋而创造出的精神的、行为的、社会的和物质的文明生活内涵。当前时代是人类对海洋的认识飞速增进的新阶段。传统海权观念及其海上安全、海上交通等内容依然受到极大重视，同时，又加入了海洋资源开发、海洋生态保护、海洋科技发展等新内容。传统的内容注重权力和利益的划分，新的内容则注重濒海国家的共同利益。中国新时期海洋文化的形成正是在这种背景下开始的，势必同时融合传统领域与新兴领域的内容，并对传统的海洋文化进行传承。这将是一个长期而又复杂的过程。

时代呼吁海洋文化的发展与复兴。在当前形势下，中国亟须采取有力措施，整合中华传统海洋文化的合理要素，塑造面向现实、面向未来的新型海洋文化，创建中国特色海洋文化重点工程。

一是海洋文化人才培养工程。创建中国特色海洋文化，必须大力培养海洋文化相关人才，并以此为推手，进一步推动海洋文化研究创新，培育海洋文化社会意识。目前，中国海洋文化创新存在严重的不平衡状态：现有研究主要侧重于海洋资源、海洋战略、海洋通道、大国关系与海洋博弈等，对海洋文化的研究很少。有限

的海洋文化研究多集中于传统海洋文化，对当代（和未来）海洋文化的研究少。这种状况与人才培养的不均衡格局有直接关系。长期以来，我国在人才培养方面不重视文化研究等"虚"的领域，认为其不能产生直接效益，导致文化研究领域难以吸引人才、留住人才、培育出丰富的文化创新成果。创建新型海洋文化亟须突破这一人才培养瓶颈。只有人才培养跟上，相关研究才可能取得较大进展，合理而可行的政策建议才可能逐渐成形，正确而符合时代要求的海洋文化元素才能在大众传播领域得到通俗化传播。因此，作为学术与政策研究的前提、海洋社会意识培育的主要推手，人才培养应置于优先地位。

二是海洋文化民间渗透工程。创建中国特色海洋文化，鼓励民间海洋文化的发展，借助民间文化强劲的社会渗透力，真正将海洋文化推向全民。郑和下西洋的光辉历史、戚继光抗倭的艰苦卓绝、林则徐构筑海防的历史功业，都已经深深地熔铸在中华民间文化的血脉里，渗透到各种家喻户晓的民间文学作品和文艺形态中，对民众的思想观念、审美志趣、伦理道德等都产生了深远影响。源远流长的海神崇拜、海神祭祀活动，包括妈祖信仰和祭祀、海龙王信仰和祭祀、道教的八仙过海传说及相关文学艺术、佛教相关的南海观音传说及其物质载体（浙江普陀山、海南三亚观音巨像）、海外华人返乡祭祖等在历史上就是沿海各地（特别是东南沿海）尤为重要的社会文化活动，对社会凝聚力、社会秩序的维护发挥了重要作用，至今仍有不可忽视的影响。近年来，沿海旅游、海岛旅游、海上旅游更是成为沿海地区的亮点。为此，应鼓励引导这些民间文化活动健康发展，使其与构建新型海洋文化实现良性互动。这既可增强海洋文化的渗透性，也可为新型海洋文化注入鲜活要素。

三是海洋文化产业发展工程。创建中国特色海洋文化，还要鼓励发展海洋产业特别是海洋文化产业。中国拥有丰厚的传统海洋文化资源，将其与现代文化创意产业如影视业、动漫业、互联网娱乐服务业、工业设计、现代艺术等相结合，必将大幅提升其传播力。这种结合更加有利于在青少年中培育海洋文化。

鼓励和引导海洋文化产业的经济效益回流到海洋文化研究与开发、海洋文化遗产保护及海洋民俗传承等活动中，实现文化资源与文化产业的良性循环。应特别注重发挥民营企业在投资经营方面的积极性和灵活性，鼓励民间投资进入海洋文化产业以及其他海洋产业，如海洋旅游、海岛休闲活动等。

二、创建中国特色海洋文化宣传体系

近年来，中国对海洋宣传的力度有所加大。尽管如此，社会及公众总体上的海洋意识仍然较为淡薄，尤其是与日本、韩国等国家相比，这种不足更加突出。鉴于目前中国正大力推动海洋事业的发展，且不时与周边临海国家发生争议和纠纷，有必要建立行之有效的宣传体系，对内宣传海洋政策、增强公众海洋意识，对外宣传中国对海洋的基本态度。

中国特色海洋文化宣传体系应注重以下几个方面：第一，持续增强公众的海洋意识。一方面，在中小学及大学课本中增加关于海洋的内容，并适当选取相关内容作为必修课程。美国、日本、韩国等国家在这方面的经验值得借鉴。在韩国，自幼儿园开始便向小朋友提供海洋玩具，小学、中学逐步增加关于海洋的内容，到大学开设海洋专业，海洋意识教育逐步深入。日本对其国民进行国情教育的主题是"我们缺乏土地，没有资源，只有阳光、空气和海洋"，在小学、初中和高中均开设海洋教育课程。另一方面，高度重视海洋宣传日。除了在海洋宣传日举办一系列活动外，还可以考虑让海洋宣传日走进学校，走进单位。比如，在全国海洋宣传日当天组织相关的校园展览和讲座等；各地海洋馆可适当降低门票费用，并向参观者普及海洋知识等。此外，注重面向社会普及海洋知识，如图书馆、博物馆、科技馆等具有公益性质的文化机构可选取多种主题长期举办与海洋相关的展览、主题活动，通过报刊、广播、影视引导公众树立现代海洋意识等。

第二，提供相应的制度安排和制度保障。一是策划宣传目的及内容。关于海洋，可以宣传的内容非常丰富，如地理知识、文化知识、海洋资源开发、海洋环境保护等。为了对不同的人群起到不同的宣传效果，或者对同一人群起到多样化的宣传效果，应对宣传的内容、宗旨、目的、对象进行规划，各地视情况采纳运用。二是为宣传提供组织支持和后勤保障。要有可靠的制度来解决各地在宣传过程中遇到的人力、财力问题。三是协调部门间的合作。海洋宣传是一项长期的、大范围的、涉及面非常广的事业，往往需要各单位协调、合作，因此应具备相关的协调方式和操作规定。

第三，重视对其他国家的宣传。在中日东海问题上，日本曾发动持久的宣传战，试图通过制造舆论攻势对中国形成外交压力，引导或控制谈判过程。当前，中国重视海洋的程度在提高，周边国家以及其他地区的海洋大国对此的警惕程度也在提高。因此，应规划长期宣传策略，对外树立中国海洋发展的正面形象，减少他国的疑虑，通过对外宣传在减少敌意、缓和气氛方面起到积极作用。此外，最近几年周边不断有海上摩擦发生，还应提高宣传方面紧急应对的能力，使相关部门在突发情况下仍可保持良好协调。

第二节　海洋人才培养的战略思考和政策建议

海洋人才是激活文明基因、建设海洋强国的第一资源和根本保障。当今时代，国家的核心竞争力主要在海上，培养一大批在海洋政治、海洋文化、海洋科技、海洋产业、海上军事斗争等多方面具备开拓创新能力的新型海洋人才，就是经略海洋、建设海洋强国的强大引擎，就是在 21 世纪中叶基本实现中国梦的战略支撑。

一、海洋人才培养的国际经验

21 世纪的竞争是人才的竞争。许多国家都意识到海洋人才在全面形成海洋优势中的重要地位，纷纷出台相关政策法规，通过宣传海洋文化、强化海洋教育、引入民间资本等措施来推进人才建设，日本和美国的做法很有代表性。

日本始终将海洋人才培养作为国家发展的重要基石，海洋教育从娃娃抓起和政商结合发展教育产业是日本海洋人才培养的两大特色。从小教育孩子爱海洋、懂海洋；向往海洋在日本有着悠久的传统，并形成一种所谓文化遗产。明治时期，日本政府就在所颁布的"文部省选歌"中收纳了《我是海之子》的童谣，普及民间。2007年，日本颁布《海洋基本法》，对初等教育、中等教育和高等教育领域推行海洋教育作出明确法律界定。三井、住友、本田等多个大型财团组成海洋政策研究财团，向政府、国会提出培养海洋教育人才、推进海洋教育研究工作等具体建议，在多处资助成立少年海洋学校、组建大量社团举行专门介绍海洋的活动，让孩子们学习水性，体验海员生活，参加清扫海岸的活动，练习划船、滑板冲浪甚至驾驶快艇，组织考取小型船舶的驾驶执照，对成绩优秀者还进行大力宣传。据不完全统计，日本大型的海洋博物馆有十几座，各种等级的水族馆则有上百个，不仅普及有关水产、海洋资源的知识，还提供各种研究、实验活动，尽可能让孩子们体会海洋的魅力，鼓励孩子们树立海洋梦想，立志成为对国家有用的海洋人才。

美国在2004年出台《21世纪海洋蓝图》，并由布什总统签署颁布《美国海洋行动计划》，将"提高海洋研究及海洋教育质量，培养海洋开发人才"作为具体行动中的三项核心目标之一，指出"良好的教育是国家海洋政策的基石。我们需要一支来自各种背景的、受过良好训练的、有着良好动机的工作队伍来研究海洋，制定政策，发展和应用最新的科学技术，提供各种最新的工程方案；我们需要一支有效的教育队伍，同科学家们一道工作学习和传授有关海洋的知识，通过终身教育，使得所有的公民都更加珍视国家的资源和海洋环境"。

美国国会通过《21世纪海洋保护、教育和国家战略法案》，要求美国在基础教育以及大学教育的标准科学课程中完整地加入海洋科学课程，以探索海洋未知领域的大胆计划吸引各年龄段的人群，全面培养未来的海洋资源管理者、海洋科学家和环境工作者。在国家立法和行政命令的强力推动下，美国各种海洋人才培养组织如雨后春笋般迅速发展起来，其中最著名的是由分布在全国各州的 13 个海洋教育中心组成的卓越海洋教育网络，该网络的工作内容主要是建立公众与海洋科研组织之间的联系，整合海洋科研和科学教育资源，为参与海洋教育的科研人员提供知识和指导，开展教育方法实践，丰富海洋人力资源。该网络已经成为美国海洋人才培养的重要国家基础设施，得到美国国家科学基金会、美国国家海洋和大气管理局海军科研办公室和海洋补助金办公室等大力资助，在全国有着广泛影响。

综观世界主要海洋大国，一个突出特点是充分利用各种社会资源，采用民办官督的办法，鼓励兴办专门的少年海校和海洋社团组织，将海洋人才培养深入基础教育领域，为国家海洋事业发展提供不竭的动力。美国早在马克·吐温时代就有组织少年海军童子军的传统，常年举小各种海洋活动；俄罗斯军费紧张，但设在圣彼得堡的纳希莫夫少年海军学校，每年从社会各界募集大量资金，招收 13 ～ 15 岁的少年，对他们进行特色海洋知识教育和海军培训，毕业考试合格者可直接升入中等、高等海军学校，著名的阿芙乐尔号巡洋舰就作为训练舰停泊在校门口的涅瓦河上。此外，日本、新西兰、澳大利亚、瑞典等国都有类似的民办或官办的少年海校，从小培养海上冒险精神和对海洋的热爱，为培养塑造海洋人才奠定基础。

二、我国海洋人才队伍建设存在的主要问题

党和国家历来重视人才培养，党的十七大以来陆续出台了一系列发展海洋事业、推进海洋人才培养的政策措施。2010 年，国家海洋局会同有关部门编制完成《全国海洋人才发展中长期规划纲要（2010—2020 年）》，提出以需求牵引、创新机制、以用为本、统筹开发、突出重点为原则，实施领军人才和创新团队培养发展、战略性海洋人才培养、海洋人才培养共建、海洋科学教育社会组织发展等多个工程计划，到 2020 年形成一支规模适度、结构优化、布局合理、素质优良的海洋人才队伍，使海洋人才发展总体水平达到主要海洋国家中等发展水平。近年来，海洋人才发展战略已取得初步成效，目前我国已拥有海洋科研机构近 200 个，从事科技活

动的人员超过 3.5 万人。

但是我们也应清醒地看到,与发达国家相比,与现阶段加快建设海洋强国的实际需求相比,我国的海洋人才队伍在结构上还存在一些突出的矛盾和问题,主要表现在以下几个方面:

一是海洋人才在地区分布上不平衡。有关统计显示,近70%的海洋储备人才集中在山东、广东、江苏、浙江、上海等地。福建作为南方海洋大省、著名的侨乡,自古以来有着灿烂的海洋(蓝色)文明、繁盛的海上贸易、向海发展的传统,海洋人才占比在全国只排到第 7 位,极大地浪费当地深厚的海洋文化积淀、悠久的向海发展传统、海外华侨华商等海洋人才培养资源。

二是海洋人才在专业分布上不平衡。我国海洋人才主要集中在"渔"和"船"两大传统专业方向上,海洋文科类专业的储备人才较少。海洋行政管理、海洋社会学、海洋史学等海洋社会科学学科目前尚处于起步阶段,还没有建立起独立的学科体系。海洋社会科学发展的滞后,必然导致海洋管理、海洋法律、海洋经济等方面的人才缺乏。

三是复合型海洋人才匮乏。海洋事业涵盖了海洋资源、环境、生态、经济、权益和安全等方面的综合管理和公共服务活动,海洋事业的发展需要大批既能从事理工科海洋专业工作,又懂政治、经济、法律、管理及外语等文科知识的复合型海洋人才。在一定程度上,海洋事业对复合型人才的要求比其他行业更高。培养复合型海洋人才需要在专业技术人才的基础教育中强化文科内容,创新教育模式,培养新型海洋人才。

四是海洋专业技能型人才短缺。目前海洋专业技能型人才在数量和质量上都不能满足海洋经济发展的需求,已成为我国海洋事业进一步发展的瓶颈。以远洋高级船员为例,每年都有上万名的缺口。海洋职业教育是增加海洋专业技能型储备人才供给的重要手段,一方面,我国海洋职业教育院校数量不足。我国涉海专业的职业技术院校只有 40 所,仅占全国职业技术院校的 39%,这一数字远远低于其他沿海发达国家和地区。另一方面，我国海洋职业教育实践环节薄弱。当前绝大部分职业航海院校还没有专用的航海教学实习船，学生实船实习环节缺失，必然造成航海类人才缺乏专业的技术操作能力，不能胜任岗位。

三、培养新型海洋人才的政策建议

时代呼唤新型海洋人才，要求他们具备深厚的海洋文化底蕴和强烈的海洋（蓝色）文明意识，熟悉海洋历史和海洋国际惯例，以为国为民求强求富于海上的战略自觉向海洋进军。加快海洋人才建设已经刻不容缓，为此提出以下几点政策建议：

一是加大国家财政投入力度，构建多渠道筹措海洋人才培养经费的机制。扩大国家财政的资助范围，不仅应加大对涉海的高等院校、科研机构的投入，还应加大对海洋基础教育、海洋职业教育以及其他海洋教育形式的投入，为各类海洋储备人才培养提供财力支持。同时还应不断拓宽渠道，积极吸引社会资金投入海洋教育中，通过政府与企业联合建立海洋科技教育发展基金和海洋教育基金，构建多渠道筹措海洋人才培养经费的机制。

二是发展完善海洋教育，努力向基础教育和技能教育领域拓展。近年来，我国在增加高等教育投入、调整涉海高等院校的海洋专业设置上做了大量工作，并取得显著成绩，但在基础教育和技能教育领域改革相对滞后。长期以来，海洋教育并没有被纳入国家规定的基础教育课程教学计划，青少年缺乏必要的海洋知识，海洋意识淡薄，必然会影响到未来海洋人才的培养。建议大力推动海洋基础教育进课堂，努力增强全民海洋意识，鼓励兴办跨初中和高中年龄段的、集基础性海洋教育和职业技能教育于一体的新型海洋学校，积极配合建立校外实习基地，提升学生的实践能力。

三是利用地区优势发展特色海洋产业，增加海洋人才培养的方法和手段。我国沿海一些地区，海洋历史文化积淀非常深厚，民风尚海，民资充裕，发展海洋产业、培养海洋人才有着得天独厚的优势。可选择一些有代表性的地方，给予一定的政策鼓励，发展海洋文化、教育产业，建设和举办与海洋有关的政治、经济、科技论坛，迅速、有效地带动当地海洋人才建设，有效实现人才聚集，形成产学研良性互动的人才建设局面。

第三节　海洋文化产业和宣传教育基地建设

为提升全民对建设中国特色海洋强国的认知度，增强海洋意识，提高我国的海洋（蓝色）文明程度，可在东海区域的福建泉州－东山、南海区域的海南三亚国家海岸－海棠湾、渤海和黄海区域的山东青岛、内陆中心地带的陕西西安等地，分别建设海洋文化产业和宣传教育基地。

一、闽南海洋文化产业和宣传教育基地建设

闽南地处东南沿海，有海上交通之便，而"八山一水一分田"的格局，大部分地区地瘠民稠，这一地理环境决定了民以海为田、赁海为市的谋生方式。宋末元初，泉州港成为中国第一大港，至明代泉州港淤塞，月港及安平港、东石港等小港继之。"走海行船无三分生命"，而为了生计闽南人必须铤而走险，这无形中成就了他们爱拼才会赢的冒险拼搏精神。海事活动本质上向外发展，技术性强、覆盖范围大、接触面宽，比农耕文化更有必要有条件接受新事物，这造就了闽南文化兼容性和开放性的特点，代表人物如近代中国"开眼看世界第一人"林则徐、近代著名启蒙思想家严复等。20世纪80年代初闽南率先实现经济腾飞也和此文化特点有很大关系。

宋代，陆上丝绸之路完全被阻断，泉州作为海上丝绸之路的起点，成为世界一大名港，至元代被称为"东方第一大港"，为中外各种商品的集散地和中转站，

马可·波罗护送阔阔真公主下嫁伊儿汗国也是自泉州出发。自明中叶开始，特别是太平洋航路开辟以后，漳州月港迅速兴起。太平洋航路是指从西班牙殖民地墨西哥的阿卡普尔科港至菲律宾马尼拉，再从马尼拉到中国漳州月港与广州港的航路，在大航海时代大帆船贸易持续了200多年。闽南人积极地参与太平洋航路上的贸易活动，月港鼎盛时期与40多个国家和地区通商。明清时期泉州、厦门成为大陆与台湾之间往返的口岸，郑成功收复台湾就从这里出发。历经1 300年的海上贸易，闽南大地处处都有丰富的海洋文化遗存，述说着灿烂的海洋（蓝色）文明。例如始建于1959年的泉州海外交通史博物馆，是中国唯一反映航海交通历史的专题性博物馆，以丰富而珍贵的海外交通文物讴歌了中国悠久而辉煌的海洋（蓝色）文明；又如反映大陆与台湾历史亲缘的中国闽台缘博物馆，纪念华侨华人先辈的不朽业绩、弘扬华侨华人精神和优良传统的泉州华侨革命历史博物馆，都是重要的海洋教育资源。

闽南地区有着浓厚的乡土观念，闽南人90%以上是北方移民，千山万水，兵荒马乱，举族、举乡地移徙，相互扶助，巩固了血缘关系。离乡愁、民族恨，闽南人的体会最为深刻，涌现出许多反对外国侵略、维护祖国统一的英雄人物，如郑成功、施琅、陈化成、陈嘉庚等。闽南又是著名的侨乡，据统计，仅泉州籍的海外华侨华人就达750万人，此外还有900多万名祖籍泉州的台湾同胞。近代以来，海外华侨华商在不同历史时期对国家民族作出巨大贡献，特别是20世纪80年代投资家乡、集资办公益事业、献爱心支援灾区、贫困地区等事迹涌现，他们正是当今加快海洋人才建设不可忽视的重要战略资源。

与内地的黄土文化不同，闽南有着悠久的海洋开发历史，处处都有海洋文化遗存，求富于海上已是闽南人深深的文化烙印。一代代闽南人扬帆出海远赴南洋开拓，这里又为著名的侨乡，民风尚海，民资充裕，发展海洋产业、培养海洋人才有着得天独厚的优势。借党的十八大提出建设海洋强国的历史契机，以福建泉州、漳州、厦门政府、学校、企业为合作对象，在这里建设新型海洋人才培养基地，可谓

"天时、地利、人和"，经过 3～5 年的建设，必将取得巨大人才收益，并对沿海其他地区产生重大示范和带动效应。

闽南新型海洋文化产业和宣传教育基地可考虑在泉州市、东山岛创建两大中心，呈哑铃形布局，带动闽南全境海洋人才培养、海洋文化产业发展和海洋文化宣传教育。其中泉州中心以优质教育资源发展海洋教育产业为主，东山中心以优良的地理区位建设海洋论坛为主。

泉州中心的功能定位主要为：

一是成为探索海洋基础教育新思路、新方法的试验基地。可考虑以福建泉州培元中学为试点研究开展新型海洋基础教育，确保人才竞争赢在基础、赢在未来。培元中学建于 1904 年，校友遍布国内和世界 20 多个国家和地区，特别是在东南亚、我国港澳台地区有着广泛的影响。孙中山先生和宋庆龄女士分别为学校题词"共进大同""为国树人"。培元中学还是世界南音联谊会唯一的中小学会员单位，在菲律宾、马来西亚、中国台湾地区均设有培元中学，它们都与泉州培元中学有着极深的渊源。以培元中学现有师资力量为基础，开辟新学园建立少年海洋学校，开办海洋教育创新人才培养班，旨在传播具有鲜明特色的中国海洋文化观，同时与现代自然科学、人文科学相结合，开展海洋基础教育研究与实践，并致力于新时代中国海洋文化的研讨与发扬，倡导深化基础教育及社会教育的重要性，让中小学生从小树立起"蓝色国土"的观念，激发青少年投身海洋事业的兴趣，为海洋人才的培养奠定基础。

二是成为中小学海洋社会实践基地（海洋文化游学基地）。教育要面向世界，充分利用闽南大地各种优质海洋教育资源和优越的海洋地理条件，为全国青少年学子、东南亚华侨子弟、日本和澳大利亚等国的交流学生搭建交流、展示和实践的平台。通过展览展示、现场制作、师生论坛、联谊交流、考察参观、联合研究、海洋夏令营（冬令营）等系列活动，大力培养和增强青少年的创新精神、团结协作、国际视野、海洋意识和实践能力。

三是成为海洋网络教育和相关刊物、游戏、动漫的出版研发基地。信息化推动着社会的进步，推动着人的全面发展，媒体的作用不容忽视。我国已经成为全世界最大的媒体市场，但省级以上电视媒体没有开设专门的海洋频道、海洋专栏，专门从事海洋教育的网站更是无处可寻，海洋专业类报刊只有刊载政府海洋管理信息的《中国海洋报》和屈指可数的几本海洋学术期刊，一般民众少有问津。激活国家海洋（蓝色）文明基因、研究探讨海洋强国之路仅靠这些力量远远不够，可考虑借鉴美国卓越海洋教育网络的模式开展网络远程教育，为参与海洋教育的科研人员提供知识和指导，开展教育方法实践，同时整合传统媒体和网络、电视等新媒体，结合游戏、动漫等青少年喜闻乐见的教育形式，使闽南丰富的海洋教育资源能够服务全国，全方位形成海洋宣传教育长效机制。

四是成为两岸及东南亚地区海洋教育合作中心。利用闽南乡亲遍布海外的独特优势，建立闽、台、东南亚教育交流中心，促使海峡两岸学生海洋教育文化交流得到长效发展，并促进区域海洋基础教育的共同进步，增进海内外华人同源同根的情谊。例如南音艺术交流，音随人走，泉州籍华侨把泉州南音带到了南洋各地，南音以其顽强的生命力散布在南洋各地的华人社会，显示出乡音无改的巨大凝聚力，侨胞之间思想互通、感情交流的亲切认同本身就是海洋文化研究的重要内容，更是整合海外华人海洋教育资源的纽带。

泉州中心的建设项目内容为：

一是建设中国海上丝绸之路博物馆，即在泉州建设一座以中国海上丝绸之路为主题的，涵盖中国古代及近现代交通、贸易、外交等内容的世界性综合博物馆。该博物馆通过国内外考古和历史研究成果展示及文献、文物展览，显示、叙述中国固有的海洋（蓝色）文明基因；提炼中国海上丝绸之路精神，将其作为 21 世纪中国和平发展外交思想的标志与符号，面向世界进行推广，进而为中华民族的和平崛起和中华文明的伟大复兴作出专门解释和宣传。以该博物馆为平台，举办世界性的海洋文化交流活动。比如，把泉州作为国际旅游中心，将该博物馆作为活动联系点和承办方，邀请世界各国的邮轮定期经停或前来专访；又如，以该博物馆作为活动窗口，建立我国与美国、英国、俄罗斯、德国、法国等传统海洋国家以及澳大利亚、巴西、印度等新兴海洋国家海军或海岸警备队（及其院校）、民间航海俱乐部等机构之间的年度或双年度世界海洋日航海（包括无机械动力帆船航海）互访机制。同时，辅之以系列学术交流、新闻报道等传播手段。

二是建设原始海岸公园，即在泉州沿海划定 5 千米左右的原始海岸线，对该岸线原始、天然的地理地貌，海洋海岸环境、生态进行特别保护，排除一切商业或非商业人为开发利用活动（人工建筑和设施及其建设利用活动除外），同时，向公众无偿开放，仅供海景观览和学术研究。该保护原始海岸线的举措，将区别于现有的海洋自然保护区以及海洋海岸生态系统特别保护区政策。设置全国首个原始海岸公园（暨公众开放原始海岸线）的主要目的和意义是：通过对原始海岸线的特别保护和将其向公众开放，恢复、鼓励人类与海洋的直接接触和原始感官体验，实现真正意义上的人海相遇、人海相亲、人海和谐，构建和保护"野海"审美习惯，为中国传统哲学"天人合一"理念的身心实践提供存在场所和客观条件。在原始海岸线的朝陆一方的合理据点，建立系列海洋自然科学、海洋环境与生态知识宣教、海洋海岸保护志愿者活动站点。泉州原始海岸公园的建设运营一旦取得成功，可以上升为国家政策，逐步向全国其他沿海地区推广。

三是以泉州地区的历史文化资源为现实基础，实施"世界宗教博物馆"复兴计划和"和谐世界"全球文明、文化交流计划。"世界宗教博物馆"复兴计划，就是对泉州的宗教历史与文物，以及现有的宗教活动和场所进行系统梳理和全面摸底。尊重、利用人类宗教事务发展客观规律，以泉州宗教为切入点，制定实施科学的保护、修复和复兴计划。"和谐世界"全球文明、文化交流计划，即依托泉州海洋文化产业和宣传教育基地，设立学术研究活动专项，争取国家层面的高度重视与大力支持，吸引全球知名学者专家，组建全球性的学术组织或机构，定期举办世界性的文明、文化对话与研究论坛。

东山中心将面向中国的东部海域，特别是台湾地区及周边海域，进而走向太平洋地区各国，将有利于紧密结合区位特点和文化优势，在海岛经济发展、两岸文化交流、国家海洋权益、东南亚华侨文化等领域建设良好平台，借以培养新型海洋人才。东山中心的主要目的在于发挥东山对台（湾）、澎（湖）的区位优势、文化优势和亲缘优势，突出海洋主题、文化主题、合作主题，最终促成东澎共建、两岸携手，共同谋划、研究和宣传中国的海洋战略，以海洋开发为抓手，为祖国统一大业培养、储备人才。

东山中心的功能定位和建设项目内容为：

一是海岛经济与海洋战略发展论坛。举办论坛的目的在于吸引海内外学者，特别是台湾学者和东南业侨胞共同参与两岸合作和大中华海洋战略的讨论，发挥思想碰撞交流的优势，为保护海洋生态环境、海岛经济可持续发展、构建和平通道、建设和谐海洋献计献策，为两岸和平统一培养有用之才。

二是闽南新型海洋人才培养基地，配套见习实践和旅游度假中心。闽南新型海洋人才培养基地将采取面向世界、面向实践的新型海洋教育模式，吸引世界各地精英人士前来讲学、研讨、交流，需要大量见习实践和旅游度假设施与之相配套。可选择风景秀美的国家 4A 级风景区——马銮湾风景区东侧一处 50 万平方米地块进行开发建设，此地块已由东山县人民政府批准同意，规划为东山岛未来旅游度假的高端区域。这里环抱海岸线 1000 米的宝龙湾，自然地理位置得天独厚，海浪与蓝天白云同色，海湾和山体礁屿相连，并与国家帆船帆板基地相邻，可共同使用国家级运动训练海域，是开展海上实践和旅游休闲不可多得的胜地。

三是东山海峡两岸文化交流基地。东山文化在我国闽南海洋文化生态圈中极具代表性，与台湾地区的语言语调、民风民俗最为接近，老百姓生活习惯、宗教信仰也最为相似。东山县隶属福建省漳州市，台湾人讲的是地道漳州腔的闽南话，台湾地区四大神明中的关帝、开漳圣王、保生大帝和数千庙宇的祖庙都在漳州，而最重要的关帝祖庙就在东山。闽台共同的方言和民间信仰超越时空，成为沟通感情、协同团结的基础。建设闽台文化石雕公园、海峡东山陆桥展示馆、闽台历史民俗园等，将这种亲缘、民俗纳入海洋文化研究范围，将两岸文化认同深植于两岸从事海洋产业、海洋开发的人才的愿望之中，将为和平统一作出重要贡献。

四是特色教育和科研基地。闽南新型海洋人才培养基地将吸引来自世界各地的精英人士，为吸引他们长期留在当地，形成人才集聚效应，应满足高端人才对子女教育、科研设施的较高要求。

二、海南三亚海洋文化产业和宣传教育基地建设

党和国家在作出海洋强国战略部署的同时，也高度重视海南的发展。国务院于2009年12月发布《关于推进海南国际旅游岛建设发展的若干意见》，明确提出建设"世界一流的海岛休闲度假旅游目的地""南海资源开发和服务基地""全国生态文明建设示范区""国际经济合作和文化交流的重要平台"。党和国家关于建设海洋强国的重大部署，为建设国家海洋文化产业和宣传教育基地提供了宏观政策方面的引领和指导。为此，海南省适时制定《海南国际旅游岛建设发展规划纲要》，对海南国际旅游岛建设发展作出具体工作安排，由此形成了在海南三亚创建国家海洋文化产业和宣传教育基地的地方政策基础。基地建设的主要内容包括以下几个方面：

一是生态保护。生态旅游是世界旅游产业的热门趋势，三亚东线生态旅游产业缺乏标志性的项目。随着三亚海棠湾逐步对旅游项目的开发，周边环境在不断改变，海岸国家湿地的保护和利用日趋重要，迫切需要建设一个更符合湿地生态规律、更贴近现代海岛旅游要求、更能反映三亚生态旅游地位的湿地海洋文化产业基地。该项内容将以保护为宗旨，以开发为手段，秉承保护优先、科学修复、适度开发、合理利用的原则，既保证三亚国家海岸湿地的自然循环和生态的平衡发展，又将国家湿地保护与舰船文化和航海活动紧密结合，打造国家海岸湿地文化、船舶文化以及航海活动有机结合的典范。该基地首先考虑恢复建设以红树林为基础的藤桥

河入海口湿地系统，在对现存的红树林加强保护的基础上，因地制宜，有计划、有步骤地开展红树林的营造，并应用最新科技成果，加快人工林培育，通过引种、栽培、扩种，逐步恢复红树林，进一步扩大珍稀鸟类及其他生物的生存空间。在承载体量方面有严格规定的旅游和商业功能，是保证基地湿地系统进入良性运行的必要条件。基地首先把所有功能区都作为整个生态系统中的有机部分来设计和规划。沙滩、沙坝、河流、湿地、花草树木、大海构成片区的生态本底。

二是航海活动。该项内容将采取中外古船相结合，实际仿真建造，建立一支能够海上航行的仿古船队，开展海上旅游（三亚至三沙、三亚至台湾地区、三亚至环南海各国及地区、三亚沿郑和下西洋航线等），由此建立对外宣传渠道和民间沟通渠道。此项活动将使人们在容身现代社会体验现代生活的同时，体验船舶的古老文化与厚重历史，使每位游客既是水手又是使者，在享受异国文化风情，体验作为民间外交使者的责任感、使命感的同时，又成为宣传中华文化和中华文明的宣传员。游客可自驾仿古船舶穿梭于美丽的海岛之间，感受这古老的海上丝绸之路，并登陆参观西沙这片神秘的、令人向往的地方，体验当地的居住文化与饮食文化，增进对祖国疆域的认知，树立爱国主义情怀，为建设一个和平、友谊、合作的南海尽一份力。基地通过仿古仿真名船的建设，以中华民族璀璨辉煌的船舶文化和海洋壮举为魂魄，开辟三亚至环南海各国、各地区甚至非洲西海岸的民间文化交流航线，重现古代海上丝绸之路的历史辉煌，重新架起民间交往的友谊桥梁。

三是宣传教育。方式之一是建设大型仿真船舶博物馆和仿古名船母港。博物馆将以中国8 000余年的船舶历史发展为主线，以世界航海历史为补充，以中外仿真古船舶旅游开发为龙头，建立首个世界仿真舰船博物馆。采用仿真船模与现代高科技相结合的方式，形成动静结合、人水亲和、人文一体的经济新景观，重塑历史，再造辉煌。方式之二是建设郑和精神展览馆和航海名人馆。集中展示体现郑和不畏艰险、勇往直前的气概和开拓进取、海纳百川的胸怀的展品。开设徐福、哥伦布、达·伽马、麦哲伦等在世界航海史上作出卓越贡献的航海家的纪念馆，让人们了解古代航海史，尤其是大航海时代的重要航海事件。同时开设现代航海运动重要人物尤其是世界帆船运动和环球航海探险活动中的杰出人物的集体陈列馆，展示其勇气、技术、信心和希望，激励游客树立坚毅和挑战自我的决心。方式之三是建设中国海军舰船史料馆及爱国主义教育馆。该馆重点介绍中国海军的成长历程，展示中华人民共和国成立后经过 70 多年的努力建成的具有自主科研、设计、配套、总装能力的船舶工业体系。方式之四是建设航海模型产业示范中心和船舶模型运动基地。中国是世界上最大的模型生产地，集国内外多位顶尖航海模型专家，建设中国重要的船舶模型与高文化内涵、珍贵收藏的船韵礼品产业研发与展销基地，使之成为航海模型展示的平台、人们了解航海模型知识和技术的窗口。通过举办全国青少年航海模型竞赛等一系列赛事，展示中国航模事业发展成果。方式之五是建设海洋科普教学区。通过对出海游客的前期培训，包括学习船舶驾驶有关基础科目，进行雷达观测与标绘和模拟器训练，让他们了解必要的航海知识。通过 GMDSS（全球海上遇险与安全系统）模拟器学习海上通信设备的操作与使用，学习船舶航线的设计拟定，学习船舶货物的积配载方案设计，以及进行更重要的安全救生消防训练；利用教学设施，面向社会开展航海有关人员的海上职业资格的培训以及市民、青少年学生和游客的体验式学习。

四是配套建设。内容之一是总部研发，为国内外一流的相关研究机构提供良好的研究和生活环境，并建设分支机构，为宣传航海文化和出海旅游提供理论和技术支撑，使之成为中国海洋战略和海洋文化以及相关航海技术的研发基地。内容之二是外事服务，为中外游客的航海活动提供外事服务，包括领事服务和相关领域的国家安全服务，为有关国家和国际组织设立相关办事机构提供条件等。内容之三是旅游服务，针对不同的游客设计不同的服务项目，如针对莅临指导、参观学习、交流互访的国内及国际友人，经过事先预约的深度体验游客，短期观光客以及各项赛事、展会的参加者等，提供各具特色的旅游服务。因此，基地要配置不同档次的吃、住、购物、娱乐、休闲、交通，以及银行、保险、商务、会务等设施。

除此之外，基地建设过程中还可由民间及海外华侨华人捐赠设立生态湿地保护基金会、郑和和平慈善基金会，用于宣传和保护湿地生态环境以及海洋发展慈善救助事业。

三、山东青岛海洋文化产业和宣传教育基地建设

山东的历史和现实的发展非常有利于海洋文化产业和宣传教育基地建设。从历史来看，山东泰山地区是中华黄色文明和蓝色文明的分界处：泰山地区以西是黄色农业文明发展区，以东是蓝色海洋文明发展区。从现实来看，山东是国家"一带一路"建设的交会地区：从青岛可直达郑州、西安，经过新欧亚大陆桥通向欧洲大西洋；从青岛、日照向南可连接海上丝绸之路，经东海、南海通向印度洋和非洲。2009 年以来，为发展黄河三角洲经济和蓝色海洋经济，山东省、市、县三级政府均设有"黄蓝办"，从而为山东推进海洋强国建设创造了重要条件。

在国家发展和改革委员会经济与国防协调发展司指导和帮助下，于青岛古镇口建设的国家级军民融合创新示范区已经成为青岛西海岸新区的主要功能区之一，在山东半岛甚至全国具有一定的影响力。鉴于此，青岛海洋文化产业和宣传教育基地建设或可包括以下主要内容：

一是研究青岛地区在中国特色海洋强国建设中的定位和作用。对青岛西海岸新区在推进海洋文化产业和宣传教育基地建设协同创新中的定位和作用进行研究。

二是青岛市应积极推动主办海洋战略与海洋事业发展相关的国内、国际高端论坛，海洋文化和宣传教育国际学术论坛，军民融合推进海洋文化产业和宣传教育基地建设协同创新相关专业论坛。

三是根据习近平总书记等党和国家领导人关于加强军民融合推进海洋文化产业和宣传教育基地建设的批示和指示精神，以青岛古镇口军民融合创新示范区为对象，开展军民融合推进海洋文化产业和宣传教育基地建设协同创新案例研究，同时结合青岛当地的实际条件（如国际船艇展览会活动等），与相关重要企事业单位

（如北京航天长城矿业投资有限公司、中国海洋大学和浙江海洋大学等）联合筹办全国性的军民融合推进海洋文化产业和宣传教育基地建设协同创新相关专业高端论坛。

四、陕西西安海洋文化产业和宣传教育基地建设

把长安（今陕西西安）作为大一统中国帝都的秦汉两朝，曾经勇敢地面对海洋，秦皇汉武多次巡海，探索浩瀚海洋的秘密，创造了丰富多彩的海洋（蓝色）文明基因。继续把长安作为帝都的隋唐盛世，在使陆上丝绸之路繁荣昌盛的同时又把海上丝绸之路发扬光大，推动海洋大国文明基因进一步发展。明朝初期的郑和下西洋这一重大海洋活动，更是将中国的海洋（蓝色）文明和文化发展到历史的高峰，引发了世界的高度关注。明清以后，由于各种主客观因素，西安囿于内陆，从而长期脱离海洋。然而，20 世纪 70 年代末中国实行改革开放政策以后，西安又逐步走向世界。特别是近 10 年来，西安在新形势下积极拥抱海洋，并以国际内陆港建设为契机，全面激活海洋大国的文明基因，大胆地创造和使用海洋，取得了可歌可泣的辉煌业绩，为探索中国特色海洋强国之路提供了可资借鉴的发展经验，为海洋文化产业和宣传教育基地建设创造了深厚的历史和现实条件。

西安海洋文化产业和宣传教育基地建设的指导思想是：面对 21 世纪世界发展的新形势和新挑战，实现中华民族的伟大复兴，走中国特色社会主义道路，必须重振中国黄色文明的优秀文化传统，激活蓝色海洋文明基因，创建绿色生态文明。伴随着中华民族的伟大复兴，以黄色文明为内核的中华传统文明势必引起全球范围内更广泛的关注；而陆海统筹发展、海洋强国等国家战略的实施，必将激活中华文明中的蓝色海洋文明基因，促进黄蓝文明的融合发展。

为实现上述目标，基地建设将完成以下任务：

一是开展世界各大文明体系的比较研究和国际交流，主要进行东西方黄蓝文明的交流、融合、共建等相关问题研究。

二是整合各类相关资源，举办具有全国性甚至世界性影响的文明、文化比较研究以及国际交流学术会议和高端论坛。

三是根据政府、企事业单位的需要，针对西安发展建设过程中的实际问题，在政治、经济、社会、文化、生态等各方面设立专题，组织专家进行攻关研究，向社会提供党中央和国务院大政方针政策解读、战略咨询服务，提升建言献策的能力。

四是以西安海洋文化产业和宣传教育基地建设为平台和依托，根据西安乃至中国西部地区政府、企事业单位的国际交流和"走出去"需要，联系中国驻外使领馆和机构、外国驻华使领馆和机构、联合国及相关国际组织、国内外政治家和名人，提供国家、地区情况研究和形势研判以及外交政策、国际战略专家会商和咨询等服务。

五是以相关研究成果为基础，为政府、企事业单位提供中国传统文化、西方文明（外国文化，包括亚非拉地区文化）以及海洋文化宣传教育培训。

六是深入研究西安在中国特色海洋强国建设中的职能定位，提出实践操作层面的建议方案。

第十二章
多种手段维护海洋安全和海洋权益

第一节　加强海上力量和管辖海域基础设施建设

一、海军和相关军种建设

海洋是国家安全的重要屏障。古代中国的安全威胁，主要来自北方游牧民族的南下入侵。近代以来，随着科学技术的发展，海洋成为西方列强向外侵略扩张的跳板，外界对中国安全的主要威胁从陆地转向海洋。据统计，1840—1940 年，帝国主义列强从海上入侵我国数百次，其中较大规模的就有 84 次，我国几乎所有的重要港口、港湾和岛屿都曾遭外敌侵扰。而我国海上力量建设，除了清朝晚期北洋舰队的昙花一现，一直以来都是薄弱环节，处于有海无防的境地，用彭德怀的话说：那是一个"西方侵略者几百年来只要在东方一个海岸上架起几尊大炮就可以霸占一个国家"的时代。孙中山先生曾疾呼："海权，操之在我则存，操之在人则亡。"中华人民共和国成立后，中国有海无防的状况逐步得到改善。

进入 21 世纪，海洋已经成为各大国势力加紧争夺的重要战略空间，中国海洋安全面临的形势也越来越复杂和严峻，全球海洋治理面临的挑战日益严峻。随着陆地资源供应日趋紧张，世界主要国家纷纷加快探索和开发利用海洋空间，加紧向深海、远洋和极地进军。随着我国对外开放不断深化和"一带一路"建设的深入推进，大量的基础设施、资源资产和人员长期置于海外，有些面临地区战乱、恐怖主义等威胁。这对我国国家战略利益及海洋安全发展提出了新的需求，要求我国在远洋护航、海上人道主义救援、国际维和等方面有所作为。面对新的时代和新的形势，中国必须大力加强海上力量建设，这不仅是遏止战争、打赢战争、保证海洋安全的客观需求，而且是有效维护国家发展利益、发展海洋经济、建设海洋强国的坚强后盾。

海军是海上综合支撑力量的关键所在，处在军事斗争准备前沿，应对海上的挑战和威胁最直接，担负着捍卫国家领海主权、维护国家海洋权益和海上交通安全的使命。党的十八大作出建设海洋强国的战略部署后，习近平主席多次视察海军部队，对海军建设作出重要指示。习近平主席指出，海军是战略性军种，在国家安全和发展全局中具有十分重要的地位。要以党在新形势下的强军目标为引领，贯彻新形势下军事战略方针，坚持政治建军、改革强军、依法治军，瞄准世界一流，锐意开拓进取，加快转型建设，努力建设一支强大的现代化海军，为实现中国梦、强军梦提供坚强力量支撑。要贯彻国家安全战略和军事战略要求，科学统筹和推进海军转型建设。要强化作战需求牵引，坚持实战实训、联战联训，把战斗力标准贯穿海军转型建设的全过程和各方面。要坚持体系建设，统筹机械化和信息化建设，统筹近海和远海力量建设，统筹水面和水下、空中等力量建设，统筹作战力量和保障力量建设，确保形成体系作战能力。要坚持创新驱动，抓住科技创新这个"牛鼻子"，强化创新意识，提高创新能力，激发创新活力，厚植创新潜力，为海军转型建设注入强大动力。要坚持依法治军，加快实现治军方式"三个根本性转变"，即从单纯依靠行政命令的做法向依法行政的根本性转变，从单纯靠习惯和经验开展工作的方式向依靠法规和制度开展工作的根本性转变，从突击式、运动式抓工作的方式向按条令条例办事的根本性转变，确保海军转型建设在法治轨道上有力有序推进。

此外，也要认识到海军建设不是海上军事力量建设的全部。因为随着新技术革命的推进，现代战争形态迅速演变，尤其是作战平台和武器装备机动速度和范围不断提高和扩大，海上联合作战趋势日益明显，海上军事力量构成不断丰富。海上军事力量建设已经开始迅速超出海军的范畴，包括能够对海上目标实施打击的空军、常规导弹部队、战略支援力量等。所以，海军建设并不是海上军事力量建设的全部，海上军事力量建设应是以海军为主体、其他军兵种和涉海力量为补充的海上联合力量建设。在加强海军建设的同时，要统筹考虑海军建设和与海军行动密切相关的军种及部队的建设，打通它们之间的隔阂，使其协调发展，更好地进行协同配合，最大限度地提升海上战斗力。

海上行政执法力量是海上力量中不可或缺的重要组成部分。它在和平时期海洋维权中具有独特优势，既能代表政府行使执法权，又能有效避免直接军事对抗。近些年，在钓鱼岛维权、南海维权等行动中，我国海上行政执法力量成为维护国家岛屿主权和海洋权益的中坚力量。此外，随着全球气候变暖、海上意外事故等非传统安全问题凸显，海上行政执法力量在保护海洋生态环境、实施海上人道主义救援等方面发挥的作用也在不断提升。

中国发展海上军事力量不能照搬美国、俄罗斯、英国等国的海军发展模式，要根据本国国家安全需求和国力条件，有针对性地研发新式装备和摸索克敌制胜的战法，避免与潜在对手比拼投入而陷入军备竞赛。要强化海上力量体系建设，未来海战不是简单的军种对军种的作战，而是在全域的信息网络系统中，系统与系统、体系与体系的对抗，制胜的要害在于充分发挥体系的整体能力。因此，必须打破壁垒和条块分割，加快发展结构完整、功能强大、环环相扣、紧密耦合、适应海上信息化作战需要的海上军事力量。

二、相关军事装备和预警能力建设

航母作为一种移动式多功能海上作战平台，活动能力强、辐射范围广、攻防兼备，其他舰船一般无法替代。国际上，航母的拥有数量和技术水平是衡量一个国家海上军事力量的重要标志。中国航母于 2011 年 8 月第一次出海试航。2013 年正式列编，命名为"中国人民解放军海军辽宁舰"，舷号为"16"。这是中国海军拥有的第一支航母，标志着中国海军的百年航母梦终于实现，是中国加强海上力量建设的历史性突破。同年，中国第一艘国产航母在大连造船厂正式开工建造，2019年12月17日在海南三亚某军港交付海军。经中央军委批准，中国第一艘国产航母命名为"中国人民解放军海军山东舰"，舷号为"17"。首艘国产航母山东舰服役使中国一跃成为具备建造航母能力的国家。近年来，海军舰艇下水数量越来越多，吨位和质量也越来越高。从过去落后的局面，到今天达到世界先进水平，跨入一流海军的行列，中国海军历经几十年的曲折发展。但经过一代又一代一线科研人员的努力，我们缩短了同传统海军强国的差距，甚至实现了赶超。特别是055型万吨级驱逐舰、首艘国产航母山东舰、901型综合补给舰和075型两栖攻击舰研制成功以后，中国海军的综合实力得到大幅提升。这些舰艇均是我国有史以来建造吨位最大和最先进的水面作战舰艇，它们的出现有着划时代的历史意义。经过21世纪头20年的不懈努力，人民海军装备基本实现标准化、系列化、通用化。总体上，我国海军初步形成以第三代装备为主体的武器装备体系，在近海防御、远海防卫战略的指引下，未来兵力将更多涉及近海以外更远的海域，同时注重联合作战，充分发挥陆军、海军、空军及火箭军等力量的联合威力，有效维护国家核心利益。

现代高科技战争的形态具有非接触性、非对称性，在1 000千米乃至2 000千米之外就能对目标发起精确打击，战场纵深比过去要大得多。海上预警能力建设是整个国家预警能力建设的重要组成部分。加快构建海上预警能力，增强和完善海上战略预警手段，密切跟踪海上重大威胁动向，及时发现海上威胁征候，才能为国家恰当作出海上安全战略决策、及时采取有效应对行动提供可靠支援与保障。

预警机是现代空中作战体系的核心装备和指挥中枢，不仅可进行远距离空中预警探测，发现来袭的敌机、巡航导弹、直升机和大型海上目标，而且可为己方战斗机分配、指示目标，指挥引导空中拦截作战。由于预警机是一个研发综合难度极大的高精尖国防领域，世界上虽有20多个国家装备200多架预警机，但能够独立设计研制预警机的国家屈指可数。进入 21 世纪以来，我国预警机技术在实现零的突破之后突飞猛进，空军和海军航空兵先后列装多型先进预警机，充分展示了我国在这个领域的整体实力。中国的预警机起源于空警 2000，这是我国自行设计研制的第一款大型预警指挥机，2003 年 11 月 11 日实现载机首飞。在中俄"和平使命–2005"三军联合演习中，中国海军航空兵的预警机服役之后首次公开亮相，并且在海军联合演习中以数据链向水下潜艇和水面驱逐舰发布目标信息，引导鹰击 82 导弹顺利摧毁了靶舰。这是中国第一次向外界公开展示网络中心战能力，显示中国海军的海空联合作战能力已达到与西方接轨先进水平。在 2019 年庆祝中华人民共和国成立 70 周年阅兵式上，空军和海军航空兵的预警机编队格外引人关注，第一代空军型预警机空警–2000、空警–200 以及第二代预警机空警–500，第一代海军型预警机空警–200H 和第二代空警–500H 同时受阅。这些预警机不仅型号全，而且综合性能居世界先进行列。经过几十年尤其是近十年的海战场建设，我国海上战略预警体系已具备了一定的战略预警能力，为下一步推进我国海上战略预警体系建设奠定了一定的物质基础。

2020 年 6 月 23 日上午，中国北斗三号全球卫星导航系统最后一颗组网卫星成功发射，标志着耗时 20 多年的北斗全球卫星导航系统建成。北斗全球卫星导航系统的建成在军事上将使我军摆脱对美国 GPS（全球定位系统）的依赖，大幅度提高我军应对现代化条件下高技术战争的能力。北斗系统具有美国 GPS 所不具备的双向短报文功能，用户可以一次传送 40～60 个汉字的短报文信息。这在军事领域具有重要作用。军队的指挥机关可以利用这一功能向下辖部队发布命令，作战部队也可以通过北斗系统实时向指挥机关报告战场情况，为指挥机关的战略、战术决策提供依据，这将有效提高我军军事通信的保密程度和通信效率，对于快速建立战场态势感知体系具有重要意义，对于全球性作战通信也具有重大作用。

三、管辖海域基础设施建设

管辖海域的基础设施是国家保障海洋安全的物质基础，是海上力量活动和开发利用海洋的重要支撑。中国需要大力加强管辖海域的基础设施建设，以有效防范来自海洋方向的传统与非传统安全威胁。

适应海洋经济发展和海洋权益维护的需求，须加速推进商港、钻井平台、海洋水文气象监测站、生物监测站、海底光缆等基础设施建设。良港是国家发展海运、开发利用海洋资源的必要条件。中国从北到南均多良港，大连港、天津港、青岛港、秦皇岛港、连云港港、上海港、宁波港、厦门港、泉州港、广州港、湛江港、北海港等港口已成为重要的交通枢纽。

目前，对沿海港口的软硬件进行升级，深入挖掘其潜能已成为一项重要任务。海上石油钻井平台、海洋水文气象监测站、生物监测站和海底光缆等不仅是海上力量的物质载体，还是宣示主权的有效工具，国家应当高度重视，加快建设，加强维护。同时，还应在有条件、有必要的海岛建立机场，以便加强对相关海域的空中巡逻，某些地区还可以建立必要的海上补给站，以大幅改善海上力量的投送条件。

加强海洋新型基础设施建设，适应新技术发展趋势，大力发展以5G、人工智能、互联网、物联网等为代表的信息数字化的基础设施建设。党的十九大以来，中共中央多次提出要加快新型基础设施建设进度。近年来，我国以"铁（路）公（路）基（础设施）"为主的传统基础设施建设迅速发展，由于作为新型基础设施的海洋信息技术设施建设缓慢，我国海洋信息化水平整体上还落后于欧美发达国家。

当前，我国的海洋信息化建设仅仅处于起步阶段，加强海洋信息新型基础设施建设，加快海洋信息化进程，构建具有数字化、智能化、服务型特点的海洋信息网络体系，助推海洋权益维护、海洋资源开发、海洋经济发展、海洋科技创新、海洋生态文明建设，是我国建设海洋强国的必由之路，也是新时代的战略使命。

第二节　建构科学、合理、有效的海上危机管控机制

一、加强海洋权益维护协调机制

中国是一个海上危机多发的国家，尤其是近年来，海上划界矛盾、岛礁主权争议、海洋资源争夺、其他国家在中国管辖海域实施军事活动等问题都较为突出。因此，应建构科学、合理、有效的海上危机管控机制，对海上危机进行有效管理，以提升突发事件应对能力。因此，迫切需要加强中央层面的海洋权益维护协调机制，对具体工作部门进行政治领导和业务指导，同时完善海洋行政主管部门、军方、外交"三位一体"的海上维权执法协调配合机制。

美国海上危机管控机制是以总统为核心，由总统听取高级顾问或高层工作班子意见和建议后作出决策。在此原则的指导下，美国国家安全委员会、联邦危机管理局、国土安全部、情报系统和海上武装力量各司其职，使美国危机应对方式具有效率高、协调性强、针对性强的优点。具体到中国，可形成高级别的协调机制，联合外交部、公安部、国家安全部、农业农村部、交通运输部、军方以及相关研究机构等部门进行分工与协调，以提升应对突发事件的能力。

二、建立海上危机管理双边机制，依法管理海上危机

近年来，中国与日本、菲律宾等周边国家频频发生海上冲突，最突出的就是钓鱼岛问题和黄岩岛事件。冲突的焦点包括领土争端、海洋捕捞、资源开发、海上划界等问题。在这种情况下，中国与周边国家建立战略互信就显得尤为重要。

首先，需加强与相关国家之间的常规交流，职能部门、学术机构、民间组织可以通过各种渠道交流意见，了解对方诉求，减少危机发生时的误判危险。

其次，建立双边应急磋商机制，如突发事件发生之际的紧急磋商以及热线联系，促进相关部门以及高层之间的及时沟通。

此外，中国应与美国建立有效的双边危机管理机制，美国虽为域外大国，但作为亚洲"离岸平衡手"，它在亚太海域的影响无处不在，与美国建立良好的危机管理机制是有效处理海上危机的必然保障。

健全的法律体系可对危机管控提供良好保障。如美国就具有完善的危机管理相关法律：在国家安全层面，有《联邦减灾法案》《全国紧急状态法》《反恐怖主义法》等；在海上危机层面，有《港口航道安全法》《2001年港口和海上安全法》《2002年海上运输反恐法》等，对海上突发事件的界定与处理进行了清晰的界定。

发表相关问题的政策白皮书，完善海上安全保障体系，明确危机发生时的处理原则，尽量减少突发事件带来的威胁。

三、开展海洋安全合作，应对非传统安全威胁

21世纪以来，海上安全形势发生了较大变化，各国逐渐将关注点从强调对抗与军事力量的传统安全领域分散开来，更多地关注非传统安全问题。非传统安全问题往往涉及地区、国家、全球等多个层次，单个国家往往无法解决。相比传统安全问题，非传统安全问题淡化了国家之间的权力博弈，集中关注人类共同的安全威胁，敏感度较低，为各国开展海洋安全合作提供了可能性，也使中国提出的和谐海洋理念具有现实可操作性。

作为亚太地区性大国，中国有必要承担大国责任，尽力规避目前海上安全合作中的不利因素，倡导创新安全合作模式。具体而言，一方面，在已有的合作机制中，中国应进一步发挥自己的作用，争取更多的话语权；另一方面，积极倡导创建亚太地区应对非传统安全威胁的新型合作模式。可考虑先从技术领域入手，避免"高级政治"带来的干扰，如通过建立防灾减灾救灾合作平台、反恐怖主义反海盗的联合预警机制等途径，实现情报交换与信息共享等。在此基础上，进一步协调各

国行动，寻求可被广泛接受的合作原则，创建常规性质的合作机制。

开展海洋安全合作应对非传统安全威胁的方法主要有：

一是加强与相关国家的安全磋商、军事交流，共同应对海上恐怖主义、海盗活动、海上有组织犯罪等。恐怖主义势力高度灵活，居无定所，擅长突然袭击，大搞绑架、暗杀、劫持人质、爆炸等恐怖活动，一次又一次地给人类带来灾难。海盗则是比恐怖主义更为多发的威胁。根据国际海事组织的统计数据，与中国休戚相关的南海地区、印度洋地区和马六甲海峡是海盗威胁频发地，案发总数占全球案发总数的很大比重。海上有组织犯罪往往是跨国犯罪集团实施的，它们组织严密、分工明确、信息灵通，所从事的贩毒、偷渡、海上走私等活动严重威胁相关国家的社会稳定、经济发展。

海上恐怖主义、海盗、海上有组织犯罪等非传统安全威胁多为跨国界行为，是人类共同的安全威胁，在该领域内促成多方合作不仅有必要，也具有现实可操作性。相关国家可以先共同建立联合预警机制，进行情报交换与信息交流，举行联合海上反恐演习。若合作能进行到更高层次，则可展开更为实质性的合作，如在某些重点区域联合进行常规性的巡航、护航等活动。此外，相关国家还可进行联合训练，学术机构举行研究讨论会等。

二是加强与相关国家在防灾减灾救灾等领域的合作。大规模自然灾害是另一种亟须各国联合应对的非传统安全威胁。大规模自然灾害的危害性往往超过任何国家的应变能力。在这方面，即使最强大的国家也有惨痛经历，美国所遭受的"卡特里娜"飓风极为形象地说明了这个道理。2004年，印度洋发生特大海啸灾害，由于缺乏既定的合作机制，各受灾国的合作迟缓而低效，留下了极为惨痛的教训。此次海啸后，相关各国积极协调，尝试建立了海啸预警机制。实际上，海啸预警机制只是防灾减灾救灾机制很小的一个方面。从阿拉伯海到南海的广大海域，台风、海啸、地震等灾害极为频繁，在防灾减灾救灾领域的全方位合作显得尤为必要。此外，防灾减灾救灾领域的合作应坚持开放式多边主义的方式，尽可能全面地将利益相关国家容纳在内。

三是积极倡导创建亚太地区应对非传统安全威胁的新型合作模式。目前，在应对非传统安全威胁方面，各国已经有了合作探索的诸多成果。1986 年成立的亚洲备灾中心，来自全世界的灾害管理专家组成了一个咨询团队，为亚洲备灾中心的各项方案提供建议。自 2000 年开始，中国、加拿大、日本、韩国、俄罗斯和美国每年举办北太平洋地区海岸警备执法机构论坛，作为次区域性多边海上磋商合作机制。2006 年 9 月，中国、日本、韩国、斯里兰卡等国签署的《亚洲地区反海盗及武装劫船合作协定》正式生效，这是世界上第一个专门打击海盗和武装抢劫船只的多边协定。2008 年，印度海军首次派军舰赴亚丁湾参与打击海盗和巡逻护航任务。2009 年，中国海军首次执行亚丁湾护航任务。这些都是海上非传统安全合作的有益尝试。

第三节　走向远洋，探索国际深度合作

一、探索亚太地区和印度洋地区的国际深度合作

亚太地区对中国具有极端重要的意义。环太平洋区域结构复杂，广袤的太平洋将东亚诸国、大洋洲诸国乃至美洲国家纳入了同一个地区范畴，地缘色彩强烈。长期以来，亚太地区面临诸多的发展、开发、安全问题，中国均涉入其中，如海上领土与划界纠纷、海上资源开发、海上生态保护等。

中国一直是亚太地区安全结构的主要支撑之一，但近年来，东盟实力的不断增强，印度的"东进"政策，"印太"概念的提出和流行，乃至当前美国积极组建地区同盟，都对亚太地区安全结构造成了较强的冲击，给中国的发展与国家安全带来极大的挑战。对此，中国必须统筹国内、国际两个大局，以发展与合作应对亚太地

区的安全挑战。

一方面，着力加强海洋强国建设，提升国家海洋发展、海洋治理能力。具体来说，要以海洋经济、科技、人文发展为核心，以建设强大海军为保障，以沿海地区协调发展、粤港澳大湾区建设、海南自贸港建设以及双循环大发展等顶层设计为抓手，扎实推进海洋强国建设，保障各项海洋权益。

另一方面，要以习近平外交思想为指导，探索亚太地区国家间深度合作，推动构建海洋命运共同体。首先是继续推动 21 世纪海上丝绸之路建设，在共商、共建、共享理念指导下展开与沿线国家之间的双边及多边合作。其次是积极参与亚太地区各类合作组织和合作机制，如 RCEP（区域全面经济伙伴关系协定）、亚太经合组织、东盟"N－X"机制、东亚峰会、西太平洋海军论坛等，并在其中进一步发挥作用。

此外，南太平洋地区对中国有着特殊价值。目前中国与南太平洋国家的经济、政治往来都非常不足，如何加强与该地区的联系，也是远洋战略要面对的课题之一。

与亚太地区不同，印度洋地区是一个多极、多层次的世界，几乎不存在有效的安全结构，印度洋沿岸也没有一个足以维持地区秩序的大国。环印度洋地区共有47 个国家，各国政治经济发展水平不均衡，各种民族问题、宗教问题相互交织、错综复杂，这一地区是世界地缘格局中非常动荡的地区。此外，印度洋扼守联结地中海、太平洋的多个战略通道，在航运与战略意义上都非常重要，然而印度洋沿岸许多国家的政府脆弱无力，难以应对各种非传统安全威胁，需要区外大国的援助。印度洋是中国重要的商贸通道，加强与印度洋沿岸国家的经贸关系对巩固既有航道、节约成本、增强与各国互利合作的关系都有重要意义。

目前，印度洋区域的合作组织很少，最重要的是环印度洋地区合作联盟，中国是成员，但发挥作用的空间有限。在这样一个复杂动荡的区域中，由于缺乏有效的安全机制和力量制衡，印度洋的海上政治、经济、安全机制建设尚有很大的合作空间。过去由于缺少合作的平台，中国只能与相关国家以共建港口等方式为自身海上运输线提供保障，"一带一路"建设启动以来，21世纪海上丝绸之路为中国与印度洋沿岸国家展开深入合作提供了支持与保障。

此外，中国还应注重为印度洋地区提供公共产品。中国作为一个负责任的大国，为印度洋地区提供秩序、安全、制度等公共产品，将为印度洋地区的平衡、稳定发展起到推动和促进作用。

二、制定南北极发展战略，推动国际海洋法律体系建设

南极与北极最近几十年来成为新的开发热点。1959年多国联合签署的《南极条约》规定，南极地区仅用于和平目的，促进在南极地区进行科学考察的自由，促进科学考察中的国际合作，禁止在南极地区进行一切具有军事性质的活动及核爆炸和处理放射物，冻结目前领土所有权的主张，促进国际在科学方面的合作。中国于1983年加入了《南极条约》，建立了科考站，南极科考在地球环境气候、天文学、地质学、生物学等多个科学领域占有重要地位。

与南极不同，近年来，各国在北极的战略博弈日益加剧。俄罗斯在北极地区不断加强军事防御，加大军事力量投放，提高军事活动频次；美国也采取行动，在北极议题当中设置和增加政治、安全内容。2017年，中国与俄罗斯共同倡导建设的"冰上丝绸之路"，是连接太平洋和大西洋的海上通道，也是联系亚洲、欧洲、美洲三大洲的潜在最短航线。"冰上丝绸之路"倡议得到冰岛、芬兰等不少北极国家的积极响应。"冰上丝绸之路"延伸至北欧，将大大增加北冰洋方向与北欧国家间往来贸易运输量。"冰上丝绸之路"理论上将"一带一路"的地缘范畴进一步往北扩展，将中国东北部地区与东北亚国家、俄罗斯、北欧国家，乃至北美纳入了一个整体范畴之中，使"一带一路"实现了五大洲四大洋的整体大联通，是中国全面参与全球治理的重要途径。

此外，中国还需加强海洋法律问题研究，为现有国际海洋法律制度的修订、完

善与发展贡献自己的力量。目前,《联合国海洋法公约》下设定的三个主要工作机构国际海洋法法庭、国际海底管理局、大陆架界限委员会,中国都积极参与,为海洋的和平发展作出了贡献。未来,中国应充分尊重以《联合国海洋法公约》为核心的国际海洋法律制度,同时以历史事实为依据,推动国际海洋法律体系的完善,保证各种海洋争端能以和平、合理的方式得到缓解乃至解决。

第十三章
借重海外移民推进海洋强国建设

第一节　海外移民与中外海洋文化交流

一、海外移民与中国特色的海洋精神

在中国海洋事业长期发展中，形成了具有中国特色的海洋精神，也形成了人类开发利用海洋的共有精神，如冒险、开拓、进取、开放、变通、包容、坚韧不拔、四海为家等。

在中国特有海洋精神形成过程中，海外移民是凝聚海洋精神的重要力量。在古代东亚朝贡体制下，中国是东亚的国力和文化的领先者，是东亚体系总的核心国家。在一般情况下，民众是不愿背井离乡、漂洋过海、客死异乡的。而主动或被动地漂洋过海向海外移民的先民，是中华民族的一个优秀群体。他们或履行国家任务，冒着生命危险，前往异国担任外交使节，宣扬中国政府政策，带去中国治国理政的社会制度和先进的生产技术；或秉持对汉族政权的忠诚，不满异族统治，逃到海外保存和发展有生力量，以图东山再起；或发展海外贸易，为政府和家族积累财富，不惧惊涛骇浪，披荆斩棘在海外开拓，并灵活处理与当地人的关系，在所在国生根发芽。

可以说，海外移民是中国海洋精神最突出的代表群体之一。同时，海外移民的冒险精神、事业的成功和财富的积累，通过本人的回归或国内亲属的示范，进一步

传播和弘扬了海洋意识，促进了中国海洋精神的培育。

改革开放以来，中国的定位经历了由大陆国家向海陆协调发展的调整，党的十八大首次提出建设海洋强国战略。中国沉睡的海洋意识开始觉醒，在民间，海洋观念日益深入人心，民族海洋意识有一定的增强，维护国家海洋权益、发展海洋经济成为民族共识。这种转变是多种因素作用的结果，主要是中国改革开放带来的国家利益的拓展，其中也与 5 000 万华侨华人的参与和努力有关。他们身处中西文化交流的前沿，积极向国内介绍西方海洋强国的经验和做法，思考如何发展中国传统海洋文化，提出新时期中国发展海洋事业的理念，出版了《大国海盗：浪尖上的中华先锋》等专著，通过参与全球华人海洋和大气科学大会等论坛为我国政府建言献策，并通过资本和人才等方式推动我国外向型经济的发展。

二、海外移民与海洋宗教信仰

海洋宗教信仰的产生和发展离不开海外移民这个群体。不论是"普天均雨露，大海静波涛"的妈祖，还是"千处祈求千处应，苦海常作渡人舟"的南海观音，这些民间信仰均反映了沿海人民在渡海贸易、对外交流等活动中祈求平安的良好愿望。由于泛舟海上远比在陆上生产生活危险，人们企图借助超自然的力量与大海抗争，祈求海神的庇护和保佑。

不仅如此，古时向海外移民往往还面临本国政府的严惩，面临异域生存发展的种种未知因素，因此，移居海外之人最需要祈求神仙保佑海上交通平安，子孙在外平安并不断繁衍生息。妈祖、南海观音等海洋宗教信仰产生于这种现实需求，并随着移民规模的扩大，移民在家乡和所在国之间的频繁往来，信众日益增多，影响范围日益扩大。

移民将这些信仰带到所在国，并将其发扬光大，通过子孙后代传承，同时向土著推荐介绍，促进中国民间信仰在国际上的传播。19 世纪以后，可以说凡是有华人生活的地方，往往都有妈祖信仰。妈祖庙随着华人足迹遍及全球，包括东南亚以及日本、美国、加拿大乃至法国、丹麦、巴西等地，累计有 1 500 多座。

由于东南亚是华人移民的主要地区，妈祖信仰在当地得到广泛传播。在泰国曼谷有七圣妈祖庙、天后宫主祀妈祖，洛坤等地建有天后宫、天后庙。在缅甸，创建于 1838 年的丹老天后宫是缅甸华侨最早建立的庙宇，由当地华侨社团共同管理，后经四次重修，如今已成为缅甸四大古庙之一。越南会安的天后宫至迟在 1741 年就已经存在。在新加坡，1810 年即在天福宫设立妈祖祭坛，1841 年扩建后，主祀妈祖。一些华侨会馆和社团，如宁阳会馆、琼州会馆、永春会馆、三和会馆、福建林氏九龙堂、电船公会等，也祭祀妈祖。在马来西亚，1673 年，由华侨郑芳扬倡建的青云亭主祀观音，在右侧供奉妈祖。据统计，在马来西亚有天后宫 35 座。其中，建于 20 世纪 80 年代的吉隆坡的天后宫，建筑宏伟，规模宏大，是众多庙宇中比较突出的，为当地重要的旅游胜地。在印度尼西亚，1751 年即建立雅加达天后宫，后经历多次重修，并改称为女海神庙。如今，祭祀妈祖的庙宇遍及印度尼西亚各大岛屿。菲律宾的妈祖庙早在 1572 年就已经出现，为福建海商所建。到 20 世纪 60 年代，菲律宾华侨华人奉祀妈祖的天后圣母庙或妈祖庙有 100 多座，甚至连描东岸省的天主教堂内也供奉妈祖神像。

东南亚华侨华人信仰妈祖，主要祭祀方式为进庙焚香礼拜。这种祭祀活动是经常性的。在每年农历三月二十三日妈祖诞辰和九月初九妈祖升天之日，还要举行隆重的祭祀活动。这两次活动不限于焚香祈福，还要抬着妈祖神像游行，并伴有舞龙舞狮、旱船高跷、杂技唱戏等活动，充满节日的氛围。除祭祀、庙会外，妈祖信仰中一项重要内容是在航海途中进行祭拜。海外移民远离故土，漂洋过海赴异国他乡谋生，为顺利渡过惊涛骇浪，最需要在海上祈求妈祖的保佑。在航行中，他们在船上供奉妈祖。据荷兰学者包乐史记载，福建籍华侨在前往东南亚之前，先从船尾的神龛出发，用轿子抬着妈祖神像到达妈祖神庙，祈求保佑的祭拜仪式结束后，再用轿子抬着妈祖神像回到船上，然后在锣声和鞭炮声中扬帆起航。1549 年，葡萄牙人沙勿略在马六甲乘坐一艘中国帆船时，就见到了中国船员祭拜妈祖的情形。他在给友人的信中写道："妈祖婆也叫天妃，船上的人对她的敬礼很勤，每天一早一晚的，总要用高香长烛在她的像前燃着，遇着非常的事故，还要用一种占卜的方法，请求她指示。"

祭祀妈祖的场所，还为华人的社会交往提供了重要场合。东南亚国家祭祀妈祖的场所，多用于增进同乡情谊、互通经济政治信息、举办慈善活动、推动华文教育等。共同的信仰和沟通交往的场所，成为华人社会凝聚力的重要组成部分，周期性的祭祀活动不断唤起华人的文化和族群意识。除妈祖信仰外，我国的精卫填海、八仙过海、徐福东渡等海洋神话，祭海、观海潮等习俗，也被移民带至所在国，扩大了我国海洋文化的影响。

三、海外移民推动中外海洋文化交流

海上丝绸之路是古代中国与外国交通贸易和文化交往的海上通道，形成于秦汉时期，繁荣于唐宋时期，转变于明清时期，是中国海洋文化中宝贵的非物质文化遗产。

海外移民参与了海上丝绸之路的形成和发展。在海上丝绸之路形成和发展过程中，中国的商人、水手是这条繁忙航线上的主人，他们中的一些人或因等待季风，或因建立贸易网点，或因落难，在东南亚等地生根发芽，成为海外移民。明朝以来，由于海洋经济社会的发展，沿海地区人多地狭的矛盾日益突出，中国移居东南亚的人数不断增多，并在占城、吕宋、爪哇的新村和旧港等地形成华人社区，成为海上丝绸之路上的贸易中转站或货物集散地。郑和下西洋的船队多次在这些城市停靠，并招抚流亡海外的势力，考察华人社区。在当前我国新一轮对外开放的浪潮中，海上丝绸之路已成为我国与沿线国家联系历史、开辟未来的宝贵文化遗产。

2013 年 10 月，习近平在印度尼西亚国会发表题为《携手建设中国—东盟命运共同体》的演讲，提出"共同建设 21 世纪的'海上丝绸之路'"。"21 世纪海上丝绸之路"倡议的提出，是我国新时期对外开放的重要决策，必将对我国对外经济合

作产生深远影响。

在对外交往中，海外移民促进了中西方海洋文化的交流互鉴。明朝以来，随着中国向东南亚移民的人数增多，西方势力东渐，中西方接触和交往明显增多。在海外移民的中介作用下，中国逐步了解了西方国家的一些情况，如他们在东南亚建立的据点、开采矿产的情况、对外贸易的情况等。据《明史》记载，1603 年，明朝政府误认为菲律宾有银山可采，派张嶷等人前往察看，引起西班牙殖民者的猜忌。西班牙殖民当局在马尼拉屠杀华侨 2 万余名。万历皇帝得知后又惊又怒，下旨福建巡抚治罪吕宋的西班牙殖民统治者。福建巡抚徐学聚称，"吕宋本一荒岛、魑魅龙蛇之区，徒以我海邦小民行货转贩，外通各洋、市易诸夷，十数年来致成大会；亦由我压冬之民教其耕艺、治其城舍，遂为隩区，甲诸海国。此辈何负于尔！有何深仇遂至戕杀万人！蛮夷无行，负义如此，曷逭天诛"[①]。这说明，在明朝晚期，对于西班牙在菲律宾开采矿产、殖民压迫的基本事实，明政府在一定程度上是了解的。只可惜后来清政府进一步收紧闭关锁国政策，沉睡在"天朝上国"的美梦中，对西方势力东渐和周边国家情况不管不问，甚至闹出不知英国在何方的笑话。

在以海外移民为媒介的对外交往中，明朝中后期，中国先后引入了西方国家带到东南亚的一些作物品种，如甘薯、玉米、花生、烟草、辣椒等。海外移民往来于所在国和家乡，将当地的高产作物引入内地，这些作物经华南地区逐步向北方地区推广栽种。到清朝时期，由于高产作物的引进，土地能养活更多的人口，中国人口由明朝时期的约 1 亿人骤升至鸦片战争前夕的约 4 亿人。此外，在中国国门被打开之际，海外移民还为中西方沟通谈判提供翻译等支持。

为数众多的华侨华人是中国联系世界各国的纽带，也是中外海洋文化交流的使者。他们穿针引线，通过开展各种形式的活动，促进中外海洋文化的交流。他们将中国的海洋民间信仰在国外发扬光大，将中国的海洋民俗推广到国外，并积极参与

---

① 出自明朝徐学聚《报取回吕宋囚商疏》。参见陈子龙等：《明经世文编》第六册第一分卷，中华书局，1962。

国内的各种涉及海洋的文化节活动。同时，他们还积极宣传中国发展海洋事业的政策和理念。近年来，中国提出了建设海洋强国的战略目标，加强海军建设，加大了维护海洋、海岛主权的力度。西方国家和周边一些国家散布"中国威胁论"，重弹"强国必霸"的老调。全球华侨华人利用自身创办的报纸、杂志等载体，积极介绍中国发展海洋事业的成就，宣传中国走和平发展之路、构建和谐世界的理念，在一定程度上减轻了"中国威胁论"的消极影响。

第二节　发掘海外移民力量推进海洋强国建设

一、海外移民是海洋强国建设不可或缺的力量

在海洋强国建设中，需统筹考虑，将海外移民因素纳入海洋发展战略中，充分发掘海外移民在海洋强国建设中的地位和作用，利用海外移民的力量推动海洋强国建设。

一是深入发掘海外移民在中国海洋文化发展史中的作用。涉海院校和科研单位进一步梳理海外移民历史，发掘海外移民在中国海洋精神形成、海洋哲学、涉海宗教民俗及文化艺术中的作用。相关部门可结合 21 世纪海上丝绸之路的建设规划，组织专家力量考察和整理有关史料，梳理海外移民在航路开辟、古港口建设、贸易往来等方面的作用，配合落实 21 世纪海上丝绸之路建设。与有关国家开展合作，发掘郑和下西洋、华人早期社区等遗迹，并进行相关文物保护。

二是凝聚新时代中国海洋精神，增强全民海洋意识。海外移民是中国海洋精神的重要代表群体，建议将其精神进行提炼并纳入新时代中国海洋精神建设，结合海洋强国战略，形成较明确的海洋精神。海外移民身上的不畏艰险、开拓进取、包容、变通等精神应是新时代中国海洋精神的重要内容。通过建设海外移民博物馆、

举办世界华人海洋论坛、拍摄纪录片等方式，引导海外移民积极宣传海洋文化，全面增强我国民众的海洋意识，包括海洋国土意识、海洋资源意识、海洋权益意识和海洋安全意识等。与海外移民进行的教育捐赠相结合，引导学校邀请涉海著名人士开展活动，加强对青少年的海洋文化教育，进一步推动中国海洋意识的觉醒。

三是积极吸引海外华人资本投资海洋文化产业。海外华人资本是中国经济社会发展的重要资金来源，尤其是改革开放以来，海外华人资本是中国引入外资的重要组成部分，为国内现代化建设作出了突出贡献。海外华人资本在东南亚、北美等地区拥有举足轻重的地位，中国大力发展海洋产业，同样应重视海外华人资本的引入。通过招商引资、举办论坛、提供信息服务等方式，鼓励华人优秀企业投资海洋文化项目，形成海洋文化产业链，达到良性循环。

四是发扬中国海洋民俗文化。适当引导海外移民发扬中国海洋传统文化。举办纪念妈祖等活动，号召全球华侨华人积极参加，介绍妈祖文化的精髓，增强海外华人的凝聚力和认同感。鼓励海外华人在尊重所在国法律法规和生活习俗的基础上，介绍中国的妈祖和南海观音等海洋信仰。通过华人所办的学校、报刊等载体，介绍中国的海洋民俗文化，如祭海、观潮、以海为田等。

五是引导开展中外海洋文化交流。充分发挥华侨华人在中外文化交流中的使者作用，鼓励他们开展各种形式的海洋文化交流，将各国海洋建设战略、政策法规、传统文化等介绍到国内。吸引海外移民参加中国各种海洋文化活动，共同开展海洋学术座谈。在中国的境外落地电视节目中，适当增加海洋文化内容，积极介绍中国开拓海洋的历史、中国发展海洋事业的政策和实践等。引导全球华侨华人关注中国海洋事业发展，以事实驳斥西方有关"中国威胁论"。

2014年6月6日，习近平在会见第七届世界华侨华人社团联谊大会代表时发表讲话，指出：在世界各地有几千万海外侨胞，大家都是中华大家庭的成员。长期以来，一代又一代海外侨胞，秉承中华民族优秀传统，不忘祖国，不忘祖籍，不忘身上流淌的中华民族血液，热情支持中国革命、建设、改革事业，为中华民族发展壮大、促进祖国和平统一大业、增进中国人民同各国人民的友好合作作出了重要贡献。祖国人民将永远铭记广大海外侨胞的功绩。当前，中国人民正在为实现"两个一百年"奋斗目标、实现中华民族伟大复兴的中国梦而奋斗。在这个伟大进程中，广大海外侨胞一定能够发挥不可替代的重要作用。中国梦是国家梦、民族梦，也是每个中华儿女的梦。广大海外侨胞有着赤忱的爱国情怀、雄厚的经济实力、丰富的智力资源、广泛的商业人脉，是实现中国梦的重要力量。只要海内外中华儿女紧密团结起来，有力出力，有智出智，团结一心奋斗，就一定能够汇聚起实现梦想的强大力量。

中国海外移民历史悠久，影响深远。海外移民作为一个特殊的移民群体，在所在国以及国际舞台上发挥着重要作用。因此，有效借助海外移民力量发展中国海洋事业、建设海洋强国，意义重大。必须团结海外移民，调动海外移民力量，维护中国的海洋权益：在政治方面，可以借助海外移民力量，维护与海上邻国的友好关系，化解海洋权益争端；在经贸方面，引入海外华人资本，共同发展海洋经济；在生态方面，吸引海外华人关注和投入，共同开展海洋科技研究，保护海洋生态；在舆论方面，利用海外移民媒介，传播中国海洋文化。国内的相关政府部门可以牵头，联系海外移民或国内民间企业、民间团体和个人，联合设立海外移民合作与研究基金，着重开展海洋文化、国际海洋法和海洋科技的研究，协调解决海外移民的一些实际问题，同时以各种形式和手段，促进海外移民与祖国的交流，巩固和增强海外移民对祖国的认同感。

二、加强海外移民与建设海洋强国之间关系的研究

发掘海外移民力量推进海洋强国建设，迫切需要加强海外移民与建设海洋强国之间关系的研究。这样可实现"三个有利于"。

一是有利于弘扬海外移民开拓海洋的精神，增强全民海洋意识。增强全民海洋意识，形成新时代中国海洋精神是海洋文化强国建设的必然要求。海外移民是中国

海洋传统文化形成的推动力量，是中国海洋文化的重要组成部分。海外移民远渡重洋、披荆斩棘的过程是中国海洋精神的集中体现。他们不仅冒着生命危险，从事远洋贸易和文化交流，还在移居海外后与当地居民互融互通，生根发芽，保持和发展中国文化。为增强全民的海洋意识，形成新时代中国海洋精神，需充分重视和挖掘海外移民的历史，大力弘扬海外移民身上的宝贵精神。

二是有利于引入海外华人资本，大力发展海洋产业。海洋强国建设要以海洋产业为支撑。改革开放以来，海外华人资本是中国引入外资的重要组成部分，为国内现代化建设作出了突出贡献。海外华人资本在东南亚、北美等地区拥有举足轻重的地位。海洋产业涉及面广，属于新兴第三产业，要积极引入海外华人资本和技术，鼓励华人企业投资海洋产业，如海洋旅游区建设、海洋民俗业、涉海艺术业等。

三是有利于吸引海外移民积极参与、加强海洋文化研究。海洋文化研究为海洋强国建设提供源源不断的智力支持。海外移民不仅人才济济，而且对各国海洋事业发展情况有着更直观、更深入的了解。加强海洋文化研究，离不开广大海外侨胞的积极参与。海外移民中的涉海人才，是海洋科研院所可考虑引进的力量；海外移民的建言献策，对于海洋健康发展不可或缺；海外移民对海洋文化历史的了解和深入发掘，对以建设海上丝绸之路为契机，大力发展海洋强国事业具有特殊的作用。

第三篇

海洋强国与“一带一路”

第十四章
经略南洋与"一带一路"建设新机遇

第一节 经略南洋是实现
海洋强国和民族复兴的必由之路

一、经略南洋是国家崛起伟大进程中必须完成的作业

"一带一路"是以习近平同志为核心的党中央为实现中华民族伟大复兴的中国梦提出的伟大构想。而"一带一路"的五条线中,有两条必经南洋,其余三条虽在西部和南部广阔的陆地,但与必经南洋的两条线互为依赖,中国实现海洋强国、民族复兴的目标,都离不开对南洋的经略。

中国自古有三洋之说:东洋、西洋、南洋。中南半岛以西的印度洋为西洋,大陆以东的太平洋为东洋,南洋则指的是南中国海及包括整个东南亚在内的广大区域。南中国海与印度洋相互依恃、互为表里,构成完整的地缘空间。

南洋之于中国犹如加勒比海之于美国、地中海之于欧洲。失去南洋战略咽喉,必然难以角逐于印度洋,不远赴印度洋,必然困死于东亚,成不了真正意义上的大国。汉武帝即位不久就受到强大草原帝国匈奴的威胁。汉武帝对卫青说:"汉家庶事草创,加四夷侵凌中国。联不变更制度,后世无法;不出师征伐,天下不安。"汉朝因此制定了经略河西走廊的宏大国策,迭经苦战,彻底击败匈奴,从而获得了和平的发展环境,开辟了一个广为后世称颂的新时代。当前,中国正面临民族复兴的关键时刻，经略南洋，犹如汉朝与匈奴之争河西走廊，得失成败直接关系着国家兴衰安危，关系着中国未来的历史地位。

经略南洋就是拥抱大海。中国的国家特性正在从以传统农耕（黄色）文明为根基的社会向以海洋为基础的社会转变。国家特性转变不是简单的改朝换代，而是国家治理观念的变革。所谓海洋精神，并不仅指自由贸易和冒险进取，更深刻的内涵体现在法律层面和政治层面。中国面向海洋的过程，恰恰是一个民族国家重建的过程。

二、南洋问题的实质是中国崛起的大战略问题

一个国家的崛起是一部战略杰作，没有足够清晰、系统和连贯的大战略思想，就不可能有这部杰作的诞生。中国历史上不乏大思想家、大军事家，但难有跨越几代人的长久性的大战略。中华人民共和国成立70多年来，我们缺乏稳定持久的大战略，这既有外部战略环境多变的因素，也有内部战略判断上的失误。在战争时期，对手往往帮助我们决策，而在和平时期，主要靠自己判断。战略决策风险与代价，往往延宕一代人或几代人才能显现，更需要有超越自身局限的智慧。"胜人者力，自胜者强。"战略决策无疑是自胜的过程，真正的战略权衡是一种大历史尺度，需要突破现实的局限性，既要有大视野，也要不为眼前浮名所遮挡。真正的战略收获不在当下，而在未来。

拥有大气魄方能制定大战略。我们民族伴着土地而生，没有大海一般宽广的胸怀，没有大胸怀何来大气魄。即便走向大海，眼光也要越过大海。大胸怀和大气魄必然会带来战略制定时的大手笔。经略南洋，非得从大处入手，吞天吐地，才有可能成功。比如中南半岛应当明确作为我们的后院加以经营，南洋战略优势的内涵不仅包括制海权优势，还包括制陆权优势。进入中南半岛，就是利用制陆权优势改变制海权劣势，用地缘经济改变地缘政治，再塑造地缘军事。

大战略需要大意志来支撑，足够强劲的坚毅的意志力是政治家胸怀、视野、力

量的展示。大国崛起是跨越几代人的大事业，需要有连贯持久的坚韧意志。南洋争端必将是一场持久的战略较量，意志力是决定较量结果的根本因素。现在中国有着令人敬畏的经营战略成功的历史，也有着实施战略所需要的坚韧意志，这是一笔丰厚的遗产。

当前，国际格局又达到一个大变革的临界点，这极有可能给中国带来一个新的战略机遇期，能否抓住这一战略机遇期并开创于我有利的局面，将真正考验我们的战略智慧和战略意志。

第二节　抓住"一带一路"建设机遇，开辟经略南海新局面

一、当前的南海问题应放在五大新背景下来观察

对建设海洋强国和实现中华民族伟大复兴来说，南海从未像今天这样重要。近年来，有关南海的重要性问题已经形成共识。过去对南海重要性的探讨主要集中在主权、海洋权益、海上通道、海洋资源等问题。经略南海推进"一带一路"建设须注意以下几点：第一，经过40多年改革开放，中国的国家利益已经大大拓展。这里的国家利益，不仅指本土利益，还包括海外利益；不仅指陆地利益，也包括海洋利益和太空利益；不仅指有形的、看得见的利益，也指无形的、看不见的利益。第二，今天中国的国际地位大大提升。第三，"一带一路"的构想已经开始全面实施。第四，中国对国际社会的责任大大增强。第五，中国在21世纪要成为海洋强国，还要成为世界强国。

认识南海除了传统意义上主权、海洋权益、海洋通道、海洋资源等方面以外，还需注意以下四点：第一，应当看到南海是我国半封闭海中最大、最深的海域，这

意味着如果失去南海，海上强国就是一句空话。第二，南海是我们突破战略围堵和共建"一带一路"最重要的海域。"一带一路"五条线中有两条经过南海和东南亚，与其他三条线相辅相成，这两条线打不通，"一带一路"就没有了支撑点，也就无法真正建成。第三，从军事上看，南海是我们实施海上方向战略防御和运用海基战略力量最重要的海上阵地。第四，南海是强国在军事部署上相对薄弱而我们易于掌握力量优势的海域。

二、以西沙和南沙岛礁扩建为契机破解国家安全困境

西沙和南沙岛礁的扩建是一项具有划时代意义的重大举措，体现了大国领导人的历史担当和恢宏气魄，也展现了我国建设海洋强国、实现中国梦的决心意志。这样一项工程，打开了"以我为主、经略南海"的南海新局面。

新建的岛礁，包括民用和必要的防御体系，不仅服务于国际社会，也将对南海地区形成压倒性优势，不仅有力宣示我南海主权，遏制周边国家抢占南海岛礁的混乱局面，结束我国在南海长期战略守势和被动维稳的时代，同时也为治乱局、破困局、构新局奠定坚实的基础。所以，西沙和南沙岛礁的扩建打通了我们连通两洋、走向世界的海上战略通道，也撬动了我们在南海及亚太地区大国博弈、变被动为主动的新棋局，使得中美在这一地区的攻守态势发生易位，增加了中国与其他大国谈判的筹码，也使得我们有了邀约大国进行战略对话的新平台，改变了多年来由美国等西方国家设置战略议题的被动局面。

总而言之，中国在南海的岛礁扩建是一项大手笔，也是一项凝心聚气、继往开来的壮举，既具有持久的政治影响力，也积蓄了巨大的战略财富。正是有了这项举措，多年来我国的安全困局才有了明显改善。

三、经略南海必须紧紧围绕"一带一路"建设

21 世纪海上丝绸之路的重点方向是从中国沿海港口出发经南海到印度洋再延

伸到欧洲,从中国沿海经南海到南太平洋。通过两洋、谋划两洋、经营两洋,这是经略南海的战略基点。南沙岛礁的扩建,并不仅仅是为了几个岛礁,更重要的和长远的在于"一带一路"构想的顺利推进与实施。经略南海应该与经营东南亚一体布局,与经略印度洋相衔接,还要与东海、台海方向的主权斗争统一筹划。

南海岛礁的扩建改变了南海地缘政治生态,同时也改变了南海周边一些国家的心态。可以看到,一些国家对中国的疑虑加深,希望借助美日之力平衡甚至遏制中国,也看到一些国家对中国的恐惧加深,不敢公开得罪中国。这两种倾向都可能影响甚至降低周边国家对中国的信任度,这是中国当前面临的一个新挑战。破解这一挑战的唯一出路就是高举"一带一路"大旗,积极营造求大同、存小异的战略环境,用"一带一路"的"大同"包容南海争端的"小异",努力维局控局,既维护岛礁扩建的既得成果,又竭力避免周边一些国家疏远中国。为此,应在共建"一带一路"的框架下加快与南海周边国家的务实合作和共同开发的步伐。例如,把打造命运共同体这一问题进一步清晰化、政策化、可操作化,同时在与南海周边国家提出新的共同开发方案的时机已经逐渐成熟的情况下,加快促成新的共同开发方案等。

第十五章
充分认识海洋强国和"一带一路"建设

第一节 从人类命运共同体的
高度认识"一带一路"建设

一、提出"一带一路"建设的三点背景

2013 年 9—10 月，习近平提出关于建设丝绸之路经济带和 21 世纪海上丝绸之路的倡议，引起了国际社会的广泛关注和有关国家的积极响应。"一带一路"倡议的提出有以下三点背景：

一是当今世界正在发生深刻复杂的变化，各国面临的发展问题依然严峻，迫切需要秉持开放精神，开展更大范围、更高水平、更深层次的区域合作，共同打造开放、包容、均衡、普惠的区域经济合作架构，推动区域内要素有序自由流动和优化配置。

二是互联互通、合作共赢成为时代最强音，共建"一带一路"致力于亚欧非大陆及附近海洋的互联互通，建立和加强沿线各国互联互通伙伴关系，构建全方位、多层次、复合型的互联互通网络，实现沿线各国多元、自主、平衡、可持续发展。"一带一路"的互联互通项目将推动沿线各国发展战略的对接和耦合，发掘区域内市场的潜力，促进投资和消费，创造需求与就业，加强沿线各国人民的人文交流与文明互鉴，让沿线各国人民相逢相知，互信互敬，共享和谐、安宁、富裕的生活。

三是世界多极化、经济全球化、社会信息化、文化多样化成为时代潮流,共建
"一带一路"将顺应这一潮流,有利于促进经济要素有序自由流动、资源高效配置
和市场深度融合,推动沿线各国实现经济政策协调,维护全球自由贸易体系和开放
型世界经济。

"一带一路"是放眼全球,用世界意识、国际眼光审视当代世界经济社会发展
变化趋势而提出的一种构想,秉持和平合作、开放包容、互学互鉴、互利共赢的理
念,以"五通"(政策沟通、设施联通、贸易畅通、资金融通、民心相通)为主要
内容,全方位推进务实合作,打造政治互信、经济融合、文化包容的利益共同体、
责任共同体和命运共同体。共建"一带一路"符合中国和国际社会的根本利益,
彰显人类社会共同理想和美好追求,将为世界和平发展增添新的正能量。

二、"一带一路"建设的深刻内涵

习近平在 2014 年、2015 年的一系列重要讲话中已经就"一带一路"的内涵作
了阐述。也就是他所提出的建设利益共同体、责任共同体、命运共同体,特别是建
设亚洲命运共同体、人类命运共同体。这是"一带一路"构想的真正内核和深刻
内涵。这是一个宏大的构想,是一个具有光明前景的愿景,体现了中国人的博大胸
怀和对世界的责任感。

关于命运共同体,现在还缺乏一个具体、全面、系统的理论阐释。实际上,关
于亚洲命运共同体,已经有了一个相对较为系统的框架。这就是以推动亚洲经济融
合、深化亚太区域经济合作、造福亚洲人民为核心的亚洲繁荣观,以和而不同、以
人为本、讲信修睦、平等包容为核心的亚洲价值观,倡导共同、综合、合作、可持
续的亚洲安全观,以构建战略支点为支撑,以亚洲安全观、亚洲繁荣观和亚洲价值
观为抓手的亚洲战略。

要打造政治互信、经济融合、文化包容的利益共同体、责任共同体和命运共同
体。构建命运共同体,必然涉及政治、经济、文化、社会、安全、生态等各领域,

最深刻、最核心的基础是民心相通，是文化认同，是共同价值观和共同道义追求。民心相通更重要的是要通过人文、文化交流来促进、实现。

三、分析"一带一路"建设要注意两个问题

一是"一带一路"建设是愿景和行动、构想、倡议，而不是战略。因为这个构想不是中国自己的一厢情愿，而是中国与沿线各国共建、共享的一种倡议，不是单向的，而是双向的，是致力于维护全球自由贸易体系和开放型经济体系，促进沿线各国加强合作、共克时艰、共谋发展而提出的构想，是一个向世界提供的"全球公共产品"。因此对这个构想的研究和推进，一定要充分了解、研究沿线各国的状况、想法和发展战略，以实现战略对接和耦合。现在有些研究文章片面强调我们自己的"战略"需求，而没有突出共商、共建、共享的理念，容易使其他国家产生疏离感和增加猜忌、疑虑，实际上也背离了提出这一倡议或构想的初衷。

二是"一带一路"建设绝不仅仅是一个经济发展、经济合作的构想。现在无论是理论阐释，还是推进建设的规划方面，都十分重视具体的经济合作项目，这当然无可指摘，因为"一带一路"建设的一个很大特点是它不仅是口号和设想，还是中国与各国合作的实实在在的建设，是以具体项目为重要支撑的。但是，这绝不意味着这一构想仅仅着眼于经济，仅限于经济合作。需要从更高的境界、更宽广的胸怀、更宏观的视野来认识和阐发这一构想的重大意义和丰富内涵。大家应注意到，"五通"中的民心相通是最重要也是最基础的一个目标。

第二节　充分认识"一带一路"建设的愿景和规划

一、充分认识"一带一路"建设的重大意义和全面开放性

"一带一路"是统筹国内国际两个大局、统筹陆权和海权的大倡议、大构想，

意义重大。"一带一路"是合作共赢理念的重要体现，是价值观层面和理念层面的构想，也是中国梦的战略支撑，更是中国满足自身发展需求、推动区域合作以及维护世界和平的重大贡献和重要举措。

"一带一路"是合作共赢理念的体现，不是中国一家的"独奏曲"，是世界各国的"协奏曲"。之前有媒体炒作"一带一路"只限定于个别国家。实际上，"一带一路"是世界性的，不是中国要谋求势力范围，而是要世界各国寻求共同发展的倡议。共商、共建、共享原则体现了全面开放性，是对外开放的最大布局，要坚定不移地坚持这一原则。

研究发现，在"一带一路"建设过程中出现单方面推进的倾向。要与有关国家共商、共建，体现全面开放性。我们多次强调，任何国家只要认同这个理念都可以加入"一带一路"建设。

二、充分认识"一带一路"建设的指导原则和布局重点

推进"一带一路"建设的关键是落实。在落实中要秉持政府引导、企业主体、市场运作原则。政府要发挥引导作用，提供信息，创造良好的条件和环境，对外签署投资、保护、贸易便利和签证便利等一系列协定。外交部按照中央部署签署很多签证优惠安排协定，开通"12308"领事保护热线，配合"一带一路"建设。外交部提供坚强的领事保护，也承担"一带一路"沿线安全风险防范的重要任务，驻外使领馆及时提供有关国家的安全风险信息服务和研究服务。企业要发挥主体作用，这是关键。企业包括国有企业和民营企业。国有企业是主力军，民营企业是生力军，两军并重，共同推动"一带一路"建设。此外，要按照市场规律运作。印尼的高铁项目完全是按照市场规律取得的成果，我国通过与日本的激烈竞争赢得该项目。这是"一带一路"建设重要的早期收获，希望能成为标志性项目，对亚洲乃至全世界推进"一带一路"建设产生良好的示范效应。

从大构想来讲，互联互通和国际产能合作是"一带一路"建设的两大支柱、抓

手和重点。在"五通"推进过程中，不仅要重视硬联通，更要重视软联通。重视软联通就是要重视人文、精神和价值观层面的交流，通过教育、培训和文化项目推进人心相通。人心相通是最高层次的、最有价值的相通。不能把"一带一路"建设简单地看成是基础设施项目。

第三节　"一带一路"建设的文化经济学

一、"一带一路"是沙与海的交响曲

"一带一路"就是沙与海的交响曲，沙是指丝绸之路经济带，海是指21世纪海上丝绸之路。从这个概念出发，"一带一路"的内涵就是互联互通，实现中国陆上优势与海上优势的互联互通。这是"一带一路"最核心的内涵。

"一带一路"沿线不仅是机遇，而且伴随着很多风险。海上丝绸之路建设，除了要有海洋维权意识，还要有海洋资源意识、海洋生态意识、海洋风险管控意识等。海洋意识告诉我们，海上水深浪急的地方恰恰是产好鱼的地方，那里确实风险很大，但是也有很多意想不到的财富，关键在于我们自身是不是准备好了，在准备的过程中，首先要防止资源的碎片化和断裂化。

"一带一路"有四个主体，一是政府，包括中央政府和地方政府，中央政府和地方政府不对接，"一带一路"是做不成的。二是企业，包括中央下属的企业，还有众多民营企业，这是两个轮子，需要同步驱动，一快一慢都不行。三是专家学者和智库。四是媒体，要把"一带一路"的故事讲清楚、讲好。四大主体同步驱动需要资源的整合。

二、"一带一路"建设的几个痛点

做好"一带一路"建设需要打通几个痛点。

一是中国西部人才短缺。二连浩特离北京只有 600 千米，是西部的一个重要城市，户籍人口只有 2.7 万人，全市总人口 5 万人。新疆的阿拉山口，是中欧班列汇集的地方，全市人口只有 1.1 万人，户籍人口只有 5 000 人。这些地方都很需要人才。

二是重资产项目多，轻资产项目少。"一带一路"2015 年重资产项目远远多于轻资产项目，所以给国际社会的观感就是重资产项目多，比如瓜达尔港、科伦坡港、中巴经济走廊、中俄西线管道项目以及核电、高铁项目都是重资产项目。但是，重资产项目也有一些劣势，投资大，风险大，周期长。所以，我们也需要一些轻资产项目。

三是重卖不重买。一讲到"一带一路"就会想到卖产品，实际上，我们也需要把一些东西买回来甚至是请回来。中国今天真正需要的是什么？是能源、市场份额、技术、标准、人才，还是话语权？所以，目的一定要清楚，不然会有一大批企业倒下。软实力是目前中国企业"走出去"和"一带一路"建设中最大的软肋。社会责任、品牌建设、文化价值的融入，很多时候，恰恰是这些非市场风险制约了中国的发展，"走出去"的企业失败的原因往往也是非市场风险——文化、宗教、劳工标准，甚至工会关系等。在"一带一路"建设过程中，中国企业不仅要"走出去"，也要"引进来"，在"走出去"的同时，着重做好品牌建设、文化建设、劳动关系建设等软实力建设。

"一带一路"，有人认为要从地缘政治学角度去剖析，也有人认为从政治经济学角度去剖析，但我们更应做的是从文化经济学角度去剖析。

什么叫文化经济学？我们在"走出去"的过程中要想赢得其他国家和地区人民的尊重，就要学会读心、暖心、攻心，既要赢得经济的共赢，也要引起文化的共鸣。其实，这一点我们在 2 000 多年前就做到了，那时外国人来中国，不是因为我们修了一条路，而是因为我们先进的产品、文化理念吸引他们一步一步走到了中国。

第十六章
深入研究海洋强国和"一带一路"建设

第一节　开展国家海洋战略
和"一带一路"建设课题研究

一、建议加强中国特色海洋强国理论研究

从海洋强国和"一带一路"建设研究现状来看，出现很多专著，研究方向多样，如国家利益、世界格局等；在国家层面，中央海权办牵头制定国家海洋战略。当前是中国形成国家战略意志和战略未来方向的重要时期。中国特色社会主义道路有自己的理论和理论体系，但是目前中国特色的海洋强国理论研究相对缺乏。理论研究是党校的优势，若能进一步阐明，为国家研究、未来在理论方面作出指导是非常必要的。例如，中国的海洋利益是什么？目前中国利益遍布世界各地，对内对外投资基本持平，中国利益与世界利益高度融合。如何划分国家利益、核心利益、重要利益、一般利益？比如岛礁。所有岛礁都是中国的核心利益吗？可能未必。东海和南海的情况是不一样的。要认清中国的海洋核心利益，南海一定是核心利益。另外，中国的海洋观是什么？海洋观是以海洋利益为基础的，中国的海洋观目前主要是从自身利益的角度来说，而英美等国主要是基于贸易发展、安全秩序以及提供公共产品的角度。同时，也要围绕中国海洋观，澄清建设海洋强国和"一带一路"是什么。围绕世界海洋秩序的语境，中国如何看待国际秩序。中国要遵循习近平提

出的"三个共同体",从世界语境的角度来说,阐明对世界未来格局的理解以及中国的国际责任和国际义务,这样才能有共鸣、有朋友、有伙伴。中国利益要与他国利益更紧密地连接在一起,要从理论上有所突破。

二、海洋强国和"一带一路"建设研究的两个方向

一是北部。北部是中国相对薄弱的方向。冷战时期,在北部条件不具备,而现在条件具备了,尤其是中俄关系的改善。未来,中国在日本海要有立足点,即打通图们江出海通道。目前,国家有关部委已经考虑在图们江地区通过俄罗斯打通出海通道,紧密连接"一带一路",将经济优势逐渐转换为未来的政治经济优势。现在俄罗斯和中国也在谈如何利用北极通道对接海上丝绸之路。这是一个非常好的时机。若仅就打通出海通道问题可能很难与俄罗斯在北部地区达成一致;若与北冰洋通道结合、与中俄利益对接,则有很大希望解决这一问题。在图们江地区,中国未来的经济存在,就可以转换为安全诉求和军事存在,很重要的地方在于牵制日本,制止日本联合东海和南海周边的一些国家对中国进行围堵。

二是南部。南部是中国建设海洋强国的主攻方向,是国家的核心利益所在。中国要"走出去",要实现"一体两翼""一海两洋"战略,南海是根本。南部是中国经营的重中之重,是海洋强国和"一带一路"的重点建设地区。要把中国经济优势逐渐通过海洋强国和"一带一路"转换成地缘政治优势。建议考虑以南部沿海为主构建蓝色经济带,以陆海经济为主要优点、以南沙大开发为主构建中国地区经济优势。福建、广东、广西和海南的 GDP 与南海周边国家相近,再加上陆海统筹,内陆相关省份通过南部沿海"走出去",实际 GDP 已经超过南海周边国家。从国家整体布局来看,北部有京津冀,中部有长江经济带,南部若打造蓝色经济带,北、中、南就形成了良好布局。南部经济带的重点是对地区形成辐射,是地区战略、资源、贸易乃至支撑海洋强国和"一带一路"建设的总体基础。南沙聚集了良好基础,特别是岛礁建设。下一步要考虑利用南海开发真正实现共同开发。军事

发展非常必要，但是目前更重要的是中国经济优势和地缘政治优势转换为军事优势，在油气开发、航运和搜救等方面，站在道义制高点，真正与其他国家合作共赢、缓解争端。

第二节 研究海洋强国和"一带一路"建设的方法论

一、研究海洋强国和"一带一路"建设的"六个结合"

海洋强国和"一带一路"建设的重大意义和深厚内涵的理解、发掘和阐述，可辩证地概括为六个方面的有机结合：

一是国家治理思维方式从传统的自然经济思维转向现代的社会主义市场经济思维，基于市场经济思维，将国家治理与区域治理、全球治理有机结合。

二是推进国家经济发展与构建国家政治、经济和国际关系方略有机结合。"一带一路"格局是中国向国际市场拓展经济发展的思路，也是国家在世界政治经济格局中的国际政治和国际关系方略，是国家政治经济发展定位与西向发展、南向开通、北向开拓的交叉结合。

三是捍卫国家主权独立和领土完整，维护国家、企业和公民在世界范围内的正当权益，必须大力推进本土国家利益与海外国家利益的有机结合。

四是中国要发展成为负责任的世界大国和强国，强化国家主权在区域治理和全球治理中的影响力，构建公正合理的国际政治经济秩序，实现和平发展和合作共赢，必须推进陆权与海权的有机结合、陆权主张与海权主张的有机结合。

五是国内发展和国际发展在战略与理念上有机结合。海洋强国和"一带一路"建设的格局内含新的历史时期国家的总体发展理念。党的十八届五中全会提出新发展理念，这一理念将会进一步引领海洋强国和"一带一路"建设的落实。党的十八届五中全会提出的创新、协调、绿色、开放、共享发展理念,与"一带一路"倡议中的共商、共建、共享发展理念具有精髓共通性。

六是在"一带一路"的开放、沟通和联通中,硬联通和软联通、国家硬实力和软实力、经济与文化等战略要素的有机结合。

进入 21 世纪,中国已经成为经济总量全球第二的经济体,成为全面建成小康社会的发展中国家,因此,国家发展和国际战略筹划都处于新的历史起点,需要以新的思维方式、新的战略起点来思考、部署和落实海洋强国和"一带一路"建设。

二、研究海洋强国和"一带一路"建设的内容和方法

一是总体思路。海洋强国和实施"一带一路"建设的总体思路是战略和方略的有效、有机结合。在海洋强国和"一带一路"建设的落实过程中,应该贯彻和遵循以总体带具体、由具体到总体的思路,或者由点到线、由线到片、由片到面、由面到国际整体结构性秩序的实施路径。

二是战略思维。其一,战略定向思维。在当今国际格局中,在建设海洋强国和贯彻落实"一带一路"倡议的过程中,我国国际发展在东、西、南、北定位和取向中如何定向?是东向、西向,还是双向结合?如何把海洋强国和"一带一路"建设与东西双向发展有机结合起来?如何将海上丝绸之路的南向建设与国家的北向发展建设结合起来?其二,利益共同体思维。在海洋强国和"一带一路"建设过程中,深入贯彻中华文明的精髓,奉行和而不同的国际战略和发展哲学,与不同国家、不同地区更多地构建利益共同体,以利益共同体思维推进国家战略,以双赢和共赢互动,把发展战略落实为实际的国际政治经济格局,并且实现政治、经济、社会和文化的相互融通。其三,发展创新思维。从既有的国际战略理念和历史事实中寻求发展和落实海洋强国建设的法理,从全球治理思维和既有政治经济规则格局中审视新思路,以发展的眼光明确阐述中国对未来全球格局和世界新秩序的战略思维和主张。

三是实施的主要途径。目前,海洋强国和"一带一路"建设的具体实施途径包括统筹协调、互联互通,还包括经济、外交、社会和文化等层面优势互补、齐头并进。尤其需要注重经济先行,深化中华文明文化与他国相互交融,在国家、民族、区域和不同的文化之间实现深层次的融通和理解。

四是实施的运行机制。根据党的十八届五中全会精神,海洋强国和"一带一路"建设的运行机制是,政府为指导,"秉持亲诚惠容,坚持共商共建共享原则,完善双边和多边合作机制,以企业为主体,实行市场化运作,推进同有关国家和地区多领域互利共赢的务实合作,打造陆海内外联动、东西双向开放的全面开放新格局"。

习近平总书记关于建设海洋强国和"一带一路"的总体设计涉及各个方面,包括经济、政治、法律、社会、文化和军事。目前,推进机制和路径较多在于经济层面,而深层次的互联互通的文化层面、现行国际法和不同国家法系的法律层面以及社会发展其他层面,在贯彻落实总体设计的过程中如何推进?可以进一步深化设计,在多个层面及其相互结合和影响的意义上展开切实研究,由此把总体设计落实为现实的多层面的有机结合的推进机制。实际上,多层面的机制设计的创新和落实,是全方位的总体设计落实的归宿问题。

第三节　加强海洋强国
和"一带一路"建设的研究和顶层设计

一、深入研究世界海洋强国兴衰的经验教训

世界上有 19 个国家曾是海洋强国,它们兴盛过又都衰落了,其中有很多经验教训值得深入研究,作为我们走向海洋的借鉴。这些历史上的海洋强国,每一个都

有自己的发展路径，每一个都有自己的国家战略，实现海洋强国的方式、发展模式也都不同。

早期的陆权时代，走向海洋强国的这些国家，基本上是陆军和海军同步发展，以扩展陆疆为主要目的。15 世纪以后，海权时代，走向海洋强国的这些国家，重点发展海洋力量，向海外扩张，以占领海外殖民地为主要目标。20 世纪发生了两次世界大战，美英打败了几个国家，实现了海洋霸权非战争方式的更替。上千年的历史就是上千年的战争，就是海洋强国的争霸。中国在这个时间走向海洋，走向建设海洋强国的舞台，路子怎么走？有什么经验可以借鉴？这里有许多问题需要深入研究。

首先，建设什么样的海洋强国。中国不称霸，中国走向海洋、建设海洋强国也是不称霸的，而是要建设新兴海洋强国，走和平发展之路。

其次，怎样建设海洋强国。海洋强国建设分为区域性海洋强国建设和全球性海洋强国建设，俄罗斯、法国、英国等国家的海洋强国战略都是区域性战略。近年来，我国提出从近海走向远海，但走到哪里去，是在中国海还是中国海外围的一些范围，抑或是西太平洋和印度洋、全球大洋？这个范围需要进一步明确。从一般意义上来说，世界海洋强国必须有海外基地，但中国有政策上的限制，不在海外驻兵。这个问题不解决，海外就不能建立军事基地。

印度学者在《中印海洋博弈》一书中提到，中国要走向海洋，在南亚和非洲必须建三个基地，不然就走不出去。在这个问题上深入研究的成果还不多。历史上的海洋强国都是优先发展海军，取得制海权。拿不到制海权就称不上海洋强国，这是历史的经验。现在中国面临的问题是，和超级大国处于力量不对称状态，很难拿到制海权。面对这样的问题，中国应该怎么办？这是中国走向海洋必须研究的问题。

二、深入研究海洋强国建设面临的问题和挑战

建设海洋强国面临很多挑战，挑战的领域很多，难度很大，很多问题没有深入研究，没有讨论，更没有形成明确的方针和策略。国外的挑战来自现有的海洋强国

和周边国家，国内的挑战来自民族的海洋意识不够强、经济基础比较薄弱、海上力量与霸权国家相比还有很大差距等。

三四年以前，反对走向海洋的舆论很多，在互联网上就能看到，现在这些舆论没有了。这说明民族的海洋意识增强了。但是，上述挑战仍是我们要面对的现实问题。

美国是一个已经成熟的海上霸权国家，中国现在面临的国外挑战主要来自美国。美国的挑战难以应对，兹比格涅夫·布热津斯基说过，美国不允许再出现一个海洋强国。不允许中国成为海洋强国，是美国的国家战略，美国正试图用非战争的手段遏制中国走向海洋。随着美国在亚太地区部署的兵力越来越多，非战争手段失效时，美国也许会以战争的方式阻止中国走向海洋。

三、抓紧进行海洋强国和"一带一路"建设的顶层设计

建设海洋强国需要进行顶层设计，进行顶层设计应做好以下两件事：

一是应出台海洋基本法。制定海洋基本法，把建设海洋强国用法律的形式固定下来，使之成为基本国策。

二是要有一个战略性规划或基本计划。这份规划或计划就是建设海洋强国的顶层设计，有了这份规划或计划，海洋强国建设才能执行。这方面，国外的经验很多，比如日本 2007 年出台了《海洋基本法》，确立海洋立国的国家战略，然后，每五年制定一个基本计划，使得海洋立国的战略能有计划地实施起来。

第四节　应对国际社会质疑，
加强"一带一路"建设研究工作

从各方的反应来看，各方认为"一带一路"建议是合乎时宜的远景目标，原

则上都持积极态度。但是我们在对外交流当中，也不时听到一些质疑声，有的认为中国推进"一带一路"建设主要是地缘政治的一种，有的认为，"一带一路"是中国针对美国推行亚太战略所采取的对策。特别是随着"一带一路"建设走向深入，中国所面临的外部环境更趋于复杂，干扰因素更多。

为调动支持参与"一带一路"建设国家的积极性，需要对那些质疑的国家多做增信工作，对千方百计遏制中国推行"一带一路"建设的国家尽量减少其干扰，还需在以下五个方面多做工作：

一是要找准定位，量力而行，顺势而为。"一带一路"特别是海上丝绸之路建设是开放性的，作为一个倡议，是向全世界开放的，而且是双向性的，不是单向性，但是推行"一带一路"建设不可能一步到位，所以在"一带一路"建设过程中，既要立足当前，也要着眼长远。更要坚持以我为主，从社会主义初级阶段这个最大的国情出发，统筹国际国内两个市场，把握好节奏和力度，突出重点，注重实效。重点是要把我国周边的一些经济走廊作为抓手，抓紧、抓好。

二是要大力完善"一带一路"建设理论体系，结合构建以合作共赢为核心的新型国际关系、亲诚惠容的周边外交理念和全方位对外开放外交战略，在新时期周边外交、区域合作和软实力外交等方面深挖"一带一路"建设理论的内涵，打造坚实的理论体系，这一理论体系应包括政治、经济、文化、外交、安全等。在已经发表有关"一带一路"建设的构想和行动计划的基础上，应根据"一带一路"建设政策的实施和各方的反应，特别是存在的一些质疑，适时发表"一带一路"建设白皮书，对内引导工作方向，对外宣示中国的政策和主张。

三是要加强"一带一路"建设涉外工作的统筹，有组织地加强对外制度化、常态化、实效化的交流，推进经贸合作和加强对外交流要统筹规划，同步推进。在推进"一带一路"建设工作领导小组的统筹协调下，规划好政府、企业、智库等各方面的工作侧重点并使之形成合力，做好法制建设、机制保障、标准制定等基础性工作。在企业"走出去"参与"一带一路"建设的过程中，要把我们的一些理念、标准（包括质量认证标准）带出去。这些方面都是政府需要出面的，为"一带一路"建设保驾护航。

四是要转变观念，创新思路，做好公共外交。一方面要讲好中国故事，另一方面要注意倾听世界故事。宣传"一带一路"建设，要注意挖掘史料，创新思路，夯实"一带一路"建设的历史根基，奠定和营造良好的民意基础和舆论氛围。比如郑和下西洋，足迹遍布30多个国家和地区，演绎出无数动人故事、神秘传说，肯尼亚女孩来中国寻根问祖等，都能为共建"一带一路"打下扎实的民意基础。

五是要加强风险评估，做好安全保障，为"一带一路"建设保驾护航。

第十七章
大力推进海洋强国和"一带一路"建设

第一节　推进海洋强国事业发展具有重大意义

一、建设海洋强国带来发展机遇

海洋是蓝色的国土，海洋是古往今来国家间争夺的重要领域的要素之一。海洋强国战略是一个宏伟的构想，首先涉及海洋产业的开发。它的建设过程，不仅涉及众多的国家和领域，还涉及众多产业和要素的调动。其间产生的各种机遇不可估量。

第一，产业创新带来的机遇。建设海洋强国，尤其是海洋开发产业，必将带来产业的创新。这直接涉及产业转型升级和产业转移带来的红利。随着海洋强国战略的实施，我国的一些优质过剩产能将会转移到海上建设以及其他一些国家和地区，诸如陆海统筹、海岛开发、海港建设、填海造地等，都可进行一些产业调整。在国内，因为市场的供求变化，一些过剩产能也许在其他国家被合理估计。在国内，由于要素成本的上升，一些产业的产品失去了价格竞争力。而在其他国家，较低的要素成本会使这些产业重现生机等。产业的转移给产业转型升级带来很大的机遇，比如，给继续改造、研发投入、品牌塑造都带来了发展良机。

第二，金融创新带来的机遇。海洋强国战略的实施，首先需要有充足的资金，巨量的资金需求问题只能通过金融创新来解决，我们国家已经发起建立了亚洲基础设施投资银行和丝路基金，但也只能解决部分的资金问题，"一带一路"沿线的国家和地区会实施各种金融创新，包括发行各种类型的债券、建立各种类型的基金和

215

创新金融机制，其间的红利和机遇也是很大的。

第三，区域创新带来的机遇。海洋强国战略的实施，必将引发不同地区的区域创新，包括区域的发展模式、区域战略的选择、区域经济的继续路径、合作方式等方面创新，同时这也为区域创新带来升级。

二、海洋产业的发展为经济发展带来机遇

第一，海洋为人类提供充足的食品原料。据专家估计，在不破坏资源和环境的前提下，海洋每年可供捕捞的生物资源有3亿吨。海洋提供的动物蛋白超过陆上畜产品的总量。

第二，海洋为人类提供取之不竭的淡水资源补充。地球上97%的水是海水，随着科技的进步，海水的淡化和直接利用已经不难了，海水的利用成为缓解远海地区淡水资源紧缺的重要途径。

第三，海洋为人类提供隐藏巨大且可替换的能源。石油、天然气及天然气水合物资源丰富，潮汐能、波浪能、温差能、海流能、风能等可再生能源开发前景广阔。大力开发丰富的海洋油气资源，仅在我国海南省辖下区域内已发现的新生代油气沉积盆地就有39个，总面积达64.88万平方千米，在海域的陆坡区和西沙海潮区隐藏着天然气水合物的资源量是643亿吨油当量。2014年，北部湾981钻井平台的成功战略就是我们对海上油气开采的一个充分体现。

第四，海洋为人类提供丰富的金属矿产资源。地质调查表明，国际海底区域有多金属结核、富钴结壳、海底硫化物等资源，是金属矿产资源的战略性建设基地。

第五，海洋产业为我国提供产业结构调整的基地。现代的海洋开发利用已从传统的"鱼盐之利"和"舟楫之便"转向包括水产、油气、采矿、造船、盐业、化工、生物医药、工程建设、电力、海水利用、海洋交通运输、滨海渔业等主要海洋产业及海洋相关产业。与此同时，我国作为世界第二大经济体，日益走近世界舞台中央，对国际事务的参与度不断提高，海洋权益已经成为我国发展的重要组成部分。

目前，海洋经济已从近海向深海延伸，为此借鉴各国的经验，中国需要扩大海洋经济规模，提高海洋经济发展实力，提升在国际舞台上的话语权。一是要编制好海洋强国的战略规划，二是要尽快编制海洋基本法，从法律层面设计海洋强国的框架。在这个思路下，对内要大力发展海洋经济，对外要坚决维护海洋权益，并重点维护东海、南海的国防权益。

第二节　重视海洋强国
和"一带一路"建设的文化支撑

一、海洋强国和"一带一路"的文化建设有重要意义

海洋强国建设，首先是经济和军事支撑，同时文化支撑也很重要。比如，在海洋强国和"一带一路"建设过程中，企业要"走出去"，要进行海外投资，就要了解海外的文化习惯、法律制度等。不了解海外文化，缺乏相应的文化支撑，就难以推动海洋强国和"一带一路"建设进程。

现在的时代，经济竞争是主要的话题，但是在互联网时代、全球化时代，文化竞争、文化影响的分量大大提升，甚至可以说，今后征服一个国家可能主要不在于你有多强大的舰队，而更在于你的文化能不能产生影响，让其他国家接受你的文化。中国文化目前在全球的影响力仍相对较小，需要采取相应措施加以提高。

二、海洋强国和"一带一路"建设的文化支撑

怎样打造有竞争力的中国文化？这需要从国内和国外两个方面来做。对外要学习他国的成功经验。比如美国通过基金会到国外进行文化扩张，但是美国文化的影响力更多是靠它的文化产品、文化机构、文化市场产生的，通过市场的力量去扩大

文化影响力。在这方面，中国要向美国学习，动员社会的、民间的、市场的力量走对外扩大影响力的道路。对内则要学习中国古代的成功经验。张骞出使西域，就带去了大量的文化产品，扩大了汉朝在西域的影响力。

当前，中国也有一些文化元素在国际舞台上有着广泛影响力。比如中餐，但在中餐中如何体现中国文化的影响力，这一方面，我们做得还不够。中餐除了好吃以外，还应体现中国的文化价值。

又如《三国演义》《西游记》等传统文化元素在东南亚国家华人社区有一定的影响力，如何将这些元素打造好，让它们通过流行文化贯穿中国的价值观念，同样值得思考。

文化旅游也是个推手，比如可以在"一带一路"沿线国家有重点地选择几个对象国，找一些比较大型的文化旅游节目，推动中国民众去"一带一路"沿线国家看一看，了解当地的国情，同时也可以通过当地的活动增强中国文化的影响力。中国的丝绸、茶叶、陶瓷等在国外有一定的影响力，可以通过举办这些产品的精品巡回展，拉近"一带一路"沿线国家和中国文化的距离。

中国的海洋强国之路不仅仅是经济的、军事的、外交的，要把文化的话题贯穿进去，从文化建设、扩大中国影响力的角度和海洋强国结合起来，这样会使"一带一路"建设得更好。

第三节 海洋强国和"一带一路"
建设中的西亚非洲政策

一、推进"一带一路"建设，西亚非洲具有比较优势

在海洋强国和"一带一路"建设方面，中国和西亚非洲国家有很多比较优势：

第一，阿拉伯国家目前政局持续动荡，与中国合作的愿望更强烈。

第二，非洲国家总体来讲在和平安全方面是向前发展的。中国在非洲虽然遇到很多困难和问题，尤其是非传统安全因素，即恐怖袭击问题，但是非洲的和平安全总体发展趋势是好的。非盟、非洲国家政府和人民也愿意更多地在和平安全方面发挥作用。

第三，目前中国和阿拉伯国家、非洲国家的发展是相向而行的。不管是对非洲国家的发展战略，还是对阿拉伯国家的稳定与和平发展战略来讲，中国的战略和它们的战略契合度都比较高。

第四，非洲国家和阿拉伯国家是中国的资源来源地和市场。

第五，中国与西亚非洲国家在过去的五六十年里不论政治、经济还是外交领域都有着很好的交流交往的基础。

二、大力推进西亚非洲的"一带一路"建设工作

中国和西亚非洲在海洋强国和"一带一路"建设方面究竟做些什么？中国对西亚非洲的政策是很明确的，从 2014 年中阿合作论坛上习近平提出的"1＋2＋3"合作计划①，到 2015 年习近平访问非洲时提出的合作计划②以及 2014 年李克强访问非洲时提出的"三网一化"（高速铁路网、高速公路网、区域航空网、基础设施工业化）和"461"中非合作框架③，为中国与西亚非洲的经贸合作指明了方向。

---

① "1"是指以能源合作为主轴，深化油气领域全产业链合作，维护能源运输通道安全，构建互惠互利、安全可靠、长期友好的中阿能源战略合作关系。"2"是指以基础设施建设、贸易和投资便利化为两翼，加强中阿在重大发展项目、标志性民生项目上的合作，为促进双边贸易和投资作出相关制度性安排。"3"是指以核能、航天卫星、新能源三大高新领域为突破口，努力提升中阿务实合作层次。

② 2015 年 12 月，习近平访问非洲时承诺提供 600 亿美元，支持中非在工业化、农业现代化、基础设施、金融、绿色发展、贸易和投资便利化、减贫惠民、公共卫生、人文、和平和安全等领域共同实施"十大合作计划"。

③ 2014 年 5 月，李克强在非盟会议中心发表演讲时提出"461"中非合作框架，即坚持真诚平等相待、增进团结互信、共谋包容发展、创新务实合作四项原则，推进产业合作、金融合作、减贫合作、生态环保合作、人文交流合作、和平安全合作六大工程，完善中非合作论坛这一重要平台，打造中非合作升级版，携手共创中非关系发展更加美好的未来。

一是加强中国与西亚非洲国家的战略对接。不管是在海洋强国和"一带一路"建设方面，还是在区域航空、技术设施互联互通方面，包括信息化互联互通方面，中国和西亚非洲国家都有很多合作。

二是提升中国和西亚非洲国家的贸易和投资便利化水平。中国不仅卖商品，还通过中国国际进口博览会、广交会、中阿博览会等平台进口西亚非洲国家的更多特色产品。

三是提升双向投资水平，投资是中国和西亚非洲国家将来合作的一个主方向。

四是推行技术设施的互联互通。

第四节　海洋强国和"一带一路"建设中的工业园区建设

一、推进"一带一路"沿线国家工业园区建设的背景

"不谋万世者，不足谋一时；不谋全局者，不足谋一域。""一带一路"是我国的一个长远建设目标。

"一带一路"要构建一个海陆互补的多维通路系统，需要抓住关键节点和重点工程，以点带线，扩线成面，连面成带。"铁公基"之外还要有点，就像下围棋得布置点，有了点才能连接成线，有了线才能和铁路、高速公路等结合，形成经济带。作为中国高速发展的成功经验之一，开发园区被越来越多的友好国家重视，这种模式以及集聚效应、带动区域发展等特点，将是"一带一路"扩点为面的有效方式。

2013年，中国在全球各地共有71个园区。其中亚洲的园区有17个，占总数的24%；欧洲的园区有27个，主要在俄罗斯有18个；美洲的园区主要分布在美国和

巴西；非洲的园区有 18 个，占总数的 25%。截至 2018 年 9 月，中国企业在"一带一路"沿线 46 个国家共建设初具规模的工业园区 113 家。

二、建设"一带一路"工业园区的战略布局

建立工业园区的初衷是什么？"走出去"形成集群发展，主要依托主导企业投资，吸引中国企业入驻，政府推动工业园区建设，主导企业既经营实业又负责工业园区的日常管理等，有资金和政府政策保障，合作园区建设经营应以企业和市场为主导，"走出去"的企业主要集中在中国具备优势的劳动密集型和资源密集型产业，包括纺织、家电、微电子等，招商方式多元化，建设步伐加快。这里的主要问题是容易盲目，如果开发区"走出去"没有被纳入两国的经贸合作框架，不熟悉所在国的经济发展规划，往往容易出事。一旦政局动乱，就会造成损失。

企业在海外缺乏沟通平台，可持续发展难度较大。在"走出去"的企业方面要有所选择，要避免高能耗企业"走出去"带来的污染等问题。同时，遵循国家在"走出去"的行业、区域等方面的建议，包括以哪些国家为首选、投资哪些行业等。

中埃苏伊士经贸合作区是一个成功的范例。被纳入当地国家发展的苏伊士运河走廊规划实行软输出的运营模式。前期进行资金投入，帮别人招商引资，后期负责运营，包括酒店、地产等运营，获得较大成功。这种软输出的模式在理念上、方案上、资金筹集上、产业选择上都有一套体系。

100 多个工业园区一定要抓主要节点。开发区建设不能遍地开花，要根据具体情况来确定具体的运营方式，有的地方需要投资硬输出，有的地方可以进行运营软输出，两种运营方式要区别使用。以合作开发区建设为平台，建立所在国政府的有效沟通机制，由企业去运作，国有企业先进去，然后民营企业跟进等。

要在发挥政府作用的同时，探索一系列市场化机制，后期要重视运营的软输出，打造善于运营的人才队伍，确保"走出去"的企业经营人员是真正懂经营

的人。

要进行宏观形势的研判，把握大势，融入当地文化，控制风险。"一带一路"沿线大多是发展中国家，这些国家在国际政治格局中影响力有限，而且地缘政治因素密集，往往成为大国角逐的场所。所以，企业在"一带一路"沿线国家投资建厂等，就要吃透所在国的经济、政治、历史和现状。如果自己吃不透，还可以和国内的智库联合，加强研究能力。更重要的是，企业本身要加强研究能力，有了这种能力，才能更好地"走出去"。要放宽眼界和格局，预判未来，要遵守当地的法律，重视当地的政策细节，"走出去"的企业要结合所在国当地文化，解决文化融合问题，前期要给员工培训，提高员工的素质。

第五节　在"一带一路＋"背景下思考企业国际化问题

一、企业国际化要有"一带一路＋"的思维

"企业国际化"的概念，我国在 20 世纪 90 年代就已提出，但是在"一带一路"背景下，企业国际化要有"一带一路＋"的思维。党的十八大报告提出，要培育一批具有世界水平的跨国公司，跨国公司不仅要"走出去"还要"走进去"，也就是企业要深入对象国的经济社会内部，要"走上去"，攀到产业链的高端，必要的时候，还要"走回来"。这是一个更复杂的要求。因此，一定要在"一带一路＋"的背景下思考企业国际化的问题。

从近几年的实践来看，中国的企业在"走出去"的过程中遇到了很多市场性的风险，包括项目对接难、融资成本高、签证受限等问题难以解决，合作被政治化等。未来 35 年，中国企业国际化经营遇到的更多是非市场性的风险。一是政治风

险。比如中国交建的科伦坡港口城项目的停摆，就和斯里兰卡的政权更迭有关。又比如，缅甸和孟加拉国之间的罗兴亚人的问题，这个跨境的政治矛盾对孟中印缅经济走廊建设则会造成干扰。二是安全保障风险。重资产项目目前面临非常大的安全保障风险。三是社会风险。有些时候，政策层面响应得很好，但是民间的响应不足。比如，哈萨克斯坦政府非常热情，但是民调显示，有69%的哈萨克斯坦受访者认为中国对哈萨克斯坦构成了经济威胁。所以，怎样进行民间的社会化转型，也是一个突出的问题。四是文化风险。"一带一路"建设在语言文化差异、宗教矛盾、伦理道德、制度和习俗等方面都存在一定的风险。

二、"一带一路＋"企业国际化思维的关键方向

一是有序。在当前"一带一路"建设的初期，保证一些核心的、能力强的企业"走出去"，同时避免所有的企业、所有的项目都烧"一带一路"的虚火。企业"走出去"要有序。

二是抱团。中信公司在皎漂深水港的成功就是抱团思维的集中体现。

三是嫁接。要处理好我们重资产的产品与香港、澳门的服务、经营方面的经验嫁接以及与对象国的民营企业嫁接的问题。

四是提升。怎样把中国实践提升为中国标准、中国规则？要把中国的大国企在国外承担社会责任经验、特色提炼出来，形成典范。

五是固本。当我们的企业"走出去"、推进企业国际化时，要考虑会不会造成我们国内产业的空心化，及失业、中小企业发展受到冲击等问题。

"一带一路"倡议推进过程中遇到的一些软性约束、软性遏制，需要通过优化项目落地和倡议推进的软环境来破解，要围绕一个"通"字、一个"共"字做文章、下功夫。具体来说，就是要满足以下四个方面的要求：

一是求实。即对接需求，突出特色。其一，要向企业找寻问题清单，找准痛点，提出适销对路的建议。其二，任务分解。要用模块化的方式来确定我们的研究

议程。其三，要重视安全和发展问题。比如我们在发展利益的分配方面，实际上会有一些安全问题。安全和发展之间相互交织、相互影响，是"一带一路"建设面临的一个新型问题。

二是求新。其一，智库研究要求新。探索国别区域研究的新路径，要上山下乡、进村入户。比如，中亚就要抓住水资源问题来进行研究。其二，要运用大数据等新的研究工具来进行研究，比如监测社会民意的热点。其三，要做好战略预测性研究。壳牌公司1971年提出战略预测性研究以后，美国、新加坡都有非常好的战略预测性研究，我们的智库要补上这一方面的缺失。

三是求声音。智库要兼具研究、倡议和行动的能力，不仅要建言献策，还要能够倡议造势，能够落实到行动中。智库在求声音的过程中，既要讲好中国故事，也要讲好世界故事，突显"一带一路"的重要意义。同时，讲好中国故事还需要做好内容、通道、平台、人才的建设。

四是求人才。这两年，从"一带一路"倡议实施的过程来看，最大的难点、痛点就是人才不足。要培养符合四个标准的人才——懂当地语言、有政策意识、在当地做过长期调查研究、在当地有人脉。怎样培养这样的人才呢？要建立一种"旋转门"制度。希望社会组织、企业和政府之间设立一个"旋转门"，让我们的一些国外人才前景光明，事业上、生活上都有保障。用好国外人才，要进行量体裁衣式的交往。要有"烧冷灶"的行为，甚至帮助发展中国家发展智库，促使国外人才在当地发挥政策影响力。

第十八章
陆海统筹与"一带一路"的互动关系

第一节　陆海复合型是中国陆海统筹的天然依据

一、中国的陆海地缘结构

领土范围。中国陆地面积约 960 万平方千米，是世界陆地面积第三大国，仅次于俄罗斯和加拿大，属于大尺度国家；内海和边海的水域面积 470 多万平方千米，其中，管辖海域面积 300 万平方千米，包括渤海、黄海、东海和南海，其中，渤海为中国的内海，黄海、东海和南海是太平洋边海；领陆和领水之上的领空，空间广阔。从定量角度来衡量，中国的海陆度值有 31% 以上，这是一国"是否具有海陆兼备特征和海陆兼备程度强弱的重要指标"，海陆度值越大，海陆兼备特征越明显①。据此判断，中国具有陆域和海域的自然禀赋以及陆海两大格局，是典型的陆海复合型国家，地缘结构特征具备陆海双重性质。

陆海边界线。陆海边界线是用以圈定一国主权和管辖范围的闭合曲线。中国拥有漫长的陆地边界线和海岸线，其中，陆地边界线长 2.28 万多千米，大陆海岸线长 1.8 万多千米，面积超过 500 平方米的岛屿有 7 300 多个，岛屿海岸线长 1.42 万多千米，海陆边界线比约为 141，具有较大的开放性。中国陆海边界线的固有特征

---

① 李义虎：《从海陆二分到海陆统筹——对中国海陆关系的再审视》，《现代国际关系》2007 年第 8 期。

225

决定了中国地缘安全的双重易受害性。在陆域方面，中国本着以和平方式解决国际争端的原则，妥善解决了陆上划界问题，迄今为止，中国陆上边界争端主要是中印边界问题；在海域方面，中韩黄海海域划界与苏岩礁之争、中日东海海域划界与钓鱼岛之争以及中国南海问题与岛屿之争等来自海上的挑战不利于中国周边地缘安全环境的稳定。

邻国属性。中国邻国较多，其中陆上邻国 14 个、海上邻国 8 个。"地理上的邻近是一个公认的国际摩擦的根源。"[1] 目前，中国已与俄罗斯、巴基斯坦、越南、缅甸、老挝、哈萨克斯坦、塔吉克斯坦、蒙古和吉尔吉斯斯坦等国建立了重要的国家间伙伴关系，对中国周边地缘安全发展态势形成制度性保障。对老挝、阿富汗、不丹、尼泊尔、蒙古、哈萨克斯坦、塔吉克斯坦和吉尔吉斯斯坦等内陆国而言，它们对与邻国的经济合作和贸易往来的依存度相对较高，大多通过加强与邻国之间的双边合作或促进区域经济一体化来实现本国的发展，包括获得出入海洋的权利。

二、中国的陆海地理区位

经纬定位。中国位于中纬度地区，适宜的温度和气候，为农业发展创造了优越环境，为稳定的粮食供给提供了天然保障。中国领土版图南北纬度跨度较大，大部分地区处于温带，也不乏热带和寒带的基本特点，物产更为丰富，品种更为齐全；东西经度跨度较大，地形从西到东逐渐平坦，广阔的国土承载了高原、山脉、湖泊、丘陵和平原等一系列地形。由经纬线确立的国土面积和国土位置，创造了中国作为大国的基本条件——幅员辽阔，确定了中国的地区性乃至世界性影响力的基本构成——陆海兼备。

沿海地势。中国拥有背靠全球最大的陆地欧亚大陆、面朝全球最大的海洋太平洋以及漫长的中纬度海岸线等天然地理优势，是欧亚大陆和太平洋的接合部。中国海岸地势平坦，多优良港湾，形成五大港口群，且大部分为终年不冻港。港口作为

---

[1]　阿尔弗雷德·塞耶·马汉：《大国海权》，熊显华编译，江西人民出版社，2011。

陆海门户，为国家沿海经济的发展和对外开放创造了良好的空间环境，也为国家之间的交流和往来提供了便捷有利的陆海通道。优越便利的地理条件促成了自古便有的丝绸之路，作为陆上大国，中国的长期统一与世界领先，为陆上通道和海上航行的纵深发展提供了雄厚的物质基础，推动了中国与世界的密切互动。

气候条件。中国的气候主要属于季风气候，包括热带季风气候、亚热带季风气候和温带季风气候，此外还有温带大陆性气候和高原山地气候。一般来说，北回归线横穿的地区，特别是大陆沿海地区，容易形成沙漠（阿拉伯半岛的内夫得沙漠和印度与巴基斯坦之间的塔尔沙漠最为典型），但在中国形成了温暖湿润、素有"鱼米之乡"之称的江南。究其原因，主要在于中国东南沿海处于典型的热带季风气候的影响之下，来自太平洋的湿润暖流在进入东南沿海后畅通无阻，带来了丰沛的降水，形成了物产丰富、生活富裕的江南。陆海之间物质和能量的循环和交换创造了丰富的气候形态，形成了中国得天独厚的气候条件。

边缘地带。中国处于欧亚大陆的边缘地带，面临双重战略遏制和地缘挑战。近代以来，以中国为主的东亚是西方列强意图侵占瓜分的首要地区，在瓜分阴谋失败后，西方列强转而划分势力范围，扶植代理人保障本国利益，东亚因其地缘而陷入长期的大国争夺之中。鸦片战争、日俄战争、甲午战争以及日本侵华战争和"大东亚共荣圈"阴谋，均是从这个边缘地带开始的。为了防止大国独占边缘地带，美苏在第二次世界大战中划分了在东亚边缘地带的势力范围；整个冷战期间，东亚都是美苏争霸、两大集团和两种社会制度相互斗争的前沿阵地。冷战结束后，边缘地带造成的地缘影响仍旧存在。

三、中国的陆海文明成分

人类文明是陆地文明和海洋文明的综合体。作为世界上最古老的文明之一，中华文明有着几千年的历史。传统观点认为，中华文明几千年来一直以农耕为业，安土重迁，是一种典型的陆地（黄色）文明。但事实上，中华民族从来就不缺少海洋（蓝色）文明基因，中国人很早就有了海洋活动，海洋文明是中华文明的重要组成部分。

陆地（黄色）文明。陆地在人类的生存和发展等基本活动中具有根本性意义，是人类繁衍和栖息之地。对于中国而言，陆地是解决生存问题的基本载体，是实现发展的首要物质基础。农业文明时期，中国人面朝黄土，从事农业生产活动，创造了陆地文明。中华文明成长的中心区域，主要是在黄河和长江的中下游地带，是典型的农业地区。这一特性使中华民族在很长的时期内具有很强的保守性，经济上自给自足，思想上以自我为中心，带有重农抑商的观念和保守内敛的特性[①]。

海洋（蓝色）文明。海洋是一切生命的起源，海洋在资源、贸易和交通等方面的影响彰显了它对人类社会进步的重要作用和地位。纵观中华文明史，中华民族曾经创造过灿烂的海洋（蓝色）文明，展示过非凡的海洋探索能力。"在沿海地区发掘出来的几处主要史前时期的文化遗存，如北京的周口店文化、山东的大汶口文化、浙江的河姆渡文化，都具有海洋文化的性质"[②]，大河流域文明的产生离不开海洋的滋养，中华民族的文明自开始就具有海洋（蓝色）文明的鲜明特色。与陆地（黄色）文明不同，海洋（蓝色）文明具有冒险性和外向性、探索性和创新性。

陆海（黄蓝）文明。立足陆地（黄色）文明是中华文明的根本，发展海洋（蓝色）文明是中华文明的延伸。进入新时期，中国超越传统地理界限的能力提高，探索海洋的心理承受能力提升，重视海洋的国家意志和公民意识增强，文明自身所内生的悠久的文化传统和丰富历史经验及其外溢所具备的强大的物质基础和坚实的制度保障推进了黄蓝结合、以黄为本、面向蓝色的文明体系的建立。陆海文明打破了传统的重陆轻海的文明模式，激发了中华文明的内在特质，开启了陆海（黄蓝）文明融合并起的新时代。

作为天然且恒定的地缘因素，陆地和海洋共同维持了人类的生存和发展，深刻

---

① 叶自成主编《地缘政治与中国外交》，北京出版社，1998。
② 李明春：《海洋权益与中国崛起》，海洋出版社，2007。

影响国家的发展和人类社会的进步。2010 年，中国作出坚持陆海统筹的战略决策，是基于对陆海因素基本属性和价值的深刻认识，更是基于对中国地缘战略格局的深刻解读。中国在地缘结构、地理区位和文明成分等方面均表现出较强的陆海复合型特征，这是中国坚持陆海统筹发展战略的天然依据。

第二节　陆海统筹是"一带一路"倡议的理论基源

一、借鉴并超越了西方地缘政治学说

西方地缘政治学说的演变，大体上经历了海权论、陆权论、边缘地带理论、空权论、"高边疆"战略论、网络权力论等阶段，并仍在不断发展变化中。西方地缘政治学说在分析和解释国家外交政策和国家关系的矛盾冲突等方面发挥了独特作用，有其合理成分。

立足国家安全的理论基点。作为理论归宿，安全始终是西方地缘政治学说的核心目标。海权论、陆权论彰显了传统安全观在地缘上的延伸，空权论和网络权力论标志着非传统安全观在地缘理论中的新发展。各个理论均致力于为国家谋求战略优势、抢占战略先机和获取战略资源。

放眼全球的观念和视野。海权论的诞生得益于地理大发现以来从未间歇的海洋探索和认知积累；陆权论更是将世界几大陆地板块视为整体，衍生出"世界岛"和"心脏地带"；空权论、"高边疆"战略论从立体和空间的角度扩大对世界的整体性认识；网络权力论将注意力引入虚拟世界，使地缘政治学说有了新维度。

强调科技进步的保障作用。除了世界形势和国际格局的变化，推动地缘政治学说不断发展变化的重要因素就是科学技术。海权与航海技术，陆权与交通进步，空权、太空权与航空技术、空间技术，网络权与信息技术密切相关。历史证明，每一阶段的地缘政治学说发展，背后必然有着深刻的科学技术革新与进步。

不可否认的是，西方地缘政治学说从诞生之日起就带有鲜明的实用主义色彩，服务于西方国家全球扩张和争霸世界的实践，回避不了空间即权力的片面思想、大国中心主义的思维惯性以及由权力争夺引发的对抗冲突等现实困境。

强权政治的理论内核。从海洋、陆地到天空、外太空，乃至网络，但凡人类活动遍及的空间领域，西方地缘政治理论都强调获取权力和建立战略优势，并深信只有拥有强大权力，才能维护其安全与发展。这种强权政治逻辑将零和博弈视为国家间关系的必然结果，为了自身的生存和发展而无视他国的独立和安全。

大国中心的格局思想。西方地缘政治学说的鲜明特点在于，它是为大国谋求安全和战略利益的理论。在它们看来，大国是塑造国际政治的唯一力量，只有大国才有可能在激烈的国际竞争中拔得头筹。建立强大海军、控制"世界岛"、占领"心脏地带"，这一套宏大的理论，显然不是中小国家能够付诸战略实践的。

对抗冲突的思维模式。西方地缘政治学说本就不是崇尚和平、主张合作的理论。西方地缘政治学说将任何可能被人类占有的空间视为权力来源，将抢占空间视为获取权力的途径。成功抢占空间需要强大的实力作后盾，在竞相发展武装力量的形势下，战争爆发只是时间问题。

当前，中国提出的陆海统筹理论，与西方地缘政治学说有着显著区别：一是摒弃强权政治、零和博弈和对抗冲突的西方大国崛起老路，走以和合文化为思想基础，以和平、发展、合作、共赢为方式以及以共享全面性海洋利益为目标的新型海洋强国道路；二是超越西方国家以陆海征服为主导的崛起模式、以两极分化为特征的世界秩序以及以控制世界为目的的世界构想，体现中国和平发展的战略选择，凸显中国合作性参与的政策取向，彰显中国陆海协调发展的和谐理念。

二、传承并创新了中国陆海思想文化

中国古代陆海认知与实践的历史演化脉络表明，"天下主义""和平为上""兼济天下"等观念是中国传统陆海思想文化的精髓。中国强调整体的陆海兼顾思想、奉行防御为主的地缘安全思想以及维护共同利益的外交思想，是古代陆海统筹思想文化精髓在当代的传承与发展。

天下主义与强调整体的陆海兼顾思想。从古至今，中国人对世界的认识没有陆海之间的明显区分。中国人眼中的世界是一个完整的整体，即天下。天下主义超越了西方世界以民族或国家利益为根本的观念，体现了一种与西方国家截然不同的地缘思想和世界理想，这种思想和理想深深扎根于中华文明之中。

和平为上与奉行防御为主的地缘安全思想。中国传统的地缘思想讲求"以和为贵""协和万邦"。在数千年的历史长河中，中国一直居于东亚地区的核心位置，无论在政治、经济、文化还是军事实力上，都是本地区乃至世界最强大的国家。但是，中国从不强调武力征服的作用，而是希望通过防御的途径实现安全的状态。孔子曰："远人不服，则修文德以来之。"对中国来说，文明文化强盛的意义比武力征服大得多。即便在法家的思想中，防御色彩也非常浓厚。《孙子兵法》指出，"故上兵伐谋，其次伐交……其下攻城"，只有"不战而屈人之兵"才是"善之善者也"。

兼济天下与维护共同利益的外交思想。修昔底德说："无论国家之间还是个人之间，利益的一致是最可靠的纽带。"无论是陆地还是海洋，都并非一国私有，而是国际行为主体的共同利益之所在，是实现国际合作和实施全球治理的基石。"对世界负责任，而不仅仅是对自己的国家负责任，……即以'天下'作为关于政治/经济的利益的优先分析单位，以世界责任为己任，创造世界新理念和世界制度。"①

中华人民共和国成立以来，中国陆海观经过不断变迁、调适与发展，经历了安全观念、开放思维、统筹思想和强国战略的嬗变过程。党的十八大以来，以习近平同志为核心的党中央进一步深化陆海统筹思想，大力推进中国特色海洋强国和"一带一路"建设，积极构建不冲突、不对抗、相互尊重、合作共赢的新型大国关系，

---

① 赵汀阳：《天下体系——世界制度哲学导论》，江苏教育出版社，2005。

提出亲诚惠容和打造命运共同体的周边外交理念，在陆海发展历史的基础上传承并创新了中国陆海思想文化，丰富了陆海统筹思想和海洋强国理论的内涵和外延。

三、构建并细化了陆海统筹自有体系

陆海统筹体系以战略、权力域、经济和软环境为基本内容，是认识陆海统筹内涵、揭示陆海发展规律、指导陆海实践的自有理论框架。其中，陆海统筹发展战略是指导，统筹陆海权力域和统筹陆海经济是国家发展的两翼，统筹陆海软环境是基础和保障，彼此之间相互生成与互动。

陆海统筹发展战略。陆海统筹发展战略是国家的顶层设计，是决定国家发展全局的具有长期性、前瞻性和相对稳定性的策略谋划。确立陆海统筹发展战略，需要充分认识和了解自身具有的战略资源，在此基础上提出相应的战略目标，并制定科学的战略规划或应对措施推动陆海统筹逐步实现。只有充分尊重陆海复合型这一地缘特征，才能有针对性地提出具有中国特色的海洋发展战略和全球治理对策，才能推动世界海洋秩序向和谐海洋发展。

统筹陆海权力域。中国面临陆上边界问题、海上划界问题和岛屿争端问题及南海问题等领土主权问题，并伴随着资源的争夺、科技的较量和通道的竞争，这些现象背后的实质是大国战略遏制和权力博弈。随着科学技术的进步和大数据时代的到来，国家间的竞争与合作从空间实体拓展到无形联系，权力域正在由"陆、海"二维转移到"陆、海、空、天、网"五维，公海、南北极、天空、外太空乃至网络空间都将是国家权力较量、利益追逐和权益保障的重要场所。

统筹陆海经济。陆海统筹在经济领域的内在要求是陆海经济一体化，通过陆海两栖经济格局整合、陆海经济产业结构优化以及国家海外利益拓展，实现陆海经济均衡协调发展。陆海经济一体化的归宿是经济和环境的关系，通过推动海洋生态文明建设，确保海洋经济可持续发展，最终实现人地关系和人海关系的双重和谐、经济价值和环境价值的全面审视。

统筹陆海软环境。软环境包括法律制度要素、思想文化要素以及涉及人类共同利益的国际贡献能力等要素。从某种意义上讲，塑造陆海软环境的过程，就是完善自身、锻造陆海软实力的过程。因此，在实现发展海洋经济、建设强大海军等硬实力指标的同时，还应更加关注软性要素的建设和完善，努力为海洋强国建设营造良好的国内国际环境和舆论氛围。

概而言之，从陆海相关理论的角度来讲，陆海统筹是对西方地缘政治学说的借鉴、摒弃和超越；从陆海思想渊源的角度来讲，陆海统筹是对中国传统陆海思想文化的传承、发展和创新；从陆海理论架构的角度来讲，陆海统筹构建并细化了以战略、权力域、经济和软环境为基本内容的自有体系。陆海统筹是中国提出"一带一路"倡议的理论基源，也是中国推进"一带一路"建设进程中一以贯之的理论指导。

第三节　"一带一路"是中国
坚持陆海统筹的现实体验

一、续写着历史价值、文化魅力的发展脉络

2013 年，习近平提出建设丝绸之路经济带和 21 世纪海上丝绸之路的伟大构想，并在外交场合和重要会议中多次阐释，在外交实践和国际交往中积极倡导并邀请他国共建。"一带一路"既是复兴古代丝绸之路与满足现代实际需要的结合，又是古代友好通商与现实经济合作的交汇，既传承和发扬悠久灿烂的古代丝绸之路的多元文化，又赋予现代国家以和平发展、合作共赢以及和谐海洋等现实意义与价值期待。

"一带一路"是复兴古代丝绸之路与满足现代实际需求的结合。陆地和海洋的最基本功能就是提供丰富的资源以及资源获取和资源移动的载体，由此形成了对人

类生存和发展影响深远的陆上通道和海上通道。古代丝绸之路的形成也是如此。在发展过程中，古代丝绸之路从提供商品货物的贸易通道发展为促进人员往来、技术学习的交流渠道，更发展为中西方和平共处、文明互鉴的重要纽带，极大地拓展了沿线国家对外交流的深度和广度。推进"一带一路"建设，既要复兴古代丝绸之路的繁盛，又要满足现代中国的实际需求。当前，中国在维护国家主权和领土的基础上致力于国家间的和平相处、互利共赢，为国内建设和对外合作营造稳定良好的国际环境，推动和平发展战略的顺利实施。同时，中国亟须摆脱某些大国的束缚、封锁和遏制，这不仅包括确保传统意义上的通道安全和军事优势，还包括妥善应对陆海多重战略遏制，这些束缚、封锁和遏制影响波及国家间的经贸往来和人文交流，乃至中国国家形象的构建和国际影响力的塑造。

"一带一路"是古代友好通商与现实经济合作的交汇。古代丝绸之路因丝绸得名，因丝绸贸易而兴，随着古代丝绸之路的发展和物质商品的日渐丰富，古代丝绸之路承载了众多的货物交换和商业贸易，促进了亚欧非的贸易大繁荣。中国推进"一带一路"建设，不仅致力于促进经济转型、优化开放格局、深化经济区域化、维护海洋权益、提升国际影响力，还致力于促进中国和沿线国家的互联互通，维护全球自由贸易体系和开放型经济体系，实现沿线国家之间投资便利和贸易畅通。

"一带一路"是传统文化传承与时代发展进步的交融。古代丝绸之路虽因丝绸贸易兴起，但其更深远的意义却超越了器物层面，集中体现在：促进了佛教、儒教、道教、伊斯兰教和基督教等宗教文化的传播和交流，而且间接地促进了民众、民族和国家之间的交流与了解，形成了集海洋文化、移民文化、宗教文化和闽南文化于一体的丝路文化，具有弘扬与培养民族精神、坚持文化开放和构建高势能文化等文化价值。"一带一路"在传承悠久灿烂的丝路文化的同时，紧跟时代步伐，将和平发展、合作共赢以及和谐海洋等具有鲜明时代特征的新理念注入其中，打造政治互信、经济融合、文化包容的利益共同体、责任共同体和命运共同体，构成实现中华民族伟大复兴中国梦的重大构想。

二、担当着深入大陆、走向海洋的时代使命

"一带一路"缘起于古代丝绸之路的历史价值和文化魅力，又担当着21世纪中国深入大陆、走向海洋的时代使命，是历史兴衰与时代变迁的杰作，更是现实目标与人类梦想的交融。

冲破三大岛链的束缚，破解马六甲困境。中国管辖海域空间广阔，但是由于其中一个是内海，边海中又有许多海峡阻隔，中国缺乏直接面向大洋的海上通道；美国在亚太地区举行数次大规模军事演习显示其军事存在，60%的海上军力部署在亚太地区，企图将中国封锁在第一岛链之内；亚太地区海洋划界和岛屿争端问题，客观上造成了对中国海疆的重重封锁，阻隔了中国通往太平洋的道路。在向西通往印度洋、南亚、西亚和北非的航线上，中国还面临着马六甲困境。中国商品进出口和石油等战略资源进口有90%是通过海上交通运输实现的，其中西线航道承载了约70%。西线航道所经之处多为海盗活动频繁之地，必经之地马六甲海峡是美国重点关注和控制的通道海峡之一。"一带一路"倡议重塑陆海贸易通道，配合中巴经济走廊、孟中印缅经济走廊，为中国与沿线国家拓展基建、商品、能源、人才、技术和金融等交流渠道，在促进沿线国家的经济建设和贸易发展的同时，也在地缘安全层面有助于冲破三大岛链的束缚、破解马六甲困境，防范大国联手遏华，避免中国陷入战略被动。

推进印太两洋战略，做活欧亚大陆板块。打造港口和枢纽城市，巩固海外战略支点根基，打通中国与东南亚、南亚、西亚、中亚、欧洲以及太平洋、印度洋、孟加拉湾、波斯湾、里海和大西洋的陆海通道，联结活跃的东亚经济圈和发达的欧洲经济圈，是推进"一带一路"建设的重要内容。具体来说，"一带一路"打造沟通陆地和海洋的桥梁，形成交互式的现代交通网络，从欧亚大陆板块的东西两向均可实现通江达海，东到太平洋，西南到印度洋，西到大西洋。首先，"一带一路"的基础在中国境内，管道系统、运输通道和开放战略对于开发西部资源和利用东部资

源具有重要意义。其次，"一带一路"的延伸从中国境内到中亚、东南亚、东北亚，乃至南亚、西亚，这些地区成为中国"一带一路"国际路段建设的首要枢纽、关键路段和辐射范围。最后，"一带一路"的终点在印度洋甚至延伸至欧洲的大西洋沿岸，这将极大地深化欧亚大陆的经贸往来。通过"一带一路"，中国不仅可以从东部进入大海、大洋，而且从西南、西部也可以进入印度洋，到达欧洲。

传承陆海丝路文化，促进地区文化繁荣。中国陆海思想源于先秦时期，《孙子兵法》《战国策》等都体现了中国陆权思想；《山海经》《史记》《淮南子》《列子》《庄子》等均有关于中国海洋活动的记载。秦汉的长城带有陆权意识；秦始皇东巡和徐福东渡等实践体现早期海洋意识。民间还流传着精卫填海、四海海神、海上仙岛、八仙过海的传说和妈祖信仰。中国陆海文化中最璀璨的就是丝路文化。古代丝绸之路作为联结中国与外部世界的陆海通道，曾对中外经济交流和中华文明的远播发挥了重要作用。借助古代丝绸之路的路径效应，中国逐步扩大了自身在沿线国家和地区的影响力，塑造了中原王朝无与伦比的国际威望和文化魅力。

古代丝绸之路是一条友好之路、文明之路，为现代城市留下了辉煌的文化遗产，为世界文明的交流和发展作出了不可磨灭的贡献。古代丝绸之路经历了从形成到繁盛、从衰落到复兴的历史演变，其中交织着中华文明的传播与继承、中西方政治经济交往和文化宗教信仰交流。"一带一路"倡议致力于重现古代丝绸之路盛景，传承中华文明遗存和丝路文化信仰，加强与沿线国家的文化对话，提升大国对丝路文化的认同度和共识度，实现地区文化的融合繁荣和民心相通。

三、面临着权力博弈、战略遏制的实际挑战

在世界形势和国际格局总体稳定和中国和平发展外部环境有利向好的同时，中国推进"一带一路"建设也面临着权力博弈和战略遏制等一系列实际威胁和挑战。

沿线国家的陆海属性影响其参与活性。一国的陆海属性决定了它对陆海权的天然需求，而对陆海权的适时谋划和战略实施影响一国的国家定位；反之，一国的国

家定位取决于它的天然禀赋和地缘特征，同时又引导着国家战略取向。"一带一路"沿线国家中，既有海岛型国家，如斯里兰卡，又有内陆型国家，如哈萨克斯坦，还有陆海复合型国家，如印度；既有发达经济体，如波兰，又有发展中经济体，如印度尼西亚，还有转型经济体，如塔吉克斯坦。这些国家或经济体在陆海权发展必要性上表现出不同程度的差异，对陆海权的需求、维护和拓展的紧迫性因自身条件而异。这将在很大程度上影响它们对共建"一带一路"的认知程度（是充分还是片面）、反应态度（是积极还是消极）、行为深度（是触及核心还是浮于表面）以及角色定位（是发挥主导作用还是居于从属地位）。

共建国家的多面反应产生晕轮效应。"一带一路"倡议自提出至今，共建国家呈现出积极响应、谨慎观望和担忧警惕等多面反应。有些国家认为这是中国加强贸易、促进和平的创新理念①，也有国家认为这是中国加强陆海基建、扩展战略空间的竞争策略②，印度和一些东南亚国家认为中国"别有用心"。这与共建国家在沿线地区的自我角色定位、对中国周边外交理念的认知、对中国崛起的矛盾心理以及美国因素的影响密不可分。反应积极的国家对"一带一路"倡议的认同度较高，有助于加强它们对中国亲诚惠容周边外交理念的肯定，避免对中国崛起产生偏见、离心或戒心；而反应消极的国家由于对中国缺乏全面认知和理性判断甚至缺乏信任，相对认同度较低，不可避免地加深对中国崛起的和平性质和发展模式的误判，造成对中国在权力秩序和地区格局中的国际定位、角色扮演和实际影响的高估或低估，出现对中国进入印度洋动因的臆测。

大国陆海双重战略遏制，阻碍"一带一路"建设进程。中美权力博弈和战略角力是中国面临的基本地缘安全环境：美国强化与传统盟友的关系，巩固与日本、韩

---

① Rajeev R. Chaturvedy, "Reviving the Maritime Silk Route," *The Hindu*, April 11, 2014, http://www. thehindu. com/opinion/op-ed/reviving-the-maritime-silk-route/article5896989. ece.

② Shannon Tiezzi, "The Maritime Silk Road Vs. The String of Pearls: China's vision for a maritime silk road updates and clarifies its interest in the 'string of pearls'," *The Diplomat*, February 13, 2014, http://the-diplomat. com/2014/02/the-maritime-silk-road-vs-the-string-of-pearls/.

国的军事合作，举行大规模军事演习，显示其军事存在，不断加大对台军售力度，破坏两岸和平大局；美国积极参与东亚合作进程，加入 TPP① 以期削弱甚至抵消中国—东盟自贸区不断扩大的影响力，利用国家间陆海领土划界和岛屿争端离间中国与周边国家之间的关系，以便扩大在中国周边的影响力；美国遏制中国给周边国家带来安全上的不确定性，美国的介入使领土安全问题复杂化，加剧了中美、中日不信任感。此外，"日本挡住中国进入太平洋的去路，俄罗斯把中国跟欧洲分隔开来，印度俯瞰着与其同名的大洋，横亘于中国通向中东的主要通道上"②，从陆海两大格局对中国形成战略遏制。在影响"一带一路"建设进程的众多大国关系中，中美印三角关系是关键，要注意防范美印日三角关系并运用好中俄战略伙伴关系。

陆海统筹是基于地缘战略视角处理好陆地发展与海洋开发利用的关系，在国际社会中充分发挥中国陆海复合型国家的地缘优势规避风险，并围绕这一国家定位制定和平、合作、和谐的国家陆海发展战略，形成集陆海权力、陆海经济、陆海文化和陆海法律等于一体的宏观战略布局，推动国家全面协调均衡可持续发展，营造和平有力的周边环境，走超越西方的中国特色海洋强国发展道路，实现中华民族伟大复兴的中国梦。

当前，中国大力推进"一带一路"倡议并取得了重要且丰硕的成果，这正是中国坚持陆海统筹、深化陆海观念、创新陆海思想的现实体验，致力于在国家发展和外交实践中彰显中国情怀、中国智慧和中国力量。

---

① TPP 即跨太平洋伙伴关系协定，2017 年 1 月 23 日，时任美国总统特朗普签署行政命令正式宣布退出 TPP。
② 兹比格涅夫·布热津斯基：《战略远见：美国与全球权力危机》，洪漫、于卉芹、何卫宁译，新华出版社，2012。

第十九章

"冰上丝绸之路"与"一带一路"

第一节　"冰上丝绸之路"的国际战略背景

一、全球形势：百年未有之大变局

习近平在 2018 年 6 月举行的中央外事工作会议上指出，当前中国处于近代以来最好的发展时期，世界处于百年未有之大变局，两者同步交织、相互激荡。

所谓"百年未有之大变局"，是指这 100 年间，世界权力首次从西方转移与扩散，旧的权力结构开始松动，国家现代化发展也不再只有西式现代化一条路，新的工业革命已具雏形，全球性问题突出，全球化趋势出现反复。与之伴随的是中国所面临的历史性机遇：自身发展正处在近代以来最好的时期，有着强大的国际影响力，中国在世界变局中扮演何种角色、如何发挥作用，将与自身命运紧密相连。在此背景下，中国提出了"一带一路"倡议与人类命运共同体理念，为国际合作与全球化发展方向提供了中国方案。

北极航道的开辟与建设、北极地区的开发和利用也将具有地缘政治上的百年变局意义。如果通过北冰洋、北极地区的连接亚欧交通的海上新干线建成运行，北极地区商业开发得以实现，将是海上交通发展史的重大事件，将对全球航运、国际贸易和世界能源供应格局产生重要影响，必将深远影响欧亚大陆地缘政治的重塑及世界范围内权力重心的转移。

二、错综复杂的北极地区国际战略形势

2018 年 1 月，国务院新闻办公室正式发布《中国的北极政策》白皮书，首次向国内外清晰地阐释中国的北极政策目标、基本原则和主要政策主张。白皮书两次提到"冰上丝绸之路"：一是在"中国与北极的关系"的叙述中，提出"与各方共建'冰上丝绸之路'，为促进北极地区互联互通和经济社会可持续发展带来合作机遇"。二是在"依法合理利用北极资源"的叙述中，提出"中国愿依托北极航道的开发利用，与各方共建'冰上丝绸之路'"。由此可见，推动中国参与北极事务、北极治理，将是"冰上丝绸之路"的重要功能。

但是，当前北极地区战略形势复杂，各国在北极地区有着重叠的战略目标与不同的实施路径。重叠的战略目标主要包括北极资源利用、北极航道的所有权与通行权、北极地区的科考与测量等。为使自身利益最大化，各国采取了不同的实施路径，这带来了相关问题上的矛盾与争端。美国的北极政策注重国家安全，注重与其他国家之间的战略博弈，重视北极地区的资源开发、科学调查与利用；俄罗斯的北极政策在维护国家利益的基础上，注重对东北航道的实际占有；加拿大的北极政策注重对西北航道行使主权；北欧五国的北极政策侧重于本国的北极权益及环境保护、科学调查等方面；日本、韩国、印度侧重在北极地区的国际地位提升，以及能源安全与开发、航道开发与利用。北极地区成为全球治理的重要领域，形成了错综复杂且暗流涌动的战略格局。

当前的北极地区合作机制主要由过去的北冰洋沿岸国家共同参与，随着北极地区的能源价值、通航价值、科考价值的不断提升，以及全球范围内的地缘重塑与权力转移，域外国家必将越来越深入地参与到北极治理之中，新的北极地区合作机制将不得不包括域外国家。在此背景下，中国在北极地区的战略存在和角色参与，对北极地区合作机制发挥何种作用，将引起域内国家的关注和反应。

三、地区内的大国关系与互动

能否顺利建好"冰上丝绸之路"，很大程度上取决于中国与地区内大国之间的双边关系及多边互动。而"冰上丝绸之路"建设的实质推进，也将影响中国的大国外交。

第一，中俄关系深入发展，正处于历史上最好的时期。"冰上丝绸之路"以北极航道为依托，需要俄罗斯的支持与合作。对俄方来说，"冰上丝绸之路"建设可以提升其国际战略地位，一定程度上抗衡美欧的制裁围堵。同时，"一带一路"框架内的合作有利于俄罗斯吸引国际资本，缓解自身内部的经济发展问题。

第二，中美关系正处在十字路口，美国对中国的快速发展产生了强烈的焦虑与遏制倾向，"一带一路"建设是中国避开美国剑锋，以人类命运共同体理念为引导的中式全球化，同时也是为了对冲当下的逆全球化潮流。美国极为重视、警惕中国在北极地区的利益诉求和战略动向。2019年5月，蓬佩奥在北极理事会部长级会议上的发言中，将中国在北极地区的活动视为"威胁"，称中国有可能把北极变成"另一个南海"，宣称美国将加强在北极地区的存在，以抵制中俄的"攻击性行为"。基于北极对美国的安全价值和战略意义，"冰上丝绸之路"建设可能引来美国的强力回应。因此，是否吸收和如何吸收美国加入"冰上丝绸之路"建设，有可能影响"冰上丝绸之路"的实际建设进程。

第三，"冰上丝绸之路"搭建的区域合作框架，有可能推动大国关系动态调整并走向新的平衡。"一带一路"建设推进以来，取得了积极进展和丰硕成果，但在与欧洲的合作上仍存在一些较难突破的困境。如果中美关系进一步恶化，不排除东西方出现体系划分和对立的可能性；基于北约机制，欧洲内部大国英、法、德则有可能带动欧盟国家集体向美国靠拢。尽快加深加强中俄关系、中欧关系，可以对中美关系产生正向牵制和反向抗衡作用。

中国与北欧国家尤其是芬兰、瑞典有着传统的良好关系。通过"冰上丝绸之路"，加强与北欧国家的合作将带来积极的地缘影响，拉近中欧之间的关系。"冰上丝绸之路"也将为欧洲带来良好的示范效应，推动欧洲国家对"一带一路"的认知与接纳。中国与欧洲国家的深入合作也可以带动欧洲与俄罗斯关系的改善，进而改善欧亚整体大空间的安全态势。中国在其中可以起到调节与协调的作用，与欧洲国家共同提升在国际格局中的地位。

第二节 "冰上丝绸之路"的缘起和内容

一、"冰上丝绸之路"的缘起

"冰上丝绸之路"是指穿越北极圈，连接北美、东亚和西欧三大经济中心的海运航道。

2021年1月发布的"长白山指数·冰上丝绸之路指数报告（2020）"[①] 显示，2015—2019年，中国与"冰上丝绸之路"沿线国家的贸易总量呈波动上升趋势，与俄罗斯的贸易关系最为紧密，贸易总量最高达6 335.19亿美元，步入全面战略协作伙伴关系新阶段。相对俄罗斯而言，中国与丹麦、瑞典、挪威、芬兰、冰岛等北欧五国的贸易往来关系较为松散。不过，近4年数据显示，双边贸易结合度也呈现出上升趋势，贸易总量年均增长约9%。

2017年5月，俄罗斯总统普京出席在北京召开的"一带一路"国际合作高峰论坛时建议中国把北极航道同"一带一路"连接起来。6月，国家发展和改革委员

---

① "长白山指数·冰上丝绸之路指数"由中国经济信息社与长白山管委会共同设计编制，旨在量化分析"冰上丝绸之路"整体发展水平，助力中国在北极地区的国际话语权建设。该指数由通航指数和贸易指数组成。通航指数主要从自然条件、保障能力、港口设施和通航船次四个维度分析北极东北航道的通航情况。贸易指数主要分析中国与"冰上丝绸之路"沿线国家贸易往来总量以及"冰上丝绸之路"沿线国家贸易总量两个维度。

会同国家海洋局联合发布《"一带一路"建设海上合作设想》，强调要与各方"积极推动共建经北冰洋连接欧洲的蓝色经济通道"。7月，习近平主席出访俄罗斯时正式提出"要开展北极航道合作，共同打造'冰上丝绸之路'"，得到俄罗斯的积极响应。

从欧洲观点看，北极航道包括东北航道和西北航道：从北欧出发，经巴伦支海、俄罗斯北部海域、楚科奇海进入太平洋的航道被称为"东北航道"；从北欧出发，经挪威海、加拿大北部、阿拉斯加北部、白令海峡进入太平洋的航道被称为"西北航道"。还有人把穿越北极点的航道称为"中央航道"。这条航道从白令海峡出发，不走俄罗斯和北美沿岸，直接穿过北冰洋中心区域到达格陵兰海或挪威海。从亚洲观点看，北极航道就是上面所说的"东北航道"，即从东北亚出发，由东向西跨越太平洋的白令海，经北冰洋南部的楚科奇海、东西伯利亚海、拉普捷夫海、喀拉海、巴伦支海和挪威海等边缘海直达北欧，也就是中俄两国领导人所说的"冰上丝绸之路"。

"冰上丝绸之路"是连接太平洋和大西洋的海上通道，也是联系亚、欧、美三大洲的最短航线。与传统航道相比，"冰上丝绸之路"对通航船舶体积没有限制，并可缩短东北亚到欧洲的航运距离，大幅提升运输货物的物流效率。据测算，一旦"冰上丝绸之路"正式开通，中国沿海诸港到北美东岸的航程将比巴拿马运河传统航线缩短2 000~3 500海里；上海以北港口到欧洲西部、北海、波罗的海等港口的航程将比传统航线缩短25%～55%，每年可节省533亿～1 274亿美元的国际贸易海运成本。经"冰上丝绸之路"从中国到荷兰鹿特丹估计只需要20天时间，而经苏伊士运河到鹿特丹目前需要航行48天。

2018年1月26日，中国政府发表首份北极政策文件——《中国的北极政策》白皮书，宣布与各方共建"冰上丝绸之路"，为促进北极地区互联互通和经济社会可持续发展带来合作机遇。由此，"冰上丝绸之路"的建设从理念正式进入行动阶段。

共建"冰上丝绸之路"的宣言引起世界高度关注。英国广播公司的报道认为，中国与俄罗斯等北极国家共同开发"冰上丝绸之路"，是"雄心勃勃地改变中国与欧洲以及其他地区陆海联系的更大计划的一部分"，这条路线将使中国获得一条比通过苏伊士运河和巴拿马运河更近的到达其他国家港口的运输通道。美国合众国际社报道指出，"从油气到拓展'一带一路'建设，中国表示已准备好推动北极国际合作"。今日俄罗斯通讯社文章认为，《中国的北极政策》白皮书体现了中国面向全世界开展北极合作的态度。

为了"还一个强大的俄罗斯"，普京重提"远东开发战略"和"北极开发战略"。"冰上丝绸之路"是俄罗斯连接东西方贸易最为便利、高效的交通运输线。"冰上丝绸之路"建设首先得到俄罗斯的积极响应。除俄罗斯之外，不少北极国家对中国提出的"冰上丝绸之路"反响热烈。冰岛驻华大使古士贤在接受采访时表示，冰中两国在诸多领域都有合作的潜力，而北极合作将开启冰中关系新篇章，"冰上丝绸之路"将为中国与冰岛在北极基建领域合作带来新的机遇。芬兰希望并努力推动国内"北极走廊"计划与"冰上丝绸之路"对接，从而成为联通北极和欧亚大陆的枢纽国家。"冰上丝绸之路"延伸至北欧，将大大增加北冰洋方向与北欧国家间往来贸易运输量。

"冰上丝绸之路"的提出，理论上将"一带一路"的地缘范畴进一步往北扩展，将中国东北部地区与东北亚国家、俄罗斯、北欧国家乃至北美纳入了一个整体范畴之中，使"一带一路"实现了五大洲四大洋的整体大联通。

"冰上丝绸之路"是中国全面参与全球治理的重要途径。"一带一路"是中国推动全球治理的创新实践，是推动人类命运共同体理念落地生根的重要实践。"冰上丝绸之路"依托北极航道，与北极治理相互交织，如果建设成功，将是中国探索新型全球治理体系的样本和典范。

二、共建"冰上丝绸之路"的重点内容

共建"冰上丝绸之路"应当关注安全战略、经济发展和气候变化三个重点。

在安全战略层面,"冰上丝绸之路"经过北极地区,涉及北冰洋沿岸国家,具有重要的地缘政治和安全战略意义。以俄罗斯、美国、加拿大以及北欧五国为代表的北极国家间的战略博弈,对地区地缘政治和国际秩序正在产生传导效应。俄罗斯在北极地区不断加强军事防御,加大军事力量投放,提高军事活动频次;美国也采取行动,在北极议题当中设置和增加政治、安全内容。北极地区潜在的军事化因素可能会对地区和平与安全造成深远影响。

在经济发展层面,北极地区的石油、天然气、煤炭等能源储量巨大,所在海域的渔业资源十分丰富,北极航道的开辟、建设也将影响全球贸易运输整体格局。随着全球变暖,北极温度升高,冰山大量融化,北极地区将成为一个新的资源、能源产地,一个新的海上战略通道所在地,成为各国攫取国际利益的新焦点。中国作为重要的新兴市场国家和贸易大国,是相关领域的潜在使用方和重要参与方。

在气候变化层面,北极地区的自然环境系统与中国生态系统的运转紧密相关,关系到中国生态系统的稳定和农业生产安全。北极的环境变化可能给中国的气候系统和生态安全带来负面影响。

对中国来说,共建"冰上丝绸之路"有助于再次明确中国在北极事务中的自我定位,明确中国与北极开发和保护的关联性。随着美国退出《巴黎气候协定》,全球治理赤字在不断扩大。中国在应对全球气候变化和参与全球环境治理过程中已逐步确立大国的角色和地位,并开始发挥重要作用。在新的历史条件下,中国可以积极介入北极事务,积极参与北极治理,从而进一步获得全球性战略资源。

"冰上丝绸之路"建设应当以习近平新时代中国特色社会主义思想为根本遵循和行动指南,大力推动构建新型国际关系,推动构建人类命运共同体。遵循主权平等的现代国际关系基本准则,坚持合作共赢的新型国际关系核心要旨;倡导构建人类命运共同体,建设一条持久和平、普遍安全、共同繁荣、开放包容、清洁美丽的"冰上丝绸之路";以制度改革演进、文化交流建构的方法和技巧,淡化、超越国际政治中的现实主义固有势力和惯性思维。

共建"冰上丝绸之路"要处理好两对关系。一是"冰上丝绸之路"与北极命运共同体的关系。二者事实上并行不悖、相得益彰，在空间、时间和具体内容上相互交叉、重叠，前者使得后者的基础更加雄厚、背景更加广阔，后者使得前者的目标更加清晰、效果更加明显。二是"冰上丝绸之路"与中国北极政策的关系。中国参与共建"冰上丝绸之路"的具体行动，应当与自身的北极政策相衔接、相协调。在具体的建设过程中可以适当提倡北极政策需求的优先性，进而形成"冰上丝绸之路"建设与中国北极政策实施相互支撑、相互引领、相互促进的良性局面。

第三节 "冰上丝绸之路"与"一带一路"的共性和区别

"冰上丝绸之路"与"一带一路"有共性，也有区别。

一、"冰上丝绸之路"与"一带一路"的共性

"冰上丝绸之路"与"一带一路"秉持共同的安全和发展理念。"冰上丝绸之路"与"一带一路"一样，是促进共同发展、实现共同繁荣的合作共赢之路，是增进理解信任、加强全方位交流的和平友谊之路。共建"冰上丝绸之路"，应当秉持和平合作、开放包容、互学互鉴、互利共赢的理念，全方位推进务实合作，打造政治互信、经济融合、文化包容的利益共同体、命运共同体和责任共同体。"冰上丝绸之路"同样以政策沟通、设施联通、贸易畅通、资金融通、民心相通为主要内容。秉持共商共建共享原则，倡导多边主义；坚持开放、绿色、廉洁理念；努力实现高标准、惠民生、可持续目标，引入各方普遍支持的规则标准。

二、"冰上丝绸之路"与"一带一路"的区别

"冰上丝绸之路"与"一带一路"在主体、对象、内容和方法上都存在差异。"冰上丝绸之路"的倡议主体不仅是中国，还有俄罗斯等其他国家。面对的对象都是发达国家，是广义上的基督教文明和华夏文明的直接相遇，伊斯兰文明不在场域之内。内容上更加突出将西方先进资本、技术和管理经验"请进来"，是改革开放的坚持、延续和深化。方法上需要更加多元、灵活，软件因素大于硬件因素。

从外交和战略上看，"冰上丝绸之路"与"一带一路"存在以下区别：

第一，"冰上丝绸之路"有着较强的大国外交属性。"一带一路"沿线国家构成非常复杂，以发展中国家为主；"冰上丝绸之路"的参与方则多为实力雄厚的发达国家。中国、俄罗斯、美国、加拿大、北欧五国在北极地区权益交会，必将展开国家层面与国际机制层面的深入互动。同时，相邻的东北亚国家日本、韩国，以及印度，也是北极理事会正式观察员国；世界各国都很热衷于北极事务。"冰上丝绸之路"的建设将与地区大国关系相互交织、相互影响。

第二，"冰上丝绸之路"的外部环境相对安全，地区局势相对稳定。与充满传统安全风险、非传统安全风险的"一带一路"外部环境相比，"冰上丝绸之路"的外部安全环境更为理想，且可规避陆地上的中亚"地缘政治陷阱"和海上的马六甲困境。

第三，"冰上丝绸之路"的概念由中俄联合提出，俄罗斯必将在其中发挥重要作用。中国本身不是北极理事会成员，想要拓展在北极地区的利益，发挥更重要的作用，需要依托于中俄关系以及中国与北欧国家甚至北美国家关系的良性、深入发展，更多地采取"间接路线"。

第四，事实上，与传统的欧亚大陆东西两翼和新近的"印太战略"相比，北极是美国的全球战略布局和力量投放相对薄弱的地区。"冰上丝绸之路"将直接触及

美国的安全战略痛点。如果在方向、方法和力度上作出不同的选择，"冰上丝绸之路"的推进会引发中美积极合作或对抗加剧的情况。

三、"冰上丝绸之路"与"北极走廊"的关系

"北极走廊"是指芬兰计划在北极圈内修建的一条铁路，是从欧洲内陆经芬兰首都赫尔辛基通往挪威东北端希尔克内斯港的铁路线。

2017年3月9日，芬兰交通与通信部举行新闻发布会，公布计划在北极圈内修建一条铁路，连接挪威希尔克内斯口岸与芬兰罗瓦涅米市（该市被称为芬兰第二首都，位于北极圈内），打通芬兰现有铁路网至北冰洋的交通运输线。芬兰交通与通信部网络司副司长里斯托-姆托发表文章，说"如果有了通往中国的新走廊，那我们就处于欧亚的中间。芬兰就不再是个岛屿了。我们将全新地看待自己的地缘政治位置"。据报道，修建这条铁路，芬兰、挪威等国计划投资至少30亿欧元。

挪威的希尔克内斯港口是西方港口中离亚洲最近的，且是不冻港。如果"北极走廊"与"冰上丝绸之路"的俄罗斯北海航线（沿着西伯利亚，从喀拉海到白令海峡）相连接，那么来自中国的货物以及来自俄罗斯极地的石油、天然气，就可以先海运至挪威的希尔克内斯港口，然后通过铁路将货物向南运往斯堪的纳维亚半岛（挪威、瑞典）、芬兰首都赫尔辛基、波罗的海三国（爱沙尼亚、拉脱维亚、立陶宛均为"一带一路"沿线国家）和欧洲其他地区。位于俄罗斯极地地带的北海航线上的亚马尔半岛，有价值270亿美元的液化天然气项目，中国公司和银行对此进行了大量融资。比起经由印度洋和苏伊士运河的航线，北海航线将亚欧之间的来往距离缩短了20%～25%。

"北极走廊"还可与计划中的芬兰首都赫尔辛基至爱沙尼亚首都塔林的海底隧道对接，将欧洲大陆与北冰洋相连，再经由北冰洋东北航道与东北亚联通。在这一蓝图中，芬兰将成为"北极丝路"上的枢纽。比利时《欧洲观察家》发表题为《芬兰计划打造连接中国与欧洲的"北极走廊"》的文章，认为受中国宏大的"一

带一路"倡议鼓舞,芬兰和挪威的政策制定者如今正加快商谈修建一条所谓的"北极走廊"。如果来自亚洲的货船在希尔克内斯或挪威北部北冰洋沿海的其他地方卸货,那就比经由苏伊士运河的航线缩短几千海里航程,用时之短前所未有。"北极走廊"项目发言人 Timo Lohi 说:"对'北极走廊'项目来说,'一带一路'非常重要,因为这是连接亚洲、北极和欧洲的新路线,为各国提供了更多选择。"

芬兰等北欧国家提出的"北极走廊"计划与"冰上丝绸之路"不谋而合。一旦二者联通,来自东亚的货物可经"冰上丝绸之路"穿过北冰洋运抵北欧,再经"北极走廊"的港口和铁路网输往欧洲各地。北欧在欧亚物流通道中的地位将从"末梢"转变为"门户"。

第二十章
"冰上丝绸之路"的意义和挑战

第一节　"冰上丝绸之路"的政治和经济发展意义

一、"冰上丝绸之路"的国内政治意义

共建"冰上丝绸之路"将是对"一带一路"的有益补充、系统完善和战略校准，有利于在国内消除误解、避免分歧，在政治上凝心聚力，维护以习近平同志为核心的党中央权威，维护政治统一。

2013年以来，共建"一带一路"的倡议以政策沟通、设施联通、贸易畅通、资金融通和民心相通为主要内容，扎实推进，取得明显成效，一批具有标志性的早期成果开始显现，参与各国得到了实实在在的好处，对共建"一带一路"的认同感和参与度不断增强和提高。2019年4月22日，推进"一带一路"建设工作领导小组办公室发表的《共建"一带一路"倡议：进展、贡献与展望》报告显示，"一带一路"建设取得了一系列阶段性成果，并在国际社会产生重要影响。

但与此同时，共建"一带一路"过程中存在的问题和风险也逐渐暴露出来。比如：有的"一带一路"投资、建设项目在落实过程中遭遇当地的环境问题、腐败问题；"一带一路"经过的一些陆地部分，由于处在"文明断层线"上，安全形势严峻；一些基础设施和重大项目建设受到所在国国内政治变化的干扰，被迫中止或取消；一些"一带一路"项目的成本与收益差距较大，局部和整体、短期

和长期的利益关系需要科学评估和恰当调整。为此，有人认为，一方面，"一带一路"对发展中国家的基础设施建设投入，最终会给国内的劳动密集型企业带来替代性竞争。另一方面，"一带一路"引起以美国为首的一些西方势力的警惕、猜忌、杯葛，甚至诋毁，被认为是中国版的"马歇尔计划"，是用"债务陷阱"控制他国。

中华人民共和国成立以后，毛泽东的国际战略是团结亚非拉，和霸权主义作斗争；改革开放以来的国际战略主要是和西方发达国家建立发展友好关系。改革开放后实行的外交工作和国际战略，国内左派势力对此有所质疑，时有微词，认为中国偏离了社会主义路线，和西方走得太近。"一带一路"倡议提出后，国内又有右派势力担心中国在外交和战略上疏远西方，走回头路。

总体来看，习近平提出共建"一带一路"的倡议，主要目标是向西开放，向欠发达国家开放和输出产能、获取资源能源。进一步提出共建"冰上丝绸之路"的倡议，则是继续强化面向欧洲、北美，继续从西方吸取资金、技术和管理经验。这将是对前期改革开放的进一步深化，是对"一带一路"建设在战略层面作出的补充、完善和校准；这将有利于打消国内的疑虑和非议，体现中道智慧，具有重要而特殊的国内政治意义。

二、"冰上丝绸之路"的经济发展意义

"冰上丝绸之路"直接面向欧美等发达国家，其战略意义重大。一是基础厚："冰上丝绸之路"沿线基本都是发达国家，经济规模、技术实力和资本条件优越。二是辐射广："冰上丝绸之路"最终辐射北欧五国、欧洲大陆以及北美地区。三是效率高：通过"冰上丝绸之路"到达欧洲、北美等目标国家的航程近。四是安全性强："冰上丝绸之路"沿线国家一般都是稳定、发达的国家，国家治理和社会秩序状况良好，民族、宗教问题尚不突出，没有严重的恐怖主义威胁。五是集中度高："冰上丝绸之路"需要投入资源和力量的重点、关键国家的数量相对较少，可

以选择俄罗斯、芬兰等重点、少数国家集中发力，达到"隔山打牛"的间接效果和以点带面的系统效应。

"冰上丝绸之路"沿线都是科技先进、经济发达的国家，与之加深互联互通，进一步引入资金、技术和管理经验，尤其对高新技术加大交流、引进力度，将有助于促进中国经济结构调整和转型升级，使中国加快步伐进入世界发达国家行列。《中国制造2025》明确了新一代信息技术产业、高档数控机床和机器人、航空航天装备、海洋工程装备及高技术船舶、先进轨道交通装备、节能与新能源汽车、电力装备、农机装备、新材料、生物医药及高性能医疗器械10个重点领域。在以上10类先进技术领域，欧美国家占据着领先地位，并且这些技术集中分布在"冰上丝绸之路"沿线国家。共建"冰上丝绸之路"，将更加聚焦世界先进科学技术的交流和引进，有利于中国朝着制造业强国迈进。从经济学意义上讲，"冰上丝绸之路"的主要功能是动力输入，在产能输出的同时，保证新的血液、动力不断输入，才有可能真正实现国内的经济结构调整和转型升级。因此，共建"冰上丝绸之路"，与西方科技先进、经济发达的国家进一步发展友好关系、加深互联互通，有利于坚持改革开放的基本方向，是新时代改革开放的一种优化升级。

第二节　"冰上丝绸之路"的国际战略意义

一、构造中美两国长期博弈战略对冲，应对燃眉之急

当前局势下，中美关系面临诸多不确定因素。2017年底以来，美国政府发布《国家安全战略报告》《国防战略报告》《核态势审议报告》等战略文件，把中国定义为"修正主义者"和主要的"战略竞争对手"。美国各方对中国的态度形成共

识，一致要求对华采取强硬立场。两国的外交、战略实务和研究机构，一些资深、权威国际关系专家和学者认为，中美关系已经形成质变。其中一部分人认为，中美关系将走向竞争、对抗，甚至新的冷战。

目前中美两国之间的关系和历史上的美苏关系有很大不同。中美贸易战爆发以来，美国的终极目标和战略图谋逐渐清晰，即：通过贸易战设置苛刻条件阻断"中国制造 2025"计划；同时，着手进行全球产业链的重新调整和布局，驱使在华外企撤出，促使中国和美国乃至其盟国、其他西方发达国家之间的经贸、科技脱钩，对中国的科技发展和追赶进行打压、封锁。

"冰上丝绸之路"有利于突破美国的科技封锁。中国和"冰上丝绸之路"沿线的两个重要国家俄罗斯、芬兰有着传统友谊。目前，中俄两国在很多国际事务方面存有较大共同利益。1950 年，中芬建交，芬兰和中国国际关系基础良好，两国国家类型、经济结构互补性强，两国政府和现任领导人都十分重视和鼓励发展两国友好关系，"一带一路"科学院即由中芬主导。如果"冰上丝绸之路"以俄、芬等对华友好国家为支点，以点连线、以线成面，中国可以开辟新的资金、技术和管理经验引进路线，缓解甚至抵消中美经贸、科技脱钩的战略压力。

二、构建对欧关系新平台，增添新的战略抓手

从目前来看，中国的整体、长远利益是获得稳定的周边和国际环境，维护和延长发展战略机遇期。共建"冰上丝绸之路"，将为发展对欧关系构建新的平台，增添新的抓手。

"冰上丝绸之路"建设，将会加快、加深欧亚大陆地缘政治重构和国际关系整合。美国主导的世界秩序具有鲜明的地缘政治特征，即：在欧亚大陆边缘地带设置盟友英国和日韩，对大陆形成外部钳制；从大西洋、太平洋到印度洋一线设置海权包围，管控世界经济海上通道；然后在中东、中亚地区，亦即欧亚大陆腹地制造混乱，裂解欧亚大陆的政治板块。"冰上丝绸之路"是从欧亚大陆北部边缘开辟的新

的通道。这一战略行动，有可能绕开美国的地缘战略优势，促使欧亚大陆走向一体化，对中国的整体、长远的安全和发展战略有益。

三、通过参与北极事务提高中国在全球治理格局中的战略地位

《中国的北极政策》白皮书指出，中国是北极事务的重要利益攸关方，北极治理需要各利益攸关方的参与和贡献。中国作为北极事务的积极参与者、建设者和贡献者，愿本着"尊重、合作、共赢、可持续"的基本原则，与有关各方一道，积极应对北极变化带来的挑战，共同认识北极、保护北极、利用北极和参与治理北极。中国倡导构建人类命运共同体，努力为北极发展贡献中国智慧和中国力量，愿与国际社会一道共同维护和促进北极的和平、稳定和可持续发展。

中国可以积极主张构建和完善北极治理机制。坚持维护以《联合国宪章》和《联合国海洋法公约》为核心的现行北极国际治理体系，努力在北极国际规则的制定、解释、适用和发展中发挥建设性作用，维护各国和国际社会的共同利益。中国可以依托北极航道的开发利用，与各方共建"冰上丝绸之路"。在全球层面，可以积极参与全球环境、气候变化、国际海事、公海渔业管理等领域的规则制定；在区域层面，可以积极参与政府间北极区域性机制，积极履行北极理事会正式观察员的职责；在多边和双边层面，可以积极推动在北极各领域的务实合作，特别是大力开展在气候变化、科考、环保、生态、航道和资源开发、海底光缆建设、人文交流和人才培养等领域的沟通与合作。同时，大力支持各利益攸关方共同参与北极治理和国际合作；支持"北极—对话区域"、北极圈论坛、"北极前沿"、中国—北欧北极研究中心等平台在促进各利益攸关方交流合作方面发挥作用。通过以上方式，以北极事务为一个重要切入点，提高中国在全球治理格局中的战略地位。

第三节 “冰上丝绸之路”的挑战和风险

一、“冰上丝绸之路”的重大挑战

一是国际体系的历史性转型。“冰上丝绸之路”是中国与相关极地国家通过积累知识实现北极地区的共同治理、共同发展的国际合作，是有关各方在应对气候变化等全球性挑战的同时，依托极地航道的联通作用，发展绿色技术，促进航道沿途地区生态保护与经济发展的平衡，实现区域性社会可持续发展的共商共建之举。共建“冰上丝绸之路”倡议的提出，是内外互动的结果，是在“一带一路”倡议的实践过程中对北极国家倡议的回应。这既赋予了“冰上丝绸之路”共建的机遇和合作空间，又在新的复杂国际环境下带来重大挑战。

习近平总书记在多个场合一再强调，当今世界正经历百年未有之大变局。这主要表现为世界多极化、经济全球化、社会信息化、文化多样化深入发展，全球治理体系和国际秩序变革加速推进，国际力量对比更趋平衡。与此同时，世界面临的不稳定性、不确定性和全球性挑战也日益突出，单边主义、孤立主义、民粹主义不断上升，给世界和平发展、国际治理和相互信任带来严重挫折和伤害。

中国是促成国际体系历史性转折的一个关键因素。一方面，改革开放40多年来，中国经济高速增长，迅速跃升为世界第二大经济体，成为全球规模最大、增速最快的新兴市场，也成为促进全球化和贸易开放的主要力量和重要引擎，同时也被加速推向国际舞台的中心，在维护世界和平稳定、促进国际合作和全球治理中发挥着越来越重要的作用。另一方面，中国的高速发展也给国际体系带来了重大变局，引起了国际社会特别是西方国家对权力转移的恐惧和疑虑。西方渲染的“中国威胁论”“中国强硬论""中国不确定论"等论调,反映了国际社会对中国崛起的一种焦虑感。国际社会对中国在国际体系转型中的角色和作用的矛盾心态构成了"冰上丝绸之路"的国际大背景。

二是北极地区前所未有的深刻变化。随着全球化的深入发展和北极气候变暖及北极冰层的加速融化,北极正处于加速变化过程中,日益从全球地缘政治经济的边缘转向地缘政治经济的中心。

北极地区持续变暖,不仅给北极地区和全球生态环境带来严重影响,也进一步拉近了世界与北极的距离。北极地区蕴藏丰富的资源更加易于开采;航道开发的广阔前景也日趋明朗,北极航道商业运行的前景越来越具有现实性,展现出巨大的经济潜力;北极基础设施建设严重不足,为未来发展提供了广阔空间。

北极在战略、经济、科研、环保、航道、资源等方面价值的不断提升,既是中国提出共建"冰上丝绸之路"倡议的外在动因,也是中国保持可持续发展和积极参与地区国际治理的内在需求。

三是域外国家参与北极活动和治理的持续性拓展。北极变化不仅是一个地区性的问题,还是全球性的大问题。北极问题逐步中心化,区域问题日益全球化,促使域外国家越来越多地关注北极,并持续参与到北极活动和治理中。特别是 2013 年,北极理事会史无前例地赋予中国、印度、韩国、日本、新加坡 5 个亚洲国家正式观察员国身份,为域外国家进一步参与北极事务提供了新的机遇,中国也进入了全面深入参与北极治理发展的新阶段。

中国提出的共同开发和利用北极航道,打造"冰上丝绸之路"的倡议,给促进北极地区互联互通和经济社会可持续发展带来合作机遇。中国参股亚马尔液化天然气项目正式投产和中远海运特运船舶对北极航道项目化、常态化的顺利完成,彰显了"冰上丝绸之路"合作的战略价值和商业价值,成为这一时期国际社会关注的焦点。

二、"冰上丝绸之路"的新风险

一是美国将北极视为中美争霸和战略竞争的新领域。共建"冰上丝绸之路"倡议提出之初，曾引起国际社会强烈反响，尽管也有一些误解甚至曲解，但总体反应较为积极，认为"冰上丝绸之路"倡议不仅是一个更多道路的连通计划，更是一个促进不同地区人民之间相互理解的愿景，国际社会也对"冰上丝绸之路"建设充满期待。但中美关系中不确定因素的增多，给"冰上丝绸之路"倡议带来一些新的风险和挑战。

中美贸易摩擦不断升级，美国北极战略和政策正在发生根本性转变。配合美国政府将中国视为"全面竞争对手"的定位和全面遏制中国的战略，美国将北极视为中美争霸和战略竞争的一个新领域，全面质疑中国北极身份和中国扩大北极政治影响力的意图，臆测中国对北极基础设施建设背后的军事意图，渲染中国参与北极治理是一个重大的不稳定因素，危言中国投资会导致中国对北极的资源控制和经济控制以及对北极国家主权的侵害等。同时，美国还就一些中欧合作项目（如格陵兰机场改造问题）对北欧国家施压，阻止北欧国家与中国在北极开展合作。美国的施压已经在一些北极国家中引发对中国的"信任危机"，它们担心中国会将北极作为挑战美国霸权的一个区域，担心中国不会满足于仅仅成为北极的"规范接受者"（norm-taker），而是要成为"规范制定者"（norm-maker）。

二是美国尝试增加北极理事会政治和安全功能以及分化北极国家。特朗普政府时期，美国的北极战略框架基本形成。主要表现为：否定气候变化给北极带来的影响，退出《巴黎气候协定》；强调北极开发；强调北极对美国安全的重要意义和作用；彻底转变奥巴马政府与中国在北极事务上积极接触、合作的态度，转向在北极事务上对中国的全面对抗与遏制。蓬佩奥在北极理事会部长级会议上的讲话透露出一个重要信息，即美国试图将战略和安全问题纳入北极理事会议程，改变北极理事会长期以来致力于北极可持续发展和环境保护的宗旨。同时，美国一方面在继续制裁俄罗斯，另一方面又展现出希望与俄罗斯开展北极合作的一面，试图在中俄北极合作之间打下一个楔子。这种趋势如果发展下去，势必对中国参与北极治理和经济开发活动构成新的障碍。

　　三是北极国家主权管辖权扩张和北冰洋公共水域缩小导致中国利益受损。北极领土争端虽已大多解决，但外大陆架争端方兴未艾。继俄罗斯、丹麦声称北极点是其大陆架自然延伸之后，加拿大也加入对北极点的争夺之中，这必然会急剧压缩北冰洋公共水域，影响未来航道发展乃至科学考察，进而对共建"冰上丝绸之路"造成新的阻碍。以美国为首的西方国家竭力将"冰上丝绸之路"倡议与所谓的"南海问题"挂钩，质疑中国在北极倡导自由航行与在南海行为相悖，认为中国在实行"双重标准"。这对中国进行回击，跳出西方预设的"南海陷阱"构成了新的挑战。

　　四是北极安全环境进一步复杂化趋势影响中国未来北极战略选择。冷战以来，北极常被誉为"高北纬，低紧张"，北极合作取代了冲突，北极地区成为与世界其他地区形成鲜明对比的"例外"地区。但乌克兰冲突和克里米亚事件造成的美俄之间紧张关系持续恶化。美国联合其盟国对俄罗斯发起多轮制裁，内容扩展到禁止向俄罗斯出口用于深海、北极资源开发的技术，终止与俄罗斯已经开展的和将要开展的合作项目，以及对俄罗斯石油公司和银行进行制裁。同时通过北约在北极实施规模越来越大的军事演习。而俄罗斯则针锋相对，加大加强北极地区军事投入和建设，以抵御北约在北极的扩张。北极安全环境的未来发展趋势必将影响到中国安全利益和未来北极战略选择、应对。

　　五是"冰上丝绸之路"合作对象和环境脆弱影响中国投资北极的基础设施建设。与"一带一路"合作对象多为发展中国家相比，"冰上丝绸之路"主要合作对象都是发达国家或新兴经济体，要在脆弱的自然环境中开展合作，且近年来这些国家又特别关注所谓的中国知识产权保护、工业间谍、与当地企业竞争、对劳务市场的不利影响等问题，主张对一些关键领域采取严格监管和封闭措施。中国政府和企业将面对更加严格的环保制度和更加复杂的舆论环境，这些国家的制度体系会对中国在这些地区的活动形成制度限制，对中国在北极的基础设施建设能力、技术投入和资金投入都有近乎挑剔的"选择标准"，如对中国企业在铁路或机场等关键基础设施的建设和使用方面施加影响的投资进行特别审查，对北极国家拥有技术专长的领域采取封闭措施以保持其技术专长和发展，"债务陷阱论"和"掠夺经济论"甚嚣尘上，都对共建"冰上丝绸之路"的开展造成了不利影响。

六是北极国家对"冰上丝绸之路"的态度和意愿呈多元性和不确定性。北极国家大致可分为三个板块：一是俄罗斯，二是北欧国家，三是北美国家。这些国家各自都有相关的北极开发项目，但对"冰上丝绸之路"的目标诉求存在明显的认知差异。俄罗斯注重北极资源的开发，对参与"冰上丝绸之路"建设较为积极，中俄也已开展了涉及能源和基础设施的实质性合作。北欧国家都是发达经济体，对创新发展、环境保护、气候综合治理等领域较为关注，而且自主意识较强，对共建"冰上丝绸之路"持较为积极态度，但"机会论"与"恐慌论"并存。它们对来自美国以安全为由限制与中国合作的要求会作出适度配合，但也会对美国的过分要求作出反制。美国对北极的地缘政治战略十分关注，常以地缘政治为由，反对、阻挠中国参与北极事务。加拿大对北极地区自然资源开发不感兴趣，但对航道和主权问题较为在意，对中国参与北极活动的态度较为消极，既有环保考虑，也有地缘上的抵触意识。

但从未来发展看，各板块对"冰上丝绸之路"及与中国的合作都存在不确定的风险。就俄罗斯而言，一方面，一旦美俄关系改善，俄罗斯会在北极合作方面优先选择西方公司；另一方面，在俄罗斯对中国资金依赖减少之后，对中国地缘限制的思维会重现。北极国家中的北欧五国有的是欧盟成员，有的是欧洲自由贸易联盟成员，在许多法律问题上受到欧盟管辖，欧盟对中国的看法和对"一带一路"的态度必然会影响北欧国家对中国参与北极事务和"冰上丝绸之路"倡议的态度和看法。欧盟2019推出的《欧中关系战略展望》战略文件中，对中国进行了重新定位，将中国视为不同领域中的"合作伙伴""谈判伙伴""竞争者""体系性对手"，并通过外国投资监管新法规监控外国投资，这必将给北欧国家与中国在"冰上丝绸之路"框架下的合作带来新的不确定因素。

第四篇

黄蓝文明融合发展

第二十一章
黄蓝文明融合发展的理论和实践

第一节　西方工业文明和中华文明的发展态势

一、西方工业文明的发展困境

世界上所有大的文明几乎都是以一种文明为主的混合型文明，只是各个类型文明所占的比重不同。尤其是第二次世界大战结束之后，一方面，伴随科技大发展、经济全球化、文化多样化的潮流，现代文明之间出现了新的融合趋势，比如从被动融合走向主动融合，以文明互动的双向性、多向性取代单向性；另一方面，由于资源枯竭、环境被破坏、病毒传播、恐怖主义猖獗、地区发展不平衡等全球问题凸显，单一的文明形态已经难以打破人类文明的发展瓶颈。比如，农耕（黄色）文明的发展瓶颈在于思想系统的封闭性，拒绝主动改变，在外界强力干预的情况下往往一方面作出调整，另一方面陷入进退两难的境地。海洋（蓝色）文明的发展瓶颈在于将世界拖入长达几个世纪的对立冲突、掠夺与被掠夺之中，造成对资源的破坏、对原生文明的破坏，以及世界范围内的政治经济发展不平等等问题。

五百年前，西方社会开始了从传统向现代的转型，出现了现代意义上的国家，包括中国在内的世界各国被动地卷入了全球化、现代化的进程。第二次世界大战结束以后，全世界分为资本主义与社会主义两大阵营。冷战结束之后，全球化程度的急剧加深使得文明的冲突更为凸显。在前现代社会，世界各个地区互动不多，因而文明间的不同并没有造成频繁的、大规模的冲突。然而现在不同的是，全球化把世界所有国家与文明联系起来，使得由不同文明造成的冲突更经常、更明显。

从大的历史环境来看，西方文明经历了近代几个世纪的霸权地位，不可避免地展现出了发展的疲态，如全球性冲突、环境资源问题、科技发展问题、经济金融危机等。其中，就全球性冲突来说，由于发展需求、宗教影响、文化因素等，西方对异质文明与新兴国家多采取敌对与排斥的态度。从"修昔底德陷阱"到"发展空间论"，再到近期的"霸权转移论"等，无不体现了这一态度。这种基于文明深处的内在逻辑，使得西方历史从一开始就是一部永无宁日的争斗史。航海大发现以后，这种争斗迅速扩大到了全世界的各个角落。竞争、冲突、全球文明间的碰撞在一定程度上推动了人类社会各个领域的发展，但同时伴随着的，必然是大范围的失序与破坏，这种失序与破坏甚至扩展成了全球性问题。

从环境资源问题来看，西方开启工业化道路的内在驱动力，与其进行大航海、全球贸易、海外殖民具有相似之处，都是最大限度地利用外在资源，并向外转移发展的负担。工业化造成的对环境资源的破坏、大量的碳排放等问题已经难以逆转，当前，大量发展中国家的工业化尚在进行中，这也造成了发达国家与发展中国家之间难以解决的分歧，限制发展中国家的碳排放量等同于限制国家的发展速度，而地球资源的承载能力到底有多大，当前尚无确切的认知。但无论如何，这种靠大量消耗资源发展的模式是无法长期采用的，发展道路问题是需要全人类共同探讨的问题之一。

当下的西方文明似乎变得越来越保守和封闭。德国历史学家奥斯瓦尔德·斯宾格勒在《西方的没落》一书中勾勒出西方文化的悲凉一幕，认为西方文化虽然还活着，但其生命机制已经进入衰败阶段，走向了无可挽回的没落困境。美国学者丹尼尔·贝尔指出，西方社会是由政治、经济、文化不同的轴心集团组成的，它们依据各自不同的原则运行，这种互不协调的、封闭的运行机制造成了文化与社会其他部分的脱节，也造成了社会的断裂。为了避免西方学者那种对文明发展的线性判断，姑且不论西方文化将来会不会走出衰落困境，也不论它将来是不是更加包容和开放，至少从目前阶段来看，如果说西方文化尤其是美国文化在过去曾是一个"大熔炉"的话，那么现在则有种种迹象表明它逐步走向紧缩、保守和内敛，美国的"特朗普现象"、欧洲议会对中国市场经济地位的排斥等例子都说明西方文化日趋保守和内敛。

二、中华文明的发展机遇

中华文明是一个融合了多元文化的体系，这种文明体系不仅包含了东方的智慧，还包含了西方的思想。或许正是这种包容才给了那些反对中华文化的人诸多口实，他们从文化纯正性的角度指出，"当一种文化什么都是的时候就什么都不是了"。然而，文化的包容性和创新性自古以来就是中华文化的本性，中国古代儒、释、道文化融合和现代马克思主义、中国文化、西方文化融合的经验及效果都能证明这一点。这种融合提供了一种世界各国文化交流和社会交往的范式，这种范式同样可以应用于世界秩序的构建。

冷战结束后，西方在意识形态斗争中大获全胜，"文明冲突论"的出现取代了人们对意识形态分歧的关注。塞缪尔·亨廷顿在其代表作《文明的冲突与世界秩序的重建》中将人类文明分为 8 种，并提出"核心国"概念，以文明核心国带领文明集团间的抗衡。在回答美国如何最大限度地保障自身安全的时候，亨廷顿认为，美国应该联合其他相似文明，以对抗伊斯兰文明与儒教文明联合的可能性。在鼓噪文明冲突的思维中，不同文化的异质性和纯粹性被单独拎出来并被夸大，而忽视了融合也同样是文化的另一种可能性。冲突和融合是文化交流的两种方向，有些文化在某些特定的历史时期固然以冲突为主，但是还有一些文化在某一历史时期却可能以融合为主。

中华文明最大的特点就是融合、创新，它能包容不同的文化并使之汇聚为一体，这种包容不是简单地混合，而是把不同的文化以不同的时空和功能分区有机地串联起来，形成一种互补的文化结构。此外，中华文化的创新也是极具特色的。在前期，中华文化以内源性的自我创新为主，在后期则以外源性的创新为主。不过，内源性创新与外源性创新在文化发展过程中不可分割，它们总是同时进行的。其中，外源性创新更加注重吸收外来文化的新鲜血液，这种创新方式自儒、释、道文化融合开始就成了中华文化的一种主导型创新模式，也是中华文明转型的一种范式。古代儒、释、道文化融合的文明转型，近代以来马克思主义、中国文化、西方文化融合的文明转型，都是通过吸收外来文化，通过外源性创新和内部自我创造的内源性创新结合进行的文明转型。

中华文明转型的意义就在于，它提供了一种世界各国文化交流和社会交往的范式，这种范式同样可以应用于世界秩序的构建。中国并不像美国等西方国家在世界他国利用或隐或显的方式推行文化价值，在中国看来，重要的不是输出具体的文化内容，而是要与世界各文明一道，打造一套各文明之间交流、沟通、和谐共生的实践范式。这种范式告诉世界：各国都应该在坚持本国文化的主体性基础之上积极与世界其他文化展开交流、对话，文化之间应相互尊重、平等、开放和全方位深度互动、互学和互鉴，在保持和丰富主体性的同时，还要具有杂糅的特质和更丰富的主体间性。既要避免文化种族主义，又要避免文化霸权主义，那种以安全的名义行文化封闭之实，或者以开放的名义推行文化的同一化的做法，都不是文化交流的正确途径。

从中华文明转型的经历来看，文明转型的过程是一个既复杂又有趣的"加减乘除"齐头并进的过程，也是春蚕化蛹、生生不息的过程。从中华文明转型的历史经验不难看出，不同民族之间应该坚持差异基础上的对话，寻求文化之间的契合性和互补性，调和传统与现代，取缔中心与边缘，融合自我与他者，形成一个全球跨文明的"沟通共同体"。只有这样，才能真正构建出包容、平等、和谐的世界安全、利益、命运、责任的共同体。

第二节 探索创新中华民族伟大复兴的理论支撑

一、中华民族伟大复兴亟须理论支撑

20 世纪 70 年代末实行改革开放政策后，中国一直把主要精力放在经济发展上，这一方面为国家实力的提升打下了良好的物质基础，另一方面快速发展也带来了外界的猜疑与恐慌。伴随着中国经济的迅速发展、国际地位的迅速提高，各种版本的"中国威胁论"层出不穷。早在 1990 年，日本版的"中国威胁论"就已出现，与此同时，美国版的"中国威胁论"几乎没有停止过。在俄罗斯、印度等大国及周边国家，"中国威胁论"也有市场，内容从军事、政治、经济到人口、资源、粮食等，遍及各个领域。究其根本，可以发现，支持"中国威胁论"的理论，如"霸权稳定论""权力转移论""文明冲突论""大国崛起模式"等，其预设条件、历史经验、基本逻辑皆来自西方政治话语体系。大部分现代社会科学的创建、发展均以西方的历史经验及知识逻辑为学科基础，包括中华文明在内的东方文明在其中起到的作用微乎其微。

进入 21 世纪后，凭借西方的历史经验与知识逻辑判断东方大国的发展，显然已经不符合历史发展与科学发展的潮流。近年来，已有学者逐渐意识到了其中的不合理因素，认为在不同的地域，在不同的自然条件下，人们的社会实践和互动方式不同，会产生不同的社会表象体系与知识体系，开始强调文明的多元化对世界政治的重要意义。跳出西方话语体系的固有范式之后，类似"大国崛起模式"的死结就有了消解的可能。

自近现代以来，无论在自然科学领域还是社会科学领域，主流的话语体系均来自西方，对基本概念的阐释以及基本的逻辑结构，都遵循西方的话语结构，东方的

思想结晶极少被纳入。如美国提出的"霸权稳定论"认为，稳定的国际关系除了彼此之间实力相对均衡，还需要一个霸权国，它愿意为其话语体系提供公共产品，维持国际社会的和平与繁荣。

实际上，中国古代创建的朝贡体系也是一种霸权稳定体系，这个体系以中国为核心，中国是宗主国，与其他国家处于不平等的地位，但中国的传统中有一个非常特殊也非常宝贵的地方，就是强调对国家特别是大国的伦理制约，中国以宗主国地位自居，但在道德理论上对自己要求非常高，约束力也非常强，在实践中也不利用宗主国地位进行不平等交易或干涉他国。再比如中国古代的"非战"理论，中国古代兵学非常发达，但是中国古代真正知兵的人都提出一个非常重要的观点，即"国虽大，好战必亡；天下虽安，忘战必危"，对战争非常慎重。

"非战"的主张除了由于战争本身的危险性，还有很重要的意识形态方面的原因。如，梁惠王问孟子："叟不远千里而来，亦将有以利吾国乎？"孟子回答："何必曰利？""上下交征利，而国危矣。万乘之国，弑其君者，必千乘之家；千乘之国，弑其君者，必百乘之家。……苟为后义而先利。"治国以正义为优先，然后才能考虑利的问题，不能把关系搞颠倒了，在军事领域，如果国家不以正义为最高的治国指南或战争指南，而是把通过战争获取利益作为目的，就会非常危险，会造成治国政策根本性的偏差，这种思想非常深刻且非常值得反思。

西方话语体系在过去的几个世纪中体现出了优越性，但问题也越来越凸显，在未来的发展中，着重从中华文明固有的知识体系中提取系统的、有益的、能充分说明中国发展模式，并使之符合现代学科特点变得极为重要和迫切。当中国可以用自己的话语体系解读民族复兴的目标与道路选择时，必将对国家形象的提升与外部环境的改善具有极为重要的意义。中华民族的伟大复兴不仅将表现为国家实力、国际社会地位、人民生活水平的大幅提升，更将表现为中华文明核心价值的彰显与传播，中华文明要以自己的话语体系向全世界解读民族复兴的目标与道路选择。

二、探索创新中华民族伟大复兴理论支撑的主要思路

要创新中华民族伟大复兴的理论支撑，除了要有一套符合中华文明内核、在可预见的未来能保持先进性的理论体系，从另一个角度来说，也需要努力增强中国道路的影响力与话语权。党的十八大以来，习近平多次就加强话语体系建设、增强中国的国际话语权作出重要指示。党的十八届三中全会强调，要加强国际传播能力和对外话语体系建设。党的十八届五中全会提出，必须把创新摆在国家发展全局的核心位置，不断推进理论创新、制度创新、科技创新、文化创新等各方面创新。

在2016年5月的哲学社会科学工作座谈会上，习近平对如何发挥我国哲学社会科学作用和加强话语体系建设进行了系统阐述。他指出，在解读中国实践、构建中国理论上，我们应该最有发言权，但实际上我国哲学社会科学在国际上的声音还比较小，还处于有理说不出、说了传不开的境地。这就要求我们以更强的理论自觉和理论自信，着力打造具有自身特质的话语体系。历史表明，社会大变革的时代，一定是哲学社会科学大发展的时代。当代中国正经历着我国历史上最为广泛而深刻的社会变革，也正在进行着人类历史上最为宏大而独特的实践创新。这种前无古人的伟大实践，必将给理论创造、学术繁荣提供强大动力和广阔空间。这是一个需要理论而且一定能够产生理论的时代，这是一个需要思想而且一定能够产生思想的时代。一切有理想、有抱负的哲学社会科学工作者都应该立时代之潮头、通古今之变化、发思想之先声，积极为党和人民述学立论、建言献策，担负起历史赋予的光荣使命。

在打造中国特色、中国风格的话语体系方面，近年来我国已有了较明显的进步。中国梦的提出引起了国内外巨大反响。中国梦把国家、民族和个人作为一个命运共同体，把国家利益、民族利益和每个人的具体利益紧紧地联系在一起，和美国梦、欧洲梦既有联系又有区别，具有中国特色。"一带一路"倡议的提出，同样蕴含了丰富的中国文化内涵，即旨在促成中国与沿线国家的合作、互利、共赢，开创

国际关系新局面。"一带一路"倡议提出的共建原则和建设方案，集中体现合作开放、互利共赢的特点，展示了中国的发展是开放、共赢、和谐的发展，以及打造人类命运共同体的价值诉求，在国际社会引起强烈反响。如何积极推动"一带一路"建设的价值观真正落实，尚需要极深入与丰富的理论支持。

总之，根据习近平的系列重要讲话精神，要形成一整套既符合中华文明内核，又适应现代社会，同时在可以预见的未来也能保持先进性，并可以向世界其他国家进行有效阐释的理论体系，就需要做到：一方面深入梳理中华民族历史文化中的优秀与平庸、先进与落后、精华与糟粕、历久弥新有生命力与腐朽陈旧反动没落的内容，挖掘出其中优秀、先进、精华、历久弥新有生命力的内容；另一方面也深入辨析西方文明与当代世界政治经济发展的关系，区分东西方文明在当前发展形势下的优劣，正确对待西方文明中的优秀部分，同时坚持自身的道路选择。

鸦片战争之后，中国曾经被迫进行改革，而后又主动学习西方，一度有全盘西化的呼声。中华人民共和国成立后，几经波折，最终确立了中国特色社会主义道路。几届中央领导不断往中国特色社会主义理论体系中增添新的内容。民族复兴与中国梦提出之后，党和国家领导人越来越重视对传统文化的发掘与弘扬。而近年来提出的海洋强国战略与"一带一路"建设，更是引发了国际社会对中国海洋文化、海洋发展战略的思考与探讨。可以预见，中华农耕（黄色）文明中的精髓和海洋（蓝色）文明基因，将同时融入中国未来的发展道路之中。

第三节　中华农耕（黄色）文明资源及重大影响

一、历久弥新的中华农耕（黄色）文明资源

在大航海时代到来之前，农耕文明占据人类文明发展的主导地位，其中中华文

明、印度文明等是农耕文明中的典型代表。从 15 世纪大航海时代开始，海洋（蓝色）文明逐渐占据了人类文明发展的主导地位，一直持续到 20 世纪。20 世纪后期，尤其是进入 21 世纪之后，以农耕文明为主体的中国、印度等国实现了高速发展，对国际社会产生越来越重大的影响。与此同时，西方工业文明开始进入发展的瓶颈阶段，并伴随着全球化程度不可逆转的加深，各类全球性问题逐渐凸显。在这个前所未有的历史时期，依靠单一的文明形态已经难以解决全球性问题，人类所面临的共同危机、综合性危机、多重危机，需要各国共同努力才能解决。在这样的背景下，深入研究中华农耕（黄色）文明和海洋（蓝色）文明的起源、发展各阶段及其属性和特点，被赋予了新的时代意义。

当前，中国正在大力推进符合中国国情的发展道路，这条道路必须根植于中华民族几千年文明的深厚土壤之中，又必须能够适应并面对新的时代需求。随着海洋强国与"一带一路"建设的展开，中国的海外利益正在迅速拓展，对世界的影响正在逐步加深，中国道路也必然对全球性问题作出应对。这些需求都决定了，必须结合时代背景，深入研究中华农耕（黄色）文明，在恪守根本的同时坚持开拓创新，探寻对中华民族甚至对全人类发展有益的中国道路。

中华大地的北方是蒙古高原，西面是大漠、山脉，西南是青藏高原，东面是世界最大的海洋——太平洋。内陆地区则地域广阔，气候适宜，物产资源富足，非常适合农业生产，黄河流域和长江流域贯穿中原，为中华农耕（黄色）文明的发展提供了先决条件。农耕（黄色）文明曾经覆盖了中国社会的各个方面，是中华文明的核心支柱，也是构建中华民族核心价值观的重要精神文化资源。就当前来说，农耕（黄色）文明的深刻影响仍然在发挥着巨大作用。

农耕（黄色）文明，是指农民在长期农业生产中形成的一种适应农业生产生活需求的国家制度、礼俗制度、文化教育等的文化集合。在历史上，中华文明至少经过了三次大转型，这些转型都改变了文明发展的方向，赋予了文明发展新的可能性。其中，农耕（黄色）文明的核心要素始终没有发生变化。春秋战国时期是中华文明的第一个高峰期,在商鞅、韩非等人作出大量论述的"耕战"思想指导下,战国强国逐渐形成了兵农合一的局势,既保障国家的经济力量,又保障国家的军事力量。秦国构建了强大的农民生产体系,实施全民皆兵、战争鼓励等制度,为统一六国打下了基础。

二、中华文明的三次大转型

中华文明的第一次大转型是秦灭六国之后,随着中央集权专制的建立,由多元的诸子百家争鸣走向文化的大一统,尤其是汉武帝采纳董仲舒"罢黜百家、独尊儒术"的建议之后,中国文化基本上奠定了以具有实用主义倾向的儒家思想为统治思想的文化模式。在这个阶段,国家颁布了一系列重农轻商的法令,如汉高祖"乃令贾人不得衣丝乘车,重租税以困辱之",农业得到极大的发展。在汉代,中原诸郡的农业技术已经比较精细,广泛建立了复种连作制,这极大地促进了农业生产力。此外,铁器的推行对各地农业技术的发展起到极大的促进作用。汉代中原诸郡铁农具种类繁多,分布广泛,促进了精耕细作技术体系的形成。董仲舒在思想方面提出"罢黜百家、独尊儒术",在国家经济发展上则提出了"限民名田",废除盐铁官营等措施,主张减轻对农民的剥削和压迫,节约民力,保证农时,这使土地和劳动力有比较稳定的结合。政治上确立儒家思想的统治地位,经济发展上逐步完善农耕制度,文化上确立了文官考试制度,汉代奠定了中华农耕(黄色)文明的基础。

西汉末年开始,佛教自印度传入中国,与中国儒家、道家融合,由初期的星星之火迅速发展至隋唐时期文化融合的高潮,儒、释、道文化最终成为中华文明的一个重要形态。这是中华文明的第二次大转型。在这一历史阶段,农业经济仍然是中华文明的基本经济形态,农耕文化的影响使得无论文化融合如何进行,与农耕文化形态紧密相连的儒家思想仍然是中华文明的基石和主流。

近代以来,西方蓝色文明精神所引领的海外探索、海外殖民体系确立,全球性资本体系兴起,东西方文明遭遇了激烈的碰撞。在这场碰撞中,西方文明获得了压倒性的优势，东方文明陷入了暂时的衰落之中。通过长时间的观察，我们可以看到，很多文明呈波浪式或螺旋式的发展。在某一个历史阶段，它们可能由繁荣转向衰落，但是通过改革或创新之后，在另一个历史阶段，它们又很快涅槃重生，由衰落转向繁荣。文明和文化最大的特性莫过于它们可以通过内部或外部的创新来延长寿命，通过转型来重新激发活力，正如一个人可以通过医疗保健延长寿命一样。自然，文化的延续比起人的寿命的延续来说更有可塑性。据此，没有任何理由认为近代以来中华文明遭遇的危机代表着中华文明的整体衰落，这只能说明这种衰落和以前中华文化所经历的衰颓一样只是文化发展波浪中的某一段，没有理由断定没落或衰亡是文化不可避免的宿命。

中华文明的第三次大转型是随着西方思想和马克思主义进入中国，由中国共产党主导的中国传统文化、西方文化与马克思主义的融合，用哲学家方克立的话来说，就是"马魂、中体、西用"的综合创新。当前的中国，形成了马克思主义主要在政治领域、西方市场经济主要在经济领域、中国传统文化主要在生活领域发挥各自功能的格局。中华民族的精神内核依然以传统文化为基础，如何辩证看待几千年来的传统农耕（黄色）文明，使之实现与现代社会之间的结合，是亟须研究和解决的重大问题。

近代以来，中国经历了100多年的半殖民地历史，尝试探索了不同的发展道路。晚清的宪政改革，民国初年的共和体制改革，其后的军阀割据等，最终仍然是靠农村包围城市的道路突破了瓶颈，获得了成功。中华人民共和国成立后，中国长期居于农业大国的地位。中国共产党于1947年颁布的土地法大纲，废除了封建土地所有制，极大地调动了广大农民的生产积极性，促进了农村生产力的发展。但中华人民共和国成立以后的农业发展走了不少弯路，直到1978年实行家庭联产承包责任制，农业生产力才得到了复苏。改革开放、社会主义市场经济等制度带来了中国经济的高速发展。

目前，中国仍然拥有面积广阔的农村和人口庞大的农民，中华文明依然在传承着几千年来的农耕（黄色）文明中的核心要素。一方面，在向西方学习优秀发展经验的同时，国家与人民都意识到，要真正实现国家的复兴，依然要依靠在这片土地上发展繁荣了几千年的中华文明。特别是在全球发展进入普遍的转折期，中华文明或有提供另一种发展道路的可能。另一方面，在新时代，执政党提出了"三农"问题与新农村建设。中国的农业现代化不能以欧美国家现代化为目标指向，要考虑中国人口多、耕地少的国情，既要处理好农业与其他产业之间的关系，又要处理好发展现代农业与保护生态环境之间的关系。为此，我们需要从传统农业文明中汲取有益的养分，走出一条适合中国国情和文化传统的农业现代化之路。

当前，中国作为世界第二大经济体，在经济方面已经有较大的世界影响力，但在政治体制、文化与价值观方面，中国的影响力却较为落后。一个国家的政治经济体制应该适应与体现本国的价值体系和文化特征。"政治制度，必然得自根自生。纵使有些可以从国外移来，也必然先与其本国传统，有一番融和媾通，才能真实发生相当的作用。否则无生命的政治，无配合的制度，决然无法长成。"①

三、中华文明的重大社会、政治和思想影响

农耕（黄色）文明孕育了中国几千年的政治制度、经济制度，以及一整套价值信仰体系、文化传统。

当下西方资本主义面临的种种危机表明，西方自由民主主义价值信仰体系本身也出现了严重的问题，无法成为具有 5 000 多年历史文化的 14 亿人民价值信仰的模板或标杆。学习西方可以成为一个必要的途径，但解决不了中国人安身立命的思想价值和信仰问题。要从根本上解决这一问题，还必须从中国的历史文化中寻找出路。现在亟须进行的工作就是梳理中华民族历史文化的内容，以其中优秀、先进、精华、历久弥新有生命力的内容与中国特色社会主义相结合，使之形成中华民族的

---

① 钱穆：《中国历代政治得失》，生活·读书·新知三联书店，2001。

新型价值体系。

中国传统的社会价值和信仰体系的重要资源，会在以下四个方面产生重大的社会、政治和思想影响：

一是有利于凝集全体国民的精神，形成更为广泛的社会共识。两千年前的老子精神、孔子思想在广大民众中仍有强大的影响力和感召力，可以产生更为深广的影响力，形成不分党派、宗教、阶层、海内外的中华民族的共同的意识形态和民族凝聚力。

二是有利于民众理解和信仰中国特色社会主义。如果能以传统文化的内容充实和补充，中国特色社会主义就能与在民众中有较大影响的老子、孔子等的思想融为一体，更生动、更有生命力，在民众中更有影响力，加强民心的凝聚力，避免出现相当多民众因信仰空虚而盲目崇拜西方思想和宗教的现象。

三是使中国特色社会主义文化的中国特色更加鲜明和突出。社会主义核心价值观的表述中最有中国特色的是和谐，其他价值观念或者为其他国家所共享，或者在西方强调更多。如果能更鲜明地提出老子的自然而然中的人法自然、无为而治中的自由价值、损补抑举的公平正义，老子和孔子的民本主义，孔子的人文主义、人才主义、人道主义，商鞅的以法治国、制度创新、国家统一等，就更能真正体现中国特色。

四是大大提高中国文化的影响力。中国传统文化内容极其丰富，有相当一部分与西方的法治、以人为本、可持续发展、公平正义、自由等核心价值是重叠的，可以大大地减少西方对中国特色社会主义的抵制和排斥，绕开西方的意识形态的封锁和藩篱，以西方较为熟悉的老子（《老子》一书是外国文本中仅次于《圣经》的经典）、孔子（在多国有孔子学院）的思想进入西方社会，能大大地提高中国在西方主导的国际体系中的话语权和文化影响力。

第四节 激活海洋（蓝色）文明基因促进文明融合

一、中国海洋（蓝色）文明在古代发展的主要障碍

激活中国海洋（蓝色）文明基因，迫切需要深入研究中国历史中的海洋（蓝色）文明因子和当代建设海洋强国面临的诸种问题，并通过这些研究，极大地提高全国人民关于建设海洋强国的认知度。

研究表明，中国古代虽然具有海洋强国的文明基因，但是从文明的起源及其几千年的发展来看，中国的文明体系却很少受到来自海洋方向的影响。也就是说，作为拥有漫长海岸线和一个内海、三个边海，并且有着非常古老的海洋文化（包括历史悠久而繁盛的海上贸易）的海洋国家，海洋都未对国家政治经济制度产生重要影响。中国古代的海洋实践活动及广大人民创造的灿烂辉煌的海洋文化，往往停留在政治宣传的目的上；即便是近代两次鸦片战争，一直到甲午战争之前，中国政府也只是把侵略中国的西方国家看成有着坚船利炮的海寇，未曾认识到此种"骚扰"与文明或政治经济制度相关。究其原因，主要有以下几点：

一是地理区位的局限。中国地理区位的局限突出表现在中国广大海域呈封闭或半封闭状态。这种特点在古代是一种有利条件，海上交通线具有较高的安全性和稳定性，因而有利于海上贸易的发展。然而自明清以来，特别是近代以来，由于科学技术和各国军事力量迅速发展，在中国的周边海域形成多重岛链，因而从全球范围发展海上力量的角度来看，中国广大海域的上述特点又是不利因素。

二是地缘政治的影响。19世纪中叶前几千年的历史发展中，中国周边海域没有能够威胁中国的海上力量，对中原王朝来说，海患均为癣疥之疾，不足为虑，耗费中原王朝较多精力的是明代的倭寇问题和日本侵略朝鲜问题，但二者一为海盗活

动，一为周边藩属国的战乱，均不对中原王朝构成重大威胁。这就决定了中国没有
迫切的动机来谋求海上军事优势。因此，古代中国对海洋的利用主要侧重交通方
面，或者将海运作为陆运的补充，或者将海洋视为海外进出口贸易的载体，对海洋
资源、海洋科技、海洋安全等问题都不太重视，很难形成与大陆（黄色）文明相
匹配的海洋（蓝色）文明。

三是立国基础的定位。中国虽然经过几千年的海洋探索和海疆拓展，形成了广
大的管辖海域，但其规模仍不能与更广阔的陆域相比。尽管从上古时期到夏、商、
周三朝，中华先民已经具有较高的海洋探索能力，创造了中国早期的海洋（蓝色）
文明基因，但经过周、秦、汉、唐长达 2 000 多年的发展之后，终于形成黄色文明
（农耕文明）占主导地位的华夏文明体系。这一文明体系的本质特征是重农抑商，
并且过分强调以农立国。这种立国基础的定位就决定了中国历朝历代发展的重点在
陆地而不在海洋。

四是国家体制的限制。这方面最主要的表现就是严重的官民脱节：官方层面重
政治轻经济，民间的贸易和移民领域重经济社会利益轻政治因素。这种分异本来无
可厚非，但在古代中国，二者基本上相互隔绝，很少相互支持，反倒经常相互挤
压。其中最为典型的就是明代皇帝一方面大力支持郑和七次下西洋，另一方面又推
行海禁；清代一方面推行"广东十三行"一类的专营制度，另一方面又反对一般
的民间外贸，禁止海外移民和海上贸易。

五是海洋文化的缺陷。中国虽拥有古老而丰富的海洋文化，但其本身存在着重
大缺陷，其中最重要的就是导致中国的海洋科技不能充分发育。仙道思想虽然推动
了中国人民对海洋的探索和思考，但并未转化为海洋研究、海洋科学等，由此导致
对海洋的探索长期处于经验积累、仙道玄思的简单再生产阶段，不能借助海洋科技
的有力支撑而进入扩大再生产阶段。

以上几个方面的因素逐步形成了中国陆上产出远远大于海洋产出的基本格局和
中国几千年海陆发展不平衡的历史，由此决定了中华文明大陆性远胜于海洋性的特

征，导致了中华先民在几千年历史发展中虽然创造了丰富多彩的海洋文明基因，但由于陆地经济繁荣，产出丰富，而且拥有在当时看来较为优越的地缘优势，无须忧虑海洋方向的威胁，因而中国在长期的历史发展中高度重视陆地发展而轻视或漠视海洋发展和海洋（蓝色）文明的情况。

二、激活中国海洋（蓝色）强国的文明基因

在资源枯竭、环境被破坏、病毒传播、恐怖主义猖獗、地区发展不平衡等全球性问题凸显的今天，无论农耕（黄色）文明，还是海洋（蓝色）文明，任何单一的文明形态都已经难以打破人类文明的发展瓶颈。面对人类的共同危机与发展需求，积极探寻发展困境的成因，辨析并提炼东西方文明中适合人类发展需求的部分，加强各国政府间的通力合作，探寻新型的发展道路，已成为刻不容缓的议题。

面向 21 世纪世界发展的新形势和新挑战，中华民族的伟大复兴，走中国特色社会主义道路，必须重振中国农耕（黄色）文明资源，激活海洋（蓝色）文明基因；而陆海统筹发展、海洋强国和"一带一路"建设等国家战略的实施，必将促进黄蓝文明的互补与融合。

20 世纪末，国内学术界曾经出现过一次关于应当优先发展陆权还是海权的争论，持续了 20 来年，在新时期的环境下，发展海权的呼声越来越高。21 世纪初，我国终于确定了海洋强国战略。目前我国面临的海洋环境极其复杂，涉及主权、发展、外交等多维度问题，制定最适合我国的海洋强国战略，必须深入研究、挖掘中华文明中的海洋要素，拓展具有中国特色的海洋强国之路。

近代以来的 100 多年间，由于国内外形势的发展变化、地缘政治经济格局和地缘环境的快速变化，海洋的作用和意义正以前所未有的重要性突显在人们面前。值此发展的重要关头，必须充分认识中国海洋发展的优势和劣势，把握目前开发利用海洋的历史良机，把中华民族几千年来创造的海洋（蓝色）文明基因作为建设海洋强国的重要历史依据。过去，海洋（蓝色）文明曾经是中华文明的重要组成部分和中华文明发展的内在动力，现今，更应使海洋发展成为实现中华民族伟大复兴中国梦的重要推动力，并使历史上创造的海洋（蓝色）文明基因进一步发扬光大。

中国现代海洋意识的觉醒起于 19 世纪末和 20 世纪初，此后国家虽然对海洋的重视程度逐步提高，但始终保持非常审慎的态度。冷战结束以后，中国的经济发展、国力强大、对外开放和进一步发展对于实行新的海洋战略提出了新的要求。这就需要根据新的国际环境和国内条件，激活海洋（蓝色）文明基因全面协调发展，建设中国特色海洋强国。

古代中国虽然不是一个带有海洋（蓝色）文明性质的国家，但却是拥有良好的自然条件和非常古老丰富的海洋文化的海洋大国。这些优厚的自然条件和文化积累过去没有发挥足够的作用，也未得到有效的开发。世易时移，如今，阻碍海洋发展的政治、经济、文化条件都发生了巨大变化，海洋发展的环境有了根本性改善。如果能将中国得天独厚的自然条件、生生不息的文化基因与现状相结合，善加利用，或将激发出新的力量，成为推动海洋发展从量变到质变的助推器。

三、"一带一路"建设促进黄蓝文明融合发展

2013 年 9—10 月，习近平提出"一带一路"的构想，得到国际社会的高度关注和有关国家的积极响应。当今世界正在发生复杂深刻的变化，各国面临的发展问题依然严峻，迫切需要秉持开放的精神，开展更大范围、更高水平、更深层次的区域合作，共同打造开放、包容、均衡、普惠的区域经济合作架构，推动区域内要素有序自由流动和优化配置，让互联互通、合作共赢成为时代最强音。

"一带一路"的构想与实施，可以说进一步阐释、提升了陆海统筹发展的含义。从国内层面来看，"一带一路"建设的一个重大特点就在于陆海双向发展，陆海不仅不偏废，而且互为支持、互为补充。它将陆海经济，将内地与沿海的发展统筹起来，把海洋意识引入内地，并且利用陆地的国际大通道，使大陆腹地和中西部地区得到真正的开放和发展，成为开放的前沿阵地。从具体的方法来说，可以采取构建

连接"一带一路"的国际物流大通道、打通陆上丝绸之路和海上丝绸之路的交会点等方式。比如在西安建设内陆港，重要意义之一便是把海洋意识引入这样一座作为农耕（黄色）文明符号的内陆城市，可以非常突出、醒目地展示出我国的陆海统筹不仅在于制度层面，也体现在文明和意志层面。

从国际层面来看，"一带一路"建设可以在一个更宏大的层面统筹我国古今陆海文明两方面的发展成果。尤其是提出以合作、共赢、共建的方式重建海上丝绸之路，不仅是我国海洋文化中和平与发展因素的重新体现，也向世界表明了中国道路是一条谋求和平共赢而非谋求霸权的道路。这是我国作为农耕国家，文化中的自制力、包容力、和平性在海洋方向上的体现。进一步说，在"一带一路"建设中，应给予文化交流、交锋、交融以更大的关注，因为"一带一路"建设的最深厚的基础是民心相通，建设命运共同体最重要的是对共同利益、共同价值的认同和追求，文明互鉴是其中的重要内容，也是更为艰巨的任务。

将东西方历史与文明发展进行对照可以发现，西方文化的确自古以来都是以冲突为主，而中国文化自古以来就有包容与融合的传统。中国古代的丝绸之路具有极为丰厚的文化积淀。丝绸之路沿线自东向西分布着儒家文化、佛教文化、伊斯兰文化、印度教文化、东正教文化、天主教文化，以及各种民族文化，超越千年的历史交往令各族文化相互交汇、相互融合，形成了举世无双、和而不同的人文景观。其中虽然也发生过怛罗斯之战、蒙古西侵等历史插曲，但是从大历史的角度来观察，和平的商务往来、友好的文化交流始终是丝绸之路上的主旋律。这一点，对于解决当前世界范围内难以调和的文明冲突、文化冲突以及人类共同面对的各类全球性问题，可以起到非常有意义的借鉴作用。

中国古代丝绸之路实际上就是东西方文明交流的桥梁和纽带，通过交流互鉴，推动了人类文明的发展进步；反过来，不同文明的交流互鉴又使丝绸之路发扬光大。习近平提出的"一带一路"倡议就是要继承中国古代丝绸之路促进不同文明之间交流互鉴的精神内涵，实现南北呼应、东西贯通、陆海统筹、两翼齐飞的战略目标。

第二十二章
中西方不同的价值取向与文明互鉴

第一节　人类文明两种不同的价值取向

一、人类文明有不同的价值取向

人类在演进过程中，形成了不同的文明和文化。不同文明和文化的起源可以追溯到人类社会最初所处的不同社会环境。英国历史学家阿诺德·汤因比通过广泛考察历史长河中各个文明在时间和空间中的碰撞、接触和融合，提出了著名的挑战与应战模式。他把挑战分为微弱、适度和强烈三个等级，指出：过于微弱的挑战刺激不了一个文明，过于强烈的挑战会摧残文明，只有适度的挑战才真正起到了推动文明的作用。中华文明便是适度挑战的产物，并将因适度挑战进一步发展①。日本学者和辻哲郎也指出：人类在抵御外界自然时，形成了各民族特有的生活习惯和民族精神②。

不同文明和文化对社会制度有重要的影响，孟德斯鸠把影响社会制度的基本原因归为两大类：一是物质原因，包括地理、气候以及其他相关因素；二是精神原因，包括宗教、习惯、思维方式、经济技术状况、法律与传统等③。美国人克雷夫

---

① 阿诺德·汤因比：《历史研究（修订插图本）》，刘北成、郭小凌译，上海人民出版社，2000。
② 和辻哲郎：《风土》，陈力卫译，商务印书馆，2006。
③ 孟德斯鸠：《论法的精神》，张雁深译，商务印书馆，1982。

科尔表达得更形象："人类如同植物，果实的丰腴、甘露的丰醇概出于其生长的土壤与特定的地理环境，而我们则无非是在赖以呼吸之空气、适以生存之气候、匍匐其下之政府、宣奉至上之宗教，以及就业谋生之根本等诸因素共同作用下的产物。"①

文明和文化的重要组成要素之一是价值，当一种价值为某一群体所共享时，就形成了群体价值②。荷兰学者霍夫斯坦德调查统计了 40 个国家的态度和价值观，得出结论：不同的群体、区域或国家的文化是有差异的，这种差异可以用四个维度描述——个人主义与集体主义、权力距离、不确定性避免、男性度与女性度③。可见，一个国家的价值观存在集体取向和个人取向的区别。

集体取向的价值观偏重社会整体利益，把增添社会整体利益总量奉为道德终极标准，儒家思想、社会主义、功利主义都持这种价值观。个人主义包括三个方面的内容：强调个人是目的，同社会相比，个人具有最高价值；强调个人的民主与自由；从个人出发，维护财产私有的社会制度④。

二、中国和西方不同的价值观体系

中国和西方在集体取向与个人取向这个维度上，有明显的区别。中国呈较强的集体取向，比较强调自我控制、社会秩序。西方在自由、个人独特性等问题上强调的程度较高。所谓西方，主要是指欧美地区的经济发达国家，如欧洲的英国、法国、德国、意大利等和北美洲的美国和加拿大等。

中国的价值体系，突出地体现为强调群体价值。和辻哲郎从环境发生学的角度

① 卢瑟·S. 利德基主编《美国特性探索》，龙治芳、唐建文、丁一川、陈致、白乙、韩振荣等译，中国社会科学出版社，1991。
② 殷海光：《中国文化的展望》，上海三联书店，2009。
③ 胡文仲：《试论跨文化交际研究》，载胡文仲主编《文化与交际》，外语教学与研究出版社，1994。
④ 托克维尔：《论美国的民主》下卷，董果良译，商务印书馆，1988。

解释说：中华民族的特点是季风型的，所以惯于忍受和顺从①。卡尔·A. 魏特夫强调生产方式的决定性作用，同样得出了中国强调集体价值观的结论，他分析说：中国长期处于农业社会，农业生产要求超乎个人力量的合作和集体行动，特别是灌溉。这就是亚细亚生产方式。这种生产方式，导致并强化了集体本位的价值观，形成了集体本位的文化②。

集体本位的文明和文化在不同时代有不同的表现。在传统社会，集体本位的文明和文化主要体现为家族主义并导致了专制主义，专制思想一直延续至今。在近代，集体本位的文明和文化主要体现为民族主义，在中华人民共和国成立后则主要体现为社会主义。

个人主义是西方文化的核心，是西方文化特质中带有根本性的东西。西方人不是把个人主义看作一个缺点而是看作一种近乎完美的品德，它代表创造性、开拓性、积极进取精神以及不向权威屈服的自豪。因此个人主义通常产生骄傲感，西方人认为它是西方文明独特的、最吸引人的地方。这么浓烈的个人主义文化是怎么来的？它是不是绝对排斥集体利益？西方个人主义发展的现状又如何呢？

第二节　中国是集体取向的文明和文化

一、集体取向之下的家族主义与专制主义

早在周朝，中国就产生了以祭祖为核心、以血缘父权家长制为基础、以等级为特征的周礼。春秋时代的孔子，焦灼于当时诸侯纷争、礼坏乐崩、社会动荡、生灵涂炭的混乱局面，删定诗书，试图恢复周礼。孔子思想体系的核心是"仁"，旨在

---

① 和辻哲郎：《风土》，陈力卫译，商务印书馆，2006。
② 卡尔·A. 魏特夫：《东方专制主义》，徐式谷等译，中国社会科学出版社，1989。

确定良善的人与人之间的关系。孔子由日常亲子之爱引出孝悌，根据孝悌树立礼的正当性，把礼以及仪从外在的规范约束解说成人心的内在要求，把原来的僵硬的强制规定提升为生活的自觉理念，把一种宗教性神秘性的东西变为人情日用之常，从而使伦理规范与心理欲求融为一体。由此，外在的礼仪演变成文化—心理结构，成为人的族类自觉，即自我意识，使人意识到其个体的位置、价值和意义就存在于同他人的一般交往之中即现实世间生活之中①。中国文化的特点由此奠定：强调现世，强调传统的伦常关系，个人是血缘关系中的个人，是群体中的个人，是社会中的个人。

儒家把人与人的关系归纳为"五伦"，即君臣、父子、夫妇、兄弟、朋友。这种"五伦"重视人与人的关系，不同于基督教文化专于研究人与上帝的关系，也不同于古希腊对人与自然和审美的注重。因此，"我们仍不妨循着注重人伦和道德价值的方向迈进"②。这种文化，"没有高深的玄理，也没有神秘的教义"，"更平实地符合日常生活，具有更普遍的可接受性和付诸实践的有效性"③，起到了维护社会秩序和稳定、给人生提供精神资源的社会作用，为创造中华民族的辉煌历史作出了重要贡献。

西汉时期，"五常"被演绎成"三纲"，即"君为臣纲，父为子纲，夫为妻纲"，"由五伦的交互之爱、等差之爱，进展为三纲的绝对之爱、片面之爱"④。用家庭中等级制证明对君主服从的合理性，强调单方面的绝对服从，天下是皇帝的天下，官员是百姓的父母官，臣子要像对待父母那样对上级无条件地服从，这就把强调权利义务对等的儒学改造成单向服从。即便是这样，"三纲"也只是对个人道德义务的强调，与礼教的桎梏、权威的强制不是一回事。

强调群体价值的儒家思想虽包括有利于维持社会秩序的一面，但是，作为一种独立的价值判断体系，也会与世俗政权发生激烈冲突，因此它遭到了打压，秦始皇

① 李泽厚：《中国古代思想史论》，生活·读书·新知三联书店，2008。
② 贺麟：《文化与人生》，商务印书馆，2005。
③ 同②。
④ 同②。

依赖强调法、术、势的法家治国，将儒家宣扬的道统视为对其统治的威胁，所以焚书坑儒，强化自身权力，消除异己声音。

后世的君主把儒学改造成符合维持君王统治需求的官方意识形态，为专制统治服务，这与儒学的本意相差甚远。到了清朝，专制统治达到顶峰。康熙在位61年期间，有较大"文字狱"11起；雍正在位13年期间，有残酷而大规模的"文字狱"20多起，其中不少是"亲自揭发""亲自审讯"；乾隆在60年帝王生涯中，竟制造了130多起"文字狱"，比此前中国历史上"文字狱"的总和还多1倍多。集体取向的文化被扭曲到这种地步，导致这么严重的后果，变革之势呼之欲出。

二、集体取向之下的民族主义

鸦片战争的失败，刺痛了中国人。中华民族到了生死存亡的紧要关头。战场上的军事失利还不是最重要的，最重要的是中国人守着传统的弊端不改，士大夫——包括知识分子和官僚——最缺乏独立的、大无畏的精神①。长期专制统治使得独立人格荡然无存，本该引领民众走出困境的人却没资格担当这一重任。

改造传统文化，便成了当务之急。严复的《原强》《论世变之亟》《辟韩》等著作，矛头所向，就是专制式的集体主义。新文化运动和五四运动中，人们系统对比东西方文化，揭露、批判传统文化的弊端。在《东西民族根本思想之差异》一文中，陈独秀分析道："西洋民族以个人为本位，东洋民族以家族为本位。"所以，西洋民族"成人以往，自非奴隶"，悉享有人权，"国家利益，社会利益，名与个人主义相冲突，实以巩固个人利益为本因"；而东洋民族"个人无权利，一家之人，听命家长"，教孝教忠，"自古忠孝美谈"。结果，"损坏个人独立自尊之人格"，"窒碍个人意思之自由"，"剥夺个人法律上平等之权利"，"养成依赖性，戕贼个人之生产力"。这些主张，以及受其影响产生的个人解放的社会现象，对克服传统社会漠视个人的偏差起到积极作用。然而在当时，中国面临列强压迫下保种保

---

① 蒋廷黻：《中国近代史》，上海古籍出版社，2006。

国的急迫任务，家族主义衰落后，地方军阀混战，生存环境险恶。在这种情况下，人们认为"在一盘散沙状态上来鼓吹个体反抗集权，无疑是南辕北辙"，"只有整个民族聚合为一个整体，以牺牲个人自由为代价，才能以集体的力量抗衡列强的侵凌，并保护民族的生存环境"[①]。

在否定家族主义和专制主义后，对集体取向的强调就转到了民族主义，蒋廷黻指出：西方世界早在19世纪就具备了近代文化，中国却滞留于中古，明显落伍了，中国落伍的原因是"西洋人养成了热烈的爱国心，深刻的民族观念；我们则死守着家族观念和家乡观念"，只有"废除我们家族和家乡观念而组织一个近代的民族国家"，中国的未来才有前途[②]。以保种保国、与他国竞争为指向的民族主义，虽然有助于形成民族凝聚力，但容易引发排外主义和特殊主义情结[③]。

三、集体取向之下的社会主义

中华人民共和国是在社会主义思想指导下建立起来的国家，在这个历史时期，集体取向是以社会主义方式呈现出来的。社会主义强调社会，强调集体。从马克思到毛泽东，集体取向在不断加强。

处于资本主义野蛮剥削的时代，马克思和恩格斯对资本家个人的贪婪导致的社会不道德深恶痛绝。他们从理论上分析资本家剥削工人的秘密，指出：在资本主义社会，生产资料是私人占有的，拥有生产资料的资本家以追求剩余价值为目的进行生产，工人被迫出卖劳动力，因此导致了社会的异化。对工人来说，劳动只是谋生的手段，没有乐趣和成就感。资本家也陷入了金钱至上的泥潭。在这种情况下，经济的增长只导致少数个人财富的增加，并没有带来全社会福利的普遍改善。因此，他们主张，实现生产资料公有制，以集体管理的办法克服资本家个人行为给全社会

---

① 萧功秦：《中国的大转型：从发展政治学看中国变革》，新星出版社，2008。
② 蒋廷黻：《中国近代史》，上海古籍出版社，2006。
③ 殷海光：《中国文化的展望》，上海三联书店，2009。

带来的混乱、不道德和低效率。

马克思和恩格斯认为：生产资料的私有制决定了资本主义社会的政权也是为少数富人服务的。要消灭剥削、实现公正，就要建立人民意志主导的国家，并让普通民众有更多机会直接参与社会管理。马克思和恩格斯强调，个人要与集体相符合、因集体而发展，指出："既然正确理解的利益是整个道德的基础，那就必须使个别人的私人利益符合于全人类的利益"[①]，"只有在集体中，个人才能获得全面发展其才能的手段，也就是说，只有在集体中才可能有个人自由……在真实的集体的条件下，各个个人在自己的联合中并通过这种联合获得自由"[②]。

马克思和恩格斯是在理论上阐述了个人因集体而发展，在俄国革命中，列宁则强调党的纪律，强调党员对党组织的服从。列宁把马克思的社会主义只能在发达的资本主义国家生产力得到充分发展而成为必然时才得以实现的论断，发展成为单一落后国家可以率先实现社会主义，客观条件的不利需要主观上作更多努力，因此他提出了党作为无产阶级先锋队的政党学说，认为党应该"是阶级的先进觉悟阶层，是阶级的先锋队"[③]，要把无产阶级政党建成一个有严密组织的、统一的、战斗的党，"无产阶级在争取政权的斗争中，除了组织之外，没有别的武器"。他强调无条件的集中制和铁的纪律，不仅在夺取政权的斗争中需要铁的纪律，在夺取政权以后更需要铁的纪律、铁的组织，"否则，我们不仅支持不了两年多，甚至连两个月也支持不了"。

1919年俄共（布）第八次全国代表会议通过的党章规定："严格遵守党的纪律是全体党员和一切党组织的首要义务。"列宁还提出，党必须有一个由职业革命家组成的坚强领导核心，"给我们一个革命家组织，我们就能把俄国翻转过来"。由

---

① 马克思、恩格斯：《马克思恩格斯全集》第二卷，中共中央马克思恩格斯列宁斯大林著作编译局译，人民出版社，1957。
② 马克思、恩格斯：《马克思恩格斯全集》第三卷，中共中央马克思恩格斯列宁斯大林著作编译局译，人民出版社，1960。
③ 列宁：《列宁全集》第二十四卷，中共中央马克思恩格斯列宁斯大林著作编译局译，人民出版社，1990。

于对集体本位的强调，他把融入集体视作个人的美德、奋斗方向和归宿："当他成为这个伟大而强有力的机体的一部分时，他就觉得自己是伟大而强有力的了，在他看来这个集体就是一切，而单独的个体同这个机体比较起来，是没有多大作为的"[1]。严明的纪律在夺取政权时起到了重要作用，然而，过分强调纪律会导致对党员权利的忽视、对党内民主的破坏和个人崇拜的形成，这种情况在斯大林执政期间表现得尤为突出，以强调纪律的名义搞一言堂、忽视个人是世界上第一个社会主义国家失败的一个重要原因。

中华人民共和国成立后，中国传统伦理被新伦理取代，"国家、社会一起展开对中国传统伦理的批判与破坏，以期用当时所理解、认定的共产主义伦理取代中国传统伦理"[2]。新伦理强调集体、国家的取向。毛泽东在《论联合政府》中就提出"一切从人民的利益出发，而不是从个人或小集团的利益出发"。他突出强调集体——特别是国家——对于个体具有优先性："要强调个人利益服从集体利益，局部利益服从整体利益，眼前利益服从长远利益。要讲兼顾国家、集体和个人，把国家利益、集体利益放在第一位，不能把个人利益放在第一位。"[3]

强调集体意识，对新中国的巩固和发展起过积极作用，但是，也导致出现了忽视个人自由、破坏党内民主、权力高度垄断等现象，导致了"反右""大跃进"等一系列错误的发生，这在"文化大革命"中发展到极致。个人在不断地"斗私批修"，个人权利包括人身权利被粗暴侵犯。这给中华民族带来深重灾难。

四、中国文化中的个人取向

个人主义"这一哲学赋予上层人士抗拒公众义务及其巨大道德压力的权利，在中华帝国一直存在"[4]。杨朱的思想就是从计算个人利害出发，不追问人类如何对社

---

① 列宁:《列宁全集》第七卷，人民出版社，1986。
② 贺照田:《当代中国精神的深层构造》,《南风窗》2007 年第 18 期。
③ 中共中央文献研究室编《毛泽东文集》第八卷，人民出版社，1999。
④ 英国学者葛瑞汉的观点，转引自葛兆光:《中国思想史》第一卷，复旦大学出版社，2009。

会有益或社会如何对人类有益，而是追问什么真正对个人有益、什么真正对个人有用。"轻物重生"，"不以天下大利易其胫一毛"，"把个人生命、性情的价值放在社会与群体的利益之上"①。杨朱的思想确立了个体存在的价值，在春秋战国时期，一度成为与儒家和墨家并立的显学。

儒家思想中也含有对个体生命和意志的尊重，"三军可夺帅也，匹夫不可夺志也"，就是强调个人意志。正是由于儒学中包含对专制统治进行道义上的批评的内容，秦始皇才会焚书坑儒。到了汉代，儒学成了官学，取得了国家意识形态的地位，儒生可以借此求官问职，儒家胜利了。但代价是，君主获得了政治领袖与精神领袖的双重身份，儒学和儒生逐渐丧失了独立的批评的自由。儒生成了皇权之下的官员，既受到皇权的约束，又因利益不能不变通②。即便如此，作为民间之学，儒学仍能提供个人独立的精神资源，所以才会出现"在齐太史简，在晋董狐笔"的悲壮之举。

到了元代和清代，游牧民族入主中原，少数民族出于对汉人的防范，对个人主义取向更是强力打压，特别是清代。在专制权力的打压下，个人主义在中国一蹶不振。中国几千年的传统社会的经验表明：集体取向的价值观，如果能辅以对个人自由的尊重，比如在汉代和唐代，就会国家强盛、经济繁荣、社会进步；反之，如果过度压抑个人，就会万马齐喑，社会没有生机和活力，腐败横生，国家衰败。

在马克思的思想中，个人自由的充分实现是人类理想社会的重要目标，其他措施只是实现这一目标的手段。所以，作为真正的马克思主义者，必须重新挖掘、正确理解马克思主义，克服传统社会主义思想中对个人自由的忽视和漠视。

中国改革开放的成果表明，尊重个人，充分发挥个人的积极性，社会主义才能兴旺发达。改革开放取得的重大成就，从根本上亦是源自这一认识和努力。

---

① 葛兆光：《中国思想史》第一卷，复旦大学出版社，2009。
② 同上。

五、创建新型中国集体取向的文明和文化

从以上分析可以看出，从儒学思想到社会主义主张，都具有明显的集体取向，这种集体取向在理论上有合理因素，在实践上起到过积极作用，然而，无论是孔子的思想还是马克思主义，在后世都被误解、歪曲，他们对个人意志、个人自由的尊重被后人有意无意地忽视了。

创建新的文明和文化，要克服对个人的忽视，但不能因此否定集体取向。这首先是因为，集体取向的价值是被中国人广泛接受的。中国历史上流传着许多动人的故事，如屈原沉江、苏武牧羊、昭君出塞、岳飞精忠报国，流传着不少成语，如"大公无私"（清·龚自珍《定庵续集·论私》）、"鞠躬尽瘁，死而后已"（《三国志·蜀书·诸葛亮传》）、"克己奉公"（南朝·宋·范晔《后汉书·祭遵传》）、"许友以死"（《礼记·曲礼上》）等。这些故事和成语，体现了很强的集体取向，这种集体取向是中华民族生生不息的精神支柱。

集体取向的价值观对化解社会矛盾、促进社会发展、营造和谐的社会环境也起着重要作用。有学者研究指出，中国国企改革之所以能比较顺利地推进，而没引起太大的社会问题，与中国传统的亲友间相互扶持有重要关系；中国社会正在走向老龄化，传统文化中孝敬老人的主张能让老人避免晚年的孤独；中国的家长们舍得为孩子的发展牺牲，为孩子的教育操心费力，为基础教育的普及作出特殊的贡献。

改革开放以来，对个人利益、个人自由的尊重是对以前过分强调集体的纠正。然而，如果过分强调个人自由，忽视人与人之间的良性互动关系，就会导致严重的社会后果。比如先富起来的人要体谅和帮助相对贫穷的人，处于弱势的人不能情绪化地一味仇官仇富，当个人利益与社会公益发生冲突时，既要维护个人的合法权益，也要顾及公众利益，如果只关心自己，个人主义就会演变成利己主义，社会就缺乏凝聚力，人与人之间的冲突和矛盾就会加剧。强调集体取向，强调人与人之间的理性沟通、相互理解、妥协宽容、互助合作，共谋中华民族的发展，无疑十分

重要。

集体利益与个人利益在很多情况下并不冲突，夸大两者的冲突，并以两者间的取舍作为衡量人们行为善恶和道德优劣的终极评价标准，会带来极大的社会危害，强调集体的主张极易被强权者或专制者利用，用他们自己的意志和利益取代集体中真正的个人利益，使集体主义演变为个别掌权者剥夺大家利益的借口。强调个人的主张也有可能导致整个社会处于霍布斯所描述的一切人反对一切人的战争状态。

创建新型的集体取向的文明和文化，要处理好个人与集体的关系。一方面要尊重每一个成员的个性和兴趣，充分发挥每一个成员的特长，认可每一个成员的成就，要求每一个成员都承担相应的责任，做好自己的事情。另一方面要重视统一目标的实现，强调全体成员的向心力、凝聚力，强调在平等和自愿的基础上与他人沟通合作，尊重他人，理解他人，帮助他人。

创建新型的集体取向的文明和文化，还要重视社会组织的培育。视国家为集体利益的代表曾导致权力过分集中，视家庭为集体利益的象征也曾导致拉关系等凭人与人之间的远近亲疏处理事务的弊端，需要克服。相比之下，改革开放以来涌现的社会组织，特别是从事公益事业的非营利组织，为集体取向的文明和文化提供了新的落脚点。积极培育这些社会组织，符合社会主义理念，符合中华文明和文化的传统，也符合社会需求。

第三节　西方是个人取向的文明和文化

一、西方个人主义的由来

个人主义是西方文化的特点。西方哲学传统中的个人主义可以追溯到古希腊和古罗马时代斯多阿学派关于自然法与天赋平等的思想。该学派认为，作为个体的每

建设中国特色的海洋强国

个人都拥有普遍的理性，因此，个人与个人之间都是平等的，都是世界公民，都有权利积极参与公共事务。后来，基督教文化进一步发展了这种思想，强调个人都是独特的、被上帝所爱的孩子。因此，每个人都有权利从社会中分享自己的利益，同时又承担对社会的义务。

特别是美国人，1602 年，第一批拓荒者带着追求宗教自由和美好生活的梦想，离开欧洲远渡重洋，来到荒无人烟的"新世界"。他们挣脱先前社会的桎梏，充分享受前所未有的自由，形成了独立自主、自力更生的共同精神。

早期恶劣的生存环境，逼迫新移民充分展示自我，美洲大陆得天独厚的自然环境，使美国人养成了乐观、自信的性格。人烟稀少、资源丰富的美国，使每个有进取心和运气好的美国人都可以致富。这也有利于形成凡事依靠自己的性格。在欧洲大陆传统社会，人与人之间存在着不同等级，这种等级制度有利于形成对权威、对政府的依赖。这种情形在美国不存在。"在新英格兰海岸落户的移民，在祖国时都是一些无拘无束的人。他们在美洲的土地上联合起来以后，立即使社会呈现出一种独特的景象。在这个社会里，既没有大领主，又没有属民；而且可以说，既没有穷人，又没有富人。"① 有的移民更是为了追求宗教活动的自由来到美国的，所以希望更大程度的自治。

美国从英属殖民地独立出来的经历，增强了美国人对政府的不信任感，增强了美国人维护个人权利的意识。北美大陆原本是英国的殖民地，受英王管辖。长期以来，殖民地居民一直把自己视作英王的忠实臣民，"虽然偶尔会有争议，但很少发出要求独立的声音。事实上，殖民地居民与英国士兵一起，把法国人赶出了加拿大"②。可是，英国的强横行为激起了殖民地居民的反抗，导致了反对英国人的战争爆发和美国独立。

因为这种经历，美国人对政府的管理持强烈的怀疑态度，突出强调个人主义立

① 托克维尔：《论美国的民主》上卷，董果良译，商务印书馆，1988。
② 托马斯·帕特森：《美国政治文化》，顾肃、吕建高译，东方出版社，2007。

场。杰斐逊在《独立宣言》中宣布："人人生而平等。"他把人看成了单个有思想独立的人，强调了个性，定下了美国个人主义的基调。独立战争后，美国人就建立什么样的国家展开激烈辩论，辩论主要围绕着要不要建立一个强有力的中央政府展开。以汉密尔顿为代表的联邦党人艰难地赢得了胜利，以追求强大的名义要求联邦政府享有较大权力。这就更引起人们对联邦政府干预个人自由的担心，所以，1787年通过的美国宪法，设计了立法、行政和司法的三权分立，构置了两院制，还在联邦和州之间实行横向分权，这些措施都意在削弱中央政府的权力。

1791年作为宪法修正案通过的十条权利法案，明确、具体地保证了个人的各种自由和权利，如宗教、言论、新闻、和平集会、请愿的自由及人身自由等，更增强了这一趋势。美国政治制度的设计，从一开始就在政府和个人的关系上比任何其他国家都偏向于对个人利益的维护。个人主义再次得到体制上的保障和支持。始于1783年的西进运动给个人主义注入了新内涵，增强了美国人反对外来干预、崇尚自力更生、推崇个人奋斗的精神，使美国个人主义的价值观得到新的重大发展。

二、西方个人主义的类型

西方的个人主义可以分为宗教性个人主义、公民式个人主义、功利型个人主义和表现型个人主义①。宗教性个人主义与基督教文明特别是新教有着密切关系。宗教在西方的政治生活、社会生活、国民心理上起着关键的主导作用。依据美国盖洛普的调查，在美国，有95%的人信仰上帝，其中，86%的人为基督教教徒，基督教教徒中，60%的人为新教教徒，28%的人为天主教教徒，10%的人为东正教教徒，其余信仰犹太教或伊斯兰教。成年人中，70%的人从属于某个教堂。基督教把上帝看作是全能的、超然的立法者，对上帝的责任超过了对所有社会权威的责任，

---

① 罗伯特·N. 贝拉、理查德·马德逊、威廉·M. 沙利文、安·斯威德勒、史劳文·M. 蒂普顿：《心灵的习性——美国人生活中的个人主义和公共责任》，翟宏彪、周穗明、翁寒松译，生活·读书·新知三联书店，1991。

上帝的戒律是普遍的标准。因此，基督教内含对抗集体和社会的个人主义因素。

英国的新教信奉者比传统基督教更具个人主义精神。他们主张，个人可以不必经过神父，直接和上帝沟通，凡是信奉耶稣的人都有权传播基督教，而不是像英国国教规定的只有教会和神父才能传教，新教教徒不必固守教会的仪式，可以按照自己的意愿尊奉宗教。个人主义因素驱动英国清教徒远涉重洋移居新大陆，建立实践自己信仰的"自由乐土"。

宗教性个人主义一方面把个人从社会组织的束缚中解放出来，另一方面又以信仰为纽带，让挣脱了集体束缚的个人有另外一种归属和约束。

公民式个人主义与老欧洲特别是英国的自由民主的传统密切相关。最早来到美洲大陆、至今仍占美国人口多数的是来自欧洲的白人。第一批白人移民来到美洲大陆时，并不是要建立一个"新世界"，而是把他们在"旧世界"中最珍惜的东西以新的方式带到自己的生活当中。他们继承了洛克的天赋人权的学说。杰斐逊在《独立宣言》中宣布："我们认为下面这个真理是神圣的和不言而喻的：人人生下就是平等的和独立的，因而他们都应该享有与生俱来的、不能转让的权利，其中包括生命的保存、自由和追求幸福的权利。"他强调了人民对政府的控制，"政府的正当权力则系得之于被统治者的同意"。他们把古老英国实行的自治的经验带到了美国。早在殖民地时期，在马萨诸塞州，大多数男人只要自己愿意都可以参加城镇管理。在英格兰地区，年满21岁的男子都参加市镇大会，行使相应的政治权利。

这种公民式个人主义没放弃自己的社会责任，其个人主义的反对所指向的是传统的政府，所以他们强调自治，能主动参与公共事务。富兰克林借鉴并改造了传统基督教的美德，使其更具有功利主义色彩。他歌颂个人靠勤劳、节制等美德，凭自我努力创造财富，实现个人的成功。功利型个人主义虽然适应了美国从建国伊始就表现出来的开疆拓土、创造财富的社会环境，但并没有解决财富追求以外对人的本能、人的情感和人的自我表达的需求问题。出于克服这一弊端的需要，便出现了表现型个人主义。表现型个人主义以惠特曼等人为代表，他们追求的是表达自我、反对制约、抵抗习俗、过感情充沛的生活。

无论是功利型个人主义还是表现型个人主义，都缺乏宗教或公共生活这种把人与人联结起来的纽带。

三、西方文明和文化中的集体取向

西方的文明和文化是个人取向占主要地位，但西方社会也有鲜明的集体取向。美国在建国初期就是如此。最早登上美洲大陆的新英格兰清教徒不仅强调个人的自我拯救，也将整个社会视为一个由不可亵渎的纽带联系起来的有机整体，而非个人的聚合体。在这一整体中，个人没有独立的价值，各部分都要服从整体的需求，每个人都占据特定的位置，履行确定的职责，共同为一个明确的目标即荣耀上帝而努力。对公众的爱护必须支配所有私人利益。特定个人的所有权不能在公众权益遭到破坏的废墟中存在。所以，清教学说既存在强烈的个人主义因素，又要求社会中的所有人，至少是获得"再生"之人紧密团结在一起。个人主义因此不至于走向极端，个人主义的负面后果因此得到遏制。

西方政治传统中不仅有强调政府不要过多干预的经典自由主义，也包含着推崇公民德行和公共生活的共和传统。这种共和传统最早可以追溯到古希腊和古罗马时代。在古希腊，公民和城邦完全融为一体，没有"私域"和"公域"的界限，参与城邦的政治生活是公民最高的价值追求。公民不遗余力地献身于国家，战争时献出鲜血，和平时献出年华，没有抛弃公务照管私务的自由；相反，公民必须奋不顾身为城邦的福祉而努力。

古罗马人虽然首次作出了个人和国家的区分，但他们关注的重心是国家的长治久安，而非公民的权利和义务，帝国的荣誉和稳定高于一切。新英格兰清教徒沿袭了这种从亚里士多德和经院哲学那里继承而来的强烈的中世纪集体主义观念，他们认为，地方的宗教、社会、家庭和政府力量合法地并且有必要限制、改造和重塑有罪的个人。据此，为了集体利益而要求个人牺牲自我利益不仅是完成基督的意旨，而且成为殖民地世俗当局维护自身权威地位的理论依据。

美国人从一开始就积极从事各种社团活动，早在100多年前，托克维尔就对此赞叹不已，"美国人不论年龄多大，不论处于什么地位，不论志趣是什么，无不时时在组织社团"。美国的社团种类繁多，"不仅有人人都可以组织的工商团体，而且还有其他成千上万的团体。既有宗教团体，又有道德团体；既有十分认真的团体，又有非常无聊的团体；既有非常一般的团体，又有非常特殊的团体；既有规模庞大的团体，又有规模甚小的团体"。美国的社团用途广泛，"为了举行庆典，创办神学院，开设旅店，建立教堂，销售图书，向边远地区派遣教士，美国人都要组织一个团体。他们也用这种办法设立医院、监狱和学校。在想传播某一真理或以示范的办法感化人的时候，他们也要组织一个团体"。这种结社的倾向，比法国和英国都强，"在法国，凡是创办新的事业，都由政府出面；在英国，则由当地的权贵带头；在美国，你会看到人们一定组织社团"[①]。

四、西方个人主义的弊端

西方历史就是一部千千万万人的个人奋斗史，凝聚了人类伟大的智慧与创造力。特别是在美国，没有哪个民族的历史像美国的故事这样富有教益，从发现美洲大陆、建立北美殖民地到开发西部，在美国的社会发展中，个人主义精神起到了至关重要的促进作用。然而，西方的个人主义发展也有弊端。

西方国家的崇尚竞争和个人主义的文化，曾使得科学日益昌盛和社会经济发达，但过分趋向竞争与自我，导致各个人、各阶级、各国家、各民族之间各筑墙壁，社会缺乏和谐而多冲突。

个人主义在第二次世界大战之后有了新的发展。特别是在美国，第二次世界大战结束之前，物质需求决定着政治的内容。从废奴运动到罗斯福新政，各政党都是围绕经济利益组织起来的，并就如何实现稀缺资源的最优配置展开激烈辩论。第二

---

① 托克维尔：《论美国的民主》下卷，董果良译，商务印书馆，1988。

次世界大战后，生产力前所未有的发展彻底改变了这一现象。第二次世界大战后的美国历史就是如何适应丰富生活的历史，核心内容就是主流文化基本方向的变化。从克服稀缺的文化演变为扩张和享用丰富的文化。稀缺的瓶颈被打破了，人们不再担心生计和安全了，从以实现富裕为目标的较僵硬的、压制性的社会体系转向以享用繁荣给人带来的各种可能和便利为目标的、较宽松的、更具表达性的文化。此前的美国，推动力来自赞美勤奋工作、反对自我放纵的新教主义伦理。富足改变了这一切，新一代对父母的禁欲和自制不屑一顾，敢于反抗一切形式的权威并尝试一切形式的娱乐。民权运动、性革命、环境保护主义、女性主义、摇滚乐、同性恋等都是这一时期的产物。20世纪70年代末至80年代中期，罗伯特·N.贝拉等学者进行了历时6年的调查，想借此了解美国的个人主义是什么样的，它给人以怎样的感觉，它又是怎样看待世界的。调查的结果证实了这些学者的担忧："我们担心这种个人主义今天已经发展得像癌症一样危险了——它也许正在摧毁那些托克维尔视为制约个人主义恶性潜能的社会表层结构，从而威胁着自由本身的生存。"[1] 调查的结论是："现代个人主义似乎正在产生一种无论个人或社会都无法维持下去的生活方式。"[2]

西方个人主义的危险还表现在西方人参与公共事务的人在减少。保龄球曾是美国人最喜欢的运动之一。1980—1993年，美国打保龄球的人数增长了10%，与此同时，保龄球协会的成员数却下降了40%。不仅是参加保龄球协会的人数在下降，美国人参加其他社团的热情也在降低，原本美国人参加社团的热情可以抵消个人主义可能带来的不良后果，但这种独自打保龄球的现象使得对个人主义的不良方面的抵御失去了屏障[3]。

---

[1] 罗伯特·N.贝拉、理查德·马德逊、威廉·M.沙利文、安·斯威德勒、史蒂文·M.蒂普顿：《心灵的习性——美国人生活中的个人主义和公共责任》，翟宏彪、周穗明、翁寒松译，生活·读书·新知三联书店，1991。

[2] 同上。

[3] 罗伯特·帕特南：《独自打保龄——美国社区的衰落与复兴》，刘波、祝乃娟、张孜异、林挺进、郑寰译，北京大学出版社，2011。

即便是参加社团的，情况也发生了变化。《大西洋月刊》2009 年第 12 期的一篇文章称：基督教出现了世俗化倾向，传统的西方主流宗教习惯于教导信徒在来世得到回报。但是一个新的基督教信仰正在兴起，允诺信众在此时此地致富。这个教派被称作"繁荣福音"，据称已有成百上千万追随者，它的兴起促进了人们的冒险行为和强烈的物质乐观主义，对住房泡沫起到了推波助澜的作用。这一变化导致西方当前的经济问题。

迄今为止，美国没能建立全民健保制度，这正是因为相信个人（而非社会）应该替自己负起责任。美国的这一做法遭到了拥有全民健保制度的国家的广泛批评，他们认为国家应该保护个人免受意外的健康问题伤害。克林顿执政期间曾试图建立全民健保制度，没能如愿。以建立全民健保制度作为竞选纲领的奥巴马执政期间，这一法案虽然在国会勉强通过，但随后也遇到强烈抵抗。

西方的个人主义化、反对一切现存群体的权威的做法导致了严重的社会问题：暴力犯罪和民事诉讼案件量逐年上升；家庭破裂；各种中间社会结构衰退，如教堂、工会、俱乐部、慈善机构等；西方人缺乏与周围人共享价值观和群体的观念。个人主义的不良后果不是美国所独有的。德国前总理赫尔穆特·施密特就抱怨德国社会各个阶层尤其是精英阶层太看重个人的权利，而忽视自己应当承担的社会责任和义务。赫尔穆特·施密特呼吁：尊重社会集体利益，尊重责任和义务。他指出："要意识到一切都决不能像现在或过去那样维持不动，并愿意改变现状；要求我们不能单纯索取自己的权利和要求，而是同时也要履行对社会的义务，承担对共同体的责任——这是我们这方面即国家公民方面必须具备的前提，因而它也可以说是对每个人的呼吁。我在前面曾提到一句古罗马格言：'公共利益是最高原则'。在这里我想用自己的话补充一句：如果不坚持权利和义务的双重原则，就没有哪种民主制度、哪种开放社会能够长期维持下去——这种双重原则适用于每一个人。"[①]

由于极端个人主义导致了消极后果，它受到了来自左右两个方面的抨击。保守

主义强调要重振宗教、重视家庭，社群主义则主张普遍的善和公共的利益，认为个人的自由选择能力及建立在此基础上的各种个人权利都离不开个人所在的社群，个人权利既不能离开群体自发地实现，也不会自动促使公共权利的实现。反之，只有公共权利的实现才能使个人的利益得到最充分的实现，公共利益是人类最高的价值。正如中国的集体取向的文明和文化需要改革一样，西方的个人取向的文明和文化也需要变革。

第四节　中国和西方的价值观重构与文明互鉴

一、中国和西方的价值观重构

人类文明进步和交往的日益密切，促进了国家之间、民族之间在价值观上的相互学习和借鉴。以蓝色文明著称的西方国家在追求民主、自由、平等、博爱、人权、法制、公平、公正等价值观方面走在了前面，这些价值观已经通过文字的表述或实际的行动为全世界所认可，前者如联合国的人权宣言对保障人权的规定，后者如国际社会对恐怖活动的一致谴责。它们都体现了人类社会价值上的共识，因为这种共识的存在，便有了全球性的伦理。"我们所说的全球伦理，指的是对一些有约束性的价值观、一些不可取消的标准和人格态度的一种基本共识。没有这样一种在伦理上的基本共识，社会或迟或早都会受到混乱或独裁的威胁，而个人或迟或早也会感到绝望。"[1] 民主、自由、平等、博爱、人权、法制、公平、公正这些价值观，毫无疑问应该为中国所借鉴和接受，否认了上述价值观，就等于否认了百年来中国人民浴血奋斗所要追求的目标。承认存在共通的价值观，不等于完全认同和照搬西

---

① 孔汉思、K. 库舍尔编《全球伦理——世界宗教议会宣言》，何光沪译，四川人民出版社，1997。

方社会现存的价值观，而是要在多元文明或文化平等对话的基础上，寻求现代人类的道德共识，包括吸收西方价值观中的适用内容，据此建立某种限度的伦理观念。

把西方既有的价值观当作"普世价值"，就把原本具有地域性和文化特殊性的伦理价值标准化为人类唯一普遍有效的价值标准，不可避免地隐含着西方文化霸权主义扩张的危险。经历了两次世界大战后，世界一流强国的地位已由英国转到了美国。作为一个后起的移民国家，美国摆脱了老欧洲的传统束缚，在新大陆进行了人类历史上的伟大实践，获得了巨大成功。这种成功，既得益于对老欧洲传统价值观和社会体制的移植，又是对它们创造性的发展。

以美国为代表的西方国家的优势地位，有利于西方的价值观、社会体制在世界上发挥巨大的影响力。冷战结束后，美国更是尝试用武力把其价值观和社会体制强行植入一个国家，出兵伊拉克、推翻萨达姆政权的统治，就是一例。美国的军事行动让人们不得不思考：面对现代社会，发展中国家应该如何重塑自己的价值观？

价值观的重塑不仅事关发展中国家，也与人类命运密切相关。当今，人类社会面临许多严重的问题，价值观不同，解决问题的路径和取向也就不同，有些问题的产生源于某一特定的价值观，因此，通过不同文化、宗教间的交流、对话，重塑我们的价值观十分重要，它影响着人类的未来。一个国家的政治体制应该适应与体现本国的价值体系和文化特征。因此，美国的总统制不同于英国的议会制，英美的两党制不同于德法的多党制。对一个国家价值观的梳理、确认，是包括政治体制在内的社会体制建立、巩固、改革、完善的重要前提，是一个国家的立国之本。

以黄色文明著称的中国在诸多方面与美国存在重大区别。中国是快速发展着的社会主义国家，以美国为代表的西方国家是发达的资本主义国家，中国得到以儒家为代表的传统文明的滋养，与以基督教（特别是清教）为代表的西方文明的美国反差强烈，这使得两国相互借鉴、学习，同时，又促使人们思考造成两国不同的深层次原因。500多年前，西方社会开始了从传统向现代的转型，出现了现代意义上的国家，包括中国在内的世界各国被动地卷入了全球化、现代化的进程，思想观念、社会习俗、典章制度等受到强烈冲击。要不要向西方国家学习、学习哪些内容、学到什么程度？本国传统要不要挖掘、保持、弘扬？如果需要挖掘、保持、弘扬本国传统，又该怎么做？

虽然在19世纪40年代鸦片战争之后，中国从强调器物文明、购买外国先进设备、引进先进技术的洋务运动，到主张制度文明、强调用改革或革命的手段变革政治制度的戊戌变法和辛亥革命，再到号召价值观改造、提出对传统文化作根本性变革的新文化运动和五四运动，变革的意愿和行动越来越彻底，但是，在价值观的选择和价值体系的构建层面，中国的思考并不充分。

中华人民共和国的成立，标志着中国选择了社会主义道路，这是基于中国国情的选择。中国社会主义的实践，既有成功的经验，也有受挫的教训，所受的挫折不仅缘于政治、经济和社会体制的不完善，更缘于对价值体系理解的偏差。发端于20世纪70年代末的改革开放取得了举世瞩目的成就，经济增长、社会进步、国家强大、人民富足。与此同时，中国社会还存在众多严重问题，包括社会不公、官员腐败、两极分化等。人们意识到，要解决上述问题，必须及时推进政治体制改革①。可是，对政治体制改革的目标有不同的理解，包括面向西方的现代性、弘扬革命传统的新民主主义②以及植根于传统文明和文化的政治儒学，这些不同的选择涉及价值观的重构。

二、不同价值取向的文明和文化交流互鉴

对于集体取向的文明和文化与个人取向的文明和文化哪个更好的问题，不能下简单的结论。两者各有利弊。集体取向的文明和文化不能对个性造成压抑，个人取向的文明和文化不能严重危害公共利益。中国传统文化有较强的专制色彩，应该努力克服，但是，也不能从一个极端走向另一个极端。个人私欲的恶性膨胀不受遏制

① 王贵秀：《中国政治体制改革之路》，河南人民出版社，2004。
② 张木生：《改造我们的文化历史观》，军事科学出版社，2011。

也会导致社会问题。如果说，中国的经验让人对以集体的名义施行专制的做法警惕的话，西方国家特别是美国的经验则提醒人们，个人主义不受制约会造成社会资本的流失，对共同的善构成威胁。中国文明和文化的未来发展方向不能脱离本国国情，要对传统的集体本位的文明和文化进行创造性的改造，坚持集体取向的特点，克服忽视个人的弊端。中国政治体制、经济体制和其他社会体制的改革以及政策应该以此为基础，体现新型的集体取向的文明和文化的特点。

第二十三章
世界文明交流互鉴的桥梁和纽带

第一节　国际贸易加强中国与外部世界的联系

一、国际贸易是文明交流互鉴的产物和平台

国际贸易在中华文明和西方文明的长期交往中发挥着举足轻重的桥梁作用。从古代的丝绸之路到今天的"一带一路"，国际贸易一方面通过互通有无促进了物质文明的建设，改善了广大人民的生活，另一方面又加强了不同语言、文化、宗教和习俗的相互交流和理解。国际贸易既是文明交流的产物，也是文明交流的平台。人类社会进入 20 世纪特别是 1978 年中国实行改革开放政策以来，科技高速发展，通信交通空前发达，国际贸易迅猛发展。"一带一路"在世界文明交流中的作用日益显著。

国际分工和各国的比较优势是国际贸易的基础。每个国家都有自己的相对优势。各国应该扬长避短，发挥自己的比较优势。自由贸易可以发挥各自的比较优势。如果政策对路，比较优势可以从无到有或由弱变强。比如，中国的电子通信设备业从非常弱小到世界领先，经历了一个动人心弦的奋斗历程。中国高铁从无到有，建成世界最大规模的高铁运行系统，并在一系列相关技术方面走向国际一流水平，高铁在国内的成功为高铁"走出去"创造了良好的基础。当然，要把比较优势真正发挥出来仍然需要长期艰苦的努力。

1947 年关贸总协定建立，当时工业化国家制造品的贸易关税平均在 40% 以上，1995 年世界贸易组织取代了关贸总协定。经过关贸总协定和世界贸易组织的不懈努力，1999 年，国际上很多产品的平均关税下降到 4% 以下。关税降低大大促进了国际贸易的发展。

中国是关贸总协定的创始成员之一。国民党政府退出大陆以后宣布退出关贸总协定。1971 年联合国恢复中华人民共和国的合法席位。1986 年中国开始恢复关贸总协定的谈判。经过 15 年的艰苦谈判，中国于 2001 年正式加入了世界贸易组织。中国加入世界贸易组织对中国和整个世界贸易的发展具有划时代的意义。目前，世界贸易组织有 164 个成员，包括了世界上绝大多数国家和地区。世界贸易组织提倡用多边谈判和多边协议来降低关税。世界贸易组织的所有成员都享有互惠国待遇，贸易伙伴之间公平交易、互不歧视。世界贸易组织及其制定的相关贸易法规、规则为国际贸易的顺利发展提供了保障，也为国际贸易纠纷的解决提供了有效机制。国际法包括国际贸易法主要是以欧洲和美国的法律体系为依据的。这一套建立在西方法律基础上的体制，在中国和广大发展中国家日益积极的参与下正在发生变化。

20 世纪 50 年代以来，国际贸易增长迅速。国际贸易推动了世界经济的发展，而世界经济的发展为国际贸易提供了更广阔的空间。美国是第二次世界大战后自由贸易体系的倡导者和受惠国，西欧国家参与了这个体系的创立并取得了卓越成就。美国和德国数十年在世界货物贸易方面名列前茅。日本和德国都是第二次世界大战的战败国。战后它们致力于发展经济，特别注重国际贸易。德国和日本在经济复苏和成长过程中大力发展国际贸易，重点扶持制造业的发展，迅速成为世界工业品出口大国。20 世纪 60 年代以后，"亚洲四小龙"的崛起也得益于国际贸易的发展。

二、国际贸易是中国与外部世界联系的一座桥梁

1978 年中国改革开放以后，充分吸取了国际贸易的成功经验。中国的崛起带动了整个东亚在世界经济和国际贸易中的地位迅速上升。东亚、欧洲和北美成为国

际贸易三个最有活力和贸易量占比最大的地区（见表23-1）。2021年全球贸易额达到了28.5万亿美元的历史新高。

表23-1　2019年世界各地区出口比重①

地　区	出口总额/百万美元	出口比重/%
世界	20 538 352	100.00
欧洲与中亚	7 317 227	35.63
东亚与太平洋地区	6 008 830	29.25
北美	2 090 383	10.18
拉美与加勒比海地区	998 109	4.86
中东与北非	924 462	4.50
南亚	347 870	1.69
撒哈拉以南非洲	241 362	1.18

中国、美国、德国、日本、韩国、英国、法国等国的进出口贸易在世界上名列前茅。表23-2和表23-3分别列出世界主要货物进口国家和出口国家。2020年进出口贸易在GDP中的比重，美国是23%，中国是35%，德国则高达81%（见表23-4）。可以说，外贸发达的国家经济竞争力都比较强。当然，从辩证的角度看，如果进出口贸易所占比重太高，经济对外贸依赖过度，也不利于经济持续健康发展。近年来，中国政府强调要扩大内需，力争平稳持续发展。

全球经济合作加强了中国与外部世界的联系。对外贸易和合作将为建设一个和平与繁荣的世界提供坚实的基础。中国作为一个贸易大国的崛起将为世界和平与繁荣作出重要贡献。中国及其贸易伙伴都需要学习如何合理地解决贸易争端。这将有助于防止"大国政治的悲剧"。因此，严肃的学者和理性决策者不应低估中国外贸发展的战略影响。

_____

① World Bank, "World Integrated Trade Solution," https://wits.worldbank.org/CountryProfile/en/Country/WLD/Year/2019/Summary. accessed on March 8, 2022.

表 23-2　2020 年世界主要货物进口国家①

国家	进口总额/亿美元	进口比重/%
中国	24 080	13.5
美国	20 560	11.5
德国	11 710	6.6
英国	6 350	3.6
日本	6 350	3.6

表 23-3　2020 年世界主要货物出口国家②

国家	出口总额/亿美元	出口比重/%
中国	25 910	14.7
美国	14 320	8.1
德国	13 800	7.8
荷兰	6 740	3.8
日本	6 410	3.6

表 23-4　2020 年主要国家的对外贸易占 GDP 的比重③

国家	GDP/百万美元	对外贸易占 GDP 的比重/%
中国	14 722 731	35
美国	20 953 030	23
德国	3 846 413	81

---

① *World Trade Statistical Review 2021*, https://www.wto.org/english/res_e/statis_e/wts-2021_e/wts-2021_e.pdf, Table A6 on page 58, accessed on March 8, 2022.

② 同上。

③ World Bank, "GDP 2020", https://data.worldbank.org/indicator/NY.GDP.MKTP.CD: "Trade(% of GDP)," https://data.worldbank.org/indicator/NE.TRD.GNFS.ZS, accessed on March 8, 2022.

（续表）

国家	GDP/百万美元	对外贸易占 GDP 的比重/%
日本	5 057 759	31
韩国	1 637 896	69
英国	2 759 804	56
法国	2 630 318	58
印度	2 660 245	38
俄罗斯	1 483 498	46
巴西	1 444 733	32

作为全球化的最大受益者之一，中国已成为国际和平的强大力量。中国与外部世界之间复杂和不断发展的经济与政治关系为国际社会提供了挑战及机会。中国已成为世界经济增长的重要引擎。2008 年全球金融危机之后，中国和印度已经成为两个大型经济体，它们有效地应对世界范围内的经济衰退并保持较高的增长率。中国的 GDP 在 2009 年增长了 9.2%，在 2010 年增长了 10.3%。尽管中国正在适应经济增长放缓的新常态，中国经济在 2013 年仍继续增长 7.7%，2014 年增长了 7.3%，2015 年增长了 6.9%。中国从出口驱动的增长转变为基于国内服务和家庭消费的模式。20 世纪 90 年代中国的制造业年平均工资不到 1 000 美元，2012 年上升到 7 000 美元以上[1]。2021 年，中国 GDP 达到 1 143 670 亿元，比上年增长 8.1%。货物和服务净出口拉动国内生产总值增比 1.7 个百分点。全年人均 GDP 达到 80 976 元（按年平均汇率折算达 12 551 美元，超过世界人均 GDP 水平），比上年增长 8.0%[2]。2021 年，按年均汇率折算，我国经济总量达到 17.7 万亿美元，预

---

[1] Mark Wiersum, "China's Manufacturing Wages Rise to ＄7000 per year: Baidu benefits," accessed november 6, 2016, http://marketrealist.com/2014/04/china - manufacturing - wages - rise - 7000 - per - year - baidu - benefits/.

[2] 国家统计局：中华人民共和国 2021 年国民经济和社会发展统计公报，2022 年 2 月 28 日，http://www.stats.gov.cn/tjsj/zxgh/202202/t20220227_ 1827960.html.

计占世界经济的比重超过18%，对世界经济增长的贡献率达到25%左右。

虽然中国经济的增长速度有所放缓，但更注重质量而不是增长数量将使中国有很大的发展空间。中国正在全面深化改革，在可预见的未来仍有望维持较高的GDP增长率。

第二节　"一带一路"建设的机遇及挑战

一、"一带一路"建设带来机遇

"一带一路"建设是在全球化不断发展和中国全面深化改革和全方位开放的大环境下提出的新发展倡议。2015年3月，我国发布《推动共建丝绸之路经济带和21世纪海上丝绸之路的愿景与行动》，强调共商、共建、共享的原则。"一带一路"建设贯穿欧亚大陆，连接活跃的东亚经济圈和发达的欧洲经济圈。中间的腹地国家资源丰富、经济发展相对滞后，是中国拓展对外开放的新区域。

"一带一路"建设的核心是加强中国同沿线国家特别是同中亚和东南亚国家的经贸合作，加强互联互通、优势互补、共同发展。这一倡议的实施将给全中国的经济发展、贸易增长尤其是制造业的提升和服务业的改进提供难得的机会。2016年初，亚洲基础设施投资银行的建立得到众多国家的参与和支持。这说明"一带一路"建设已经得到许多国家和地区人民的积极响应。

目前，全球经济面临不少困难，经济发展不平衡，整体发展速度缓慢，各国着力进行结构调整和解决产能过剩的问题，中国周边许多国家的经济举步维艰。"一带一路"建设如果能获得广泛接受和较为顺利的实施，必将为各参与方提供摆脱困境、走上健康发展之路的良好契机。"一带一路"建设将给中国的制造业和服务业提供新的发展和升级的契机。

改革开放以来，中国经济长期高速增长，目前，中国已经成为全球最大的制造国和货物贸易国。中国产品不仅有价廉物美的声誉，而且在技术水平和科技创新等方面不断得到提升。近年来，中国在公路、铁路、海港和机场建设，高铁制造和运营，以及其他基础设施建设方面不断取得举世瞩目的成就。中国在基础设施建设方面有丰富的经验和巨大的能力。在这种情况下，中国有能力实施"一带一路"倡议，而国际上也有需求通过这一倡议来加强互联互通，大力增进"一带一路"沿线国家和地区的商贸关系。商贸关系的加强和文化交流的加深不仅会给各参与方带来实惠，而且将增进各国人民的相互了解和情谊。

自从中国在1978年实行改革开放政策以来，中国与世界的经济文化交流在全球化的格局下日益发展。中国同世界各国尤其是与发达国家建立了密切而又广泛的互利合作关系。随着经济交往的日益深化，矛盾和压力也有所增加。

"一带一路"建设将扩展和深化中国与世界更多国家和地区的合作。一方面可以推进中国的全面开放，另一方面可以解决中国与部分西方发达国家之间的某些现有矛盾，减轻经济持续发展的压力。"一带一路"倡议的成功实施，将把中国的改革开放事业推上一个崭新的阶段。作为全球化的参与者、受益者和重要推动者，中国与全世界的联系密不可分。改革开放不可逆转，世界上没有任何人、任何力量能够孤立中国。

二、"一带一路"建设的实施将面临若干挑战

第一，"一带一路"建设直接涉及东亚、东南亚、南亚、中亚、中东、东欧、中欧、西欧、大洋洲、北非、东非、太平洋、印度洋和大西洋，还间接影响到世界上其他国家和地区。"一带一路"沿线各国政治制度不同，历史背景各异，社会经济发展水平不一，一些国家如阿富汗、伊拉克、叙利亚等政局不稳、社会动荡。因此，建立政治互信和协调经济发展的难度很大。一些区域的经济发展不均衡导致贸易合作开展困难。沿线许多国家的市场经济还处于转型期，很多经济体制、法律法

规、管理体制都不够健全，这些差异阻碍了商品流通的增长。

第二，"一带一路"沿线国家和地区有众多的语言文化和宗教信仰。沿线国家涵盖人口数十亿人，主要信仰包括伊斯兰教、基督教、佛教、印度教、东正教等。如果没有学习理解当地语言文化和尊重当地人民宗教信仰的基础，很难开展切实有效的经贸合作。然而，学习语言文化非一日之功，要了解和尊重不同的宗教信仰也并非易事。"一带一路"沿线的部分地区如中东宗教分歧严重、民族矛盾尖锐、领土纠纷复杂，一些国家在防范和打击恐怖主义、极端民族主义和分裂主义上效果欠佳，不安全、不稳定因素广泛存在。在这些国家和地区要集中力量搞经济建设，特别是基础设施建设，将面临巨大的困难和风险。基础设施建设耗资巨大，很难在短期内盈利，也很容易受到战乱的严重干扰和破坏。

第三，"一带一路"沿线国家的一些人对中国的发展战略和合作意愿缺乏了解。一些国家将"一带一路"视为中国谋求地区影响力的战略举措，认为这可能是大国博弈的一部分。一些沿线国家和某些大国中的既得利益集团对中国的崛起和"一带一路"建设充满戒心，它们可能会对"一带一路"倡议不断质疑甚至制造人为的障碍。相关国家执政者的主观动机是不同的，要有足够估计。从经济角度看，许多沿线国家既看重中国的技术、资金和市场，又担心中国产品对当地市场造成冲击。

第四，尽管中国改革开放已经取得了举世瞩目的巨大成就，但是中国在核心制造技术和高科技方面与世界前沿仍有较大差距。前些年在"引进来"方面比"走出去"方面花的力气更大，做的效果更好。然而中国在对外投资和国际管理方面成功的案例不够多、经验不够丰富，还缺少大规模高难度的国际合作项目的实践经验。

第五，"一带一路"建设受到全球经济增速乏力和全球经济放缓的影响。一些国家采取贸易保护主义措施，强调产业回归。中国在外贸和对外投资方面面临的阻力增大。贸易保护主义加剧使"一带一路"相关协议落实的难度加大。

第六，南海争端对 21 世纪海上丝绸之路建设的负面影响不容低估。南海地区周边国家因南海争端的存在，与中国政治互信和安全合作难以深化与巩固。这是当前部分争端国对 21 世纪海上丝绸之路建设态度冷淡的原因。为推进 21 世纪海上丝绸之路建设，增强南海地区周边国家之间的政治互信，提升合作意愿，管控南海分歧是必须努力去做的一件事。南海安全和稳定事关中国和平发展的宏图和"一带一路"建设的成功实践。

第七，"一带一路"建设与大国关系中的矛盾有密切关系。尽管中俄两国都认为中俄战略协作伙伴关系已经处于历史最好时期，但俄罗斯有些人还是对中国在"一带一路"建设中与中亚等国发展密切关系存有戒心。美国的"亚太再平衡战略"和"印太战略"及其强化美日同盟和加强与菲律宾、越南、印度等国关系的做法对"一带一路"建设也会产生影响。新型大国关系的建立势在必行，但实际操作中困难不少。大国关系的矛盾对"一带一路"建设的负面影响可能会长期存在。

第三节 "一带一路"建设促进世界文明交流互鉴

一、推进"一带一路"建设的八项举措

第一，"一带一路"沿线各国要充分尊重各国人民自己选择的政治社会制度和经济社会发展道路，在各国独立自主和平等相待的基础上开展合作、增强政治互信、促进共同发展。大国尤其要注重充分尊重小国，反对任何形式的霸道行径。各国政府之间要加强政治对话，协商制定推动贸易发展的政策。中国对相关国家执政者的主观动机要有清醒的认识。

第二，要抓紧时间培养一大批能够熟练掌握"一带一路"沿线各国人民的语

言、熟悉他们的文化传统和行为方式的人才。学习、了解并尊重不同的宗教传统，在国内要严格遵守宪法中"中华人民共和国公民有宗教信仰自由"的规定，在国际舞台上，要让世界人民了解不同文化和宗教在中国长期共存、和平相处的历史经验。中华文明可以在调解当前所谓"文明的冲突"中起到独特的不可或缺的作用。尊重各种宗教传统，不支持不参与任何宗教冲突。努力帮助民族矛盾尖锐的国家化解矛盾、达成谅解。反对任何形式的恐怖主义思想和行动。尽管困难重重，还是要争取管控冲突和发展经济的机会。

第三，要耐心地用通俗易懂的方式向各国人民解释中国的和平发展战略和"一带一路"的实质内涵。用和平发展的实践来打破"中国威胁论"的谎言。尤其是在中国与周边国家的关系中，坚持与邻为善、与邻为伴，坚持睦邻、安邻、富邻，要把亲诚惠容的理念落到实处。民心相通是"一带一路"建设的社会根基，要通过人文交流合作等，在沿线国家民众中形成相互欣赏、相互理解、相互尊重的人文格局，为"一带一路"建设打下坚实的民心基础。

第四，在对外投资方面，要同时重视"引进来"和"走出去"。要大力培养和加强预测、分析、规避和管控国外投资风险的能力。打破某些国家对中国对外投资的政策歧视和无理限制。既要注重"引进来"的质量，也要关注"走出去"的实效。海峡两岸企业在联手"走出去"方面大有文章可做。台资企业在大陆的一些行之有效的创业和经营方法对"一带一路"海外投资建设具有借鉴意义。

第五，在全球经济增长乏力、贸易保护主义抬头的情况下，中国作为全球经济增长的一个主要推动者的作用日益重要。一方面要调整经济结构、扩大内需，另一方面要千方百计继续开拓国际市场，利用世界贸易组织的规则和机制同贸易保护主义作斗争。在国际竞争中既有原则性，又有灵活性，在捍卫自身权益的同时，尽量照顾到对方的利益，开创互利共赢的局面。

第六，在南海问题上，坚决捍卫国家的领土主权。在同菲律宾、越南等国的南海争议岛屿问题上，继续坚持采取双边和平谈判的方式来缓和矛盾并争取最终解决问题。维持南海和平稳定，为21世纪海上丝绸之路建设创造有利条件。"一带一路"建设的成功关系到实现中国梦和构建人类命运共同体的事业。应该坚决反对任何人、任何国家在南海制造紧张局势。高举和平发展的旗帜，实践合作共赢的理念，落实"一带一路"的构想。

第七，"一带一路"建设的成功和新型大国关系的建设之间存在辩证关系。一方面，"一带一路"的建设可以缓和目前大国关系中存在的一些结构性矛盾。部分学者认为，"一带一路"的"西进战略"是对美国"亚太再平衡战略"的回应。其实，这种想法低估了"一带一路"作为中国和平发展和全面开放的有机部分的意义。"一带一路"旨在造福所有参与互联互通建设的国家和地区的广大人民，而不是针对个别国家的战略。另一方面，构建新型大国关系同样有助于实现中国梦和打造人类命运共同体。新型大国关系的本质特征是不对抗、不冲突，相互尊重核心利益，合作共赢。"一带一路"和新型大国关系是相辅相成的。如果中美、中俄、中印等大国不能真正建立新型大国关系，那么"一带一路"建设可能会处处遇到麻烦，有的障碍在可见的未来会难以克服。

第八，对"一带一路"面临的困难要有充分估计才能认真准备克服困难的办法。必须把教育和研究工作放到更高的战略高度，对"一带一路"所有沿线国家和地区的语言文化、历史背景、政治体制、宗教信仰、经济结构、民族问题、人口状况等进行深入细致的研究和考察。目前，大多数学校往往强调英语等几个主要外语的教学，对许多小语种的学习和研究达不到"一带一路"建设的要求。国际问题研究往往侧重于大国关系和宏观问题，对中小国家和具体问题了解不够深入。

二、"一带一路"和国际贸易促进世界文明交流互鉴

"一带一路"建设应多做少说，把任务落到实处。在沿线国家中，多和愿意与中方合作的国家和人民发展互利共赢关系。对于目前对"一带一路"还持观望态度或有抵触情绪的国家和人民，一方面要勤于交流，另一方面要耐心等待。要用事

实说话，让"一带一路"互利共赢的成功案例来吸引更多、更广泛的参与。在"一带一路"的设计和实施过程中，要充分考虑到当地的条件，照顾到各参与方的利益，只有因地制宜、从长计议、合作共赢，才能达到可持续发展。不能采取短视的和过度强调自身利益的做法。

国际贸易是世界文明交流互鉴的桥梁和增进人民友谊的纽带。随着商贸关系的发展和文明交流互鉴的深入，不同地区、不同民族之间的共同利益会得到加强。国际贸易本身并不能消除文明的差异，但通过互通有无和加深相互理解，国际贸易可以扩大共同利益的基础。世界贸易组织和相关的国际法律与机制还提供了和平解决分歧的行之有效的途径。因此，致力于世界和平和可持续发展的人们都应充分重视国际贸易在世界文明交流互鉴中的不可或缺的桥梁和纽带作用。

第二十四章
"黄土"拥抱海洋的创新探索

第一节　"黄土"创造海洋：国际港建设，成就梦想

一、"把西安搬到海边去"构想的实现

西安曾是千年帝都，是各种文明交流碰撞的汇聚地，受海洋（蓝色）文明影响深远。

2 000多年前，汉武帝派遣张骞从长安出发，开辟了举世闻名的古丝绸之路，以此为标志，长安逐步成为世界贸易的中心和东西方文化交流的中心。1 000多年前，伟大的唐帝国将古丝绸之路发展到历史的高峰，并在长安这条古丝绸之路的起点和终点，也是世界贸易的原点设立大唐西市，那里商贾云集，数万名外国客商常年在此聚居经商，它既是市场，又是陆路口岸，俨然是东引西连、南拓北展的"国际内陆港"，以此为中心发展起来的国际贸易，比15世纪开始的大航海时代殖民性的世界贸易早了700多年。今天的西安仍要以黄土（黄色）文明的博大胸怀，继续勇敢地面对海洋，并大胆地拥抱海洋。明朝初期的郑和下西洋这一重大的海洋活动，更是将中国的海洋（蓝色）文明和文化发展到历史的高峰，引起世界的高度关注。

在明清以后，由于各种主客观因素，西安囿于内陆，从而长期脱离海洋。然而，20世纪70年代末中国实行改革开放政策以后，西安又逐步走向世界。

早在 20 世纪 90 年代初，有胆识的西安人就在寻求推动西安发展的新支点，提出凭借包头到北海南北铁路大通道，投资"1.5 个亿把西安搬到海边去"的设想。进入 21 世纪，一个更大胆的创意在西安人心中逐渐孕育成形——"无中生有"地建设西安国际内陆港，把"出海口"平移到西安。西安没有海，没有江，也不沿边，大多数人是无法将这座城市和"港"联系起来的。然而，令人意想不到的是，建设西安国际内陆港的大胆创意却能很快得以付诸实践。

2001 年，西安学者席平等发表文章，率先提出"建立中国西部国际港口——'西安陆港'的设想"。这一大胆创意很快就得到西安市乃至陕西省各级领导和广大民众的广泛支持。2002 年，时任陕西省人大常委会副主任崔林涛在新欧亚大陆桥区域经济合作国际研讨会的发言中正式建议在新欧亚大陆桥沿线经济中心城市建立国际内陆港，作为内陆国家和内陆地区构筑国际经贸操作平台，并重点介绍了国际内陆港的概念、作用和意义。2004 年，西安国际港务区项目领导小组办公室正式成立，随之完成西安国际港务区建设可行性分析报告。2005 年，西安市人民政府设立"西安国际港务区"，由西安市商贸委和灞桥区人民政府共建。2008 年，西安国际港务区建设得到陕西省委省政府和西安市委市政府的重视和支持。西安国际港务区管理委员会于 2008 年 4 月正式成立。为加快推进西安国际港务区的建设进度，陕西省委省政府还决定建立一个高规格的港务区建设省级工作机制，并由两位副省长共同负责该项目。

新的管理机构领导下的西安国际港务区建设开始进入发展的快车道。经过一轮又一轮的讨论和修改、审议和审批，最终确定西安国际港务区建设面积从最初的 7.68 平方千米扩展到 44.7 平方千米，辐射控制区域面积为 120 平方千米。

近 10 年来，西安这个千年帝都在新形势下积极拥抱海洋，并以国际港务区建设为契机，全面激活海洋大国的文明基因，大胆地创造和使用海洋，取得了辉煌成就，为探索中国特色海洋强国之路提供了可资借鉴的成功经验。

国际港务区就是在内陆经济中心城市的铁路、公路交会处，依照有关国际运输法规、条约和惯例设立的对外开放的国际商港，是沿海港口在内陆经济中心城市的支线港口和现代物流的操作平台，为内陆地区经济发展提供方便快捷的国际港口服务。

二、西安国际港务区三大支撑平台建设

根据新总体规划，西安国际港务区建设的首要任务是三大支撑平台建设。

一是铁路集装箱中心站建设。2008 年 9 月 27 日，西安铁路集装箱中心站正式开工。项目占地 2 058 亩（1 亩≈666.7 平方米），是全国 18 个具有国际先进技术设备和物流功能的集装箱中心站中的示范工程，总投资 6.38 亿元人民币，处于东连郑州铁路集装箱中心站，西接兰州铁路集装箱中心站，南靠重庆、成都铁路集装箱中心站，北临呼和浩特、包头铁路集装箱中心站的中心地域，是全国铁路集装箱站场建设的重要组成部分，具有联东进西、承南启北的作用。

2010 年 7 月 1 日，经过 21 个月的建设施工奋战，西安铁路集装箱中心站宣告提前竣工，年底正式运营。建成后的西安铁路集装箱中心站，集装箱货运量可达 1 078 万吨，远期则达到 2 300 万吨，将大大促进货物运输由散货和零散运输向现代化、标准化的集装箱运输过渡，为真正实现海铁联运提供可靠的保障，为整合西安货运资源、充分发挥西安作为西部大开发桥头堡的作用、服务西部、辐射全国搭建坚实平台。该中心站还建有总面积约 5 000 平方米的国际箱区监管场所围网，其中海关、检验检疫监管用房 600 平方米，监管仓库 300 平方米，查验平台 200 平方米，同时设检验检疫熏蒸处理区 300 平方米。这意味着西安已初步建成具有口岸服务功能的国际内陆港。

二是综合保税区建设。过去，综合保税区主要集中在东部沿海城市，内陆保税港区的设立，是国家西部大开发战略的重要布局。作为内陆省份，陕西迫切需要有这样一个综合保税区，作为扩大对外开放、加强交流合作、实现互利共赢的载体和平台。经过多次努力，海关总署等国家四部委于 2008 年 12 月 26 日正式批复西安

设立保税物流中心。该项目于 2009 年 6 月 23 日开工建设。6 月 25 日，国家颁布实施《关中—天水经济区发展规划》，其中明确提出要"积极研究设立西安陆港型综合保税区"。

2010 年 3 月 30 日，经过 9 个月的建设，西安保税物流中心项目竣工，比原定的 10 个月提前了 1 个月。4 月 20 日，西安保税物流中心通过了由海关总署、财政部、税务总局和外汇局组成的联合验收组的验收，投入运营。2010 年 7 月，党中央、国务院召开西部大开发工作会议，新一轮的西部大开发战略得以实施，加快西安国际港务区建设被再度写进党中央第 11 号文件，成为国家战略的重要组成部分。2011 年 2 月 14 日，西安综合保税区正式获得国务院批准。根据规划，西安综合保税区相关政策将参照上海洋山保税港区的政策执行，是中国开放层次最高、政策最为优惠的海关特殊监管区。西安综合保税区面积为 6.17 平方千米，东至西韩公路，南至潘骞路，西至港务大道，北至秦汉大道，与已经通车运行的西安铁路集装箱中心站隔秦汉大道相望，包含面积 120 万平方米的标准厂房、仓库。西安综合保税区主要功能分为口岸通关、保税物流、保税仓储、出口加工及综合服务五大部分，是目前中国开放层次最高、享受优惠条件最多的保税区。西安综合保税区也成为目前西北地区首个综合保税区，将使西安保税物流中心全面升级，将赋予西安前所未有的口岸服务功能，其对外开放口岸、保税物流、保税出口加工和国际贸易四大功能，将有助于西安、陕西乃至西北地区进一步提高经济外向度，推进西安国际化大都市的建设。

三是公路港建设。根据新总体规划，西安公路港位于西安国际港务区东南侧，港务大道以东，绕城高速与西禹高速交会处，总规划面积 14.6 平方千米，布局为 1 个核心商务区、2 个功能拓展区（汽车销售展示区、生态休闲区）和 11 个公路码头。主要功能包括国际物流、甩挂运输、信息交互、运输协调、物流集散、车辆调度、餐饮休息、休闲娱乐、展示和物流科研培训等。西安公路港建设分两期进行，一期起步区位于西安国际港务区东南角，西边紧临西禹高速和绕城高速，东边以纺渭路为界，规划建筑面积 182.78 万平方米，设计停车位 3 158 个，仓储面积 12 万平方米。起步区以中国结为理念，中心区由 5 栋独立建筑通过屋顶结合呈五角形大楼体，形成中国结的"蕾心"，设计为超大型的综合服务区，内部布置快捷酒店、美食一条街、物流企业总部、信息发布中心，以及工商、税务、银行、邮政、公安等配套服务机构。其中公路港的重点项目招商展示中心和广汇展馆于 2011 年 1 月 7 日正式动工建设。

项目建成后，西安公路港与西安铁路集装箱中心站、咸阳国际机场形成运输方式互补，将成为西北地区最主要的物流企业聚集地及物流信息平台，最终打造成为全国高速公路交通网的指挥调度中心、信息处理中心和物流分拨中心。2010 年，时任交通运输部党组书记、部长李盛霖带领相关司局领导视察西安国际港务区时，认为这个项目是内陆地区公路运输价值最大化体现的一个代表，对我国公路综合运输体系具有示范性的作用，要将其打造成"全国现代公路物流枢纽"。

三大支撑平台建设是西安这个中华黄土（黄色）文明的发祥地以博大的胸怀拥抱海洋的关键一步。从此，西安这个没有海、没有江、不沿边的内陆城市，终于实现了建设国际港的梦想，步入有港口服务功能的时代。

第二节　"黄土"使用海洋：通江达海，连通世界

作为内陆地区的西安，要拥抱海洋，不仅要大胆地创造海洋，建设国际港务区，还要大胆地使用海洋，即以物流和贸易重塑新丝绸之路，以就地办单、海陆联运的方式通江达海，连通世界，同时发展临港产业，建设现代新城。

一、以物流和贸易重塑新丝绸之路

物流和贸易是经济活动中亘古不变的命题。经济领域三大要素——生产、消

费、流通，其中生产和消费已经不是当今世界的难题。人类社会的早期，生产和消费一直是经济活动的主导因素。而在全球经济日益一体化的时代，物流和贸易则逐步占据人类经济活动的主导地位。显然，把生产和消费作为经济领域中的主导因素对于参与全球经济的国家和地区来说已经是一个过去式的中世纪的命题。各国有各国的资源和生产，各国有各国的消费要实现，流通要素才最为根本；反之，则无异于闭关锁国。因此，在当今世界，物流和贸易的发展水平，直接决定着区域或国家发展的先后次序。

物流和贸易在生产和消费占人类经济活动主导地位的时代，曾经以中国在长安所开辟的古丝绸之路的方式，推动着东亚、中亚、西亚、东欧和西欧等古丝绸之路沿线十几个国家的经济发展，影响着东西方几大文明体系的发展，带给沿线国家无数的财富和长期的安定。当今时代，作为古丝绸之路的起点和终点即世界贸易的原点，西安顺应时代要求，借国际港务区建设之机，开启新丝绸之路，把西安的发展定位、战略规划置于欧亚经济共同发展以及经济全球化的大背景下，拓展西安从陆路向西发展的巨大空间，扩大西安与中西亚的经贸往来，纵深向欧洲及南亚辐射，同时与东部沿海建立战略合作关系，从而形成连通世界的网络大格局，使西安成为新欧亚大陆桥这条新丝绸之路的物流和贸易枢纽中心。

为重塑新丝绸之路，西安国际港务区和西安综合保税区于2011年9月发起"2011·新筑欧亚大陆桥"活动，该活动由上海合作组织、陕西省人民政府、西安市人民政府主办，重要内容之一就是深入探索新欧亚大陆桥大通关模式，实地踏勘中国至荷兰的欧亚大陆桥沿线地区国际贸易、国际物流发展的瓶颈和障碍，为国家进一步扩大欧亚地区的市场开放、改善通关条件、创造更加稳定透明和可预见的市场环境、促进国际区域合作奠定良好的基础；通过与沿桥各国和各地区经济文化交流与合作，充分发挥陕西、西安的区位优势和西安国际港务区的交通枢纽节点作用，提高西安国际港务区面向欧亚大陆桥经济带的服务能力，重新构筑欧亚大陆桥沿线经济发展的新秩序，推动中国与欧亚国家的合作发展，从而实现陕西、西安外向型经济新跨越。

2012年12月9日，西安国际港务区驻鹿特丹办事处揭牌，由此开启了大陆桥两端两个国家在国际物流方面的全方位合作以及引导两国企业之间的业务往来，以此振兴古丝绸之路，重塑新丝绸之路，形成西部陆上开放与东部海上开放并进的新局面。

二、就地办单，海陆联运，连通世界

西安国际港务区建设的指导思想是"港口后移、就地办单、海陆联运、无缝对接"的十六字法则。所谓"就地办单"，就是在国际港务区具有报关、报验、签发提单等口岸综合服务功能。所谓"海陆联运"，就是依靠"海铁""公铁""空海"等多式联运方式与海港连接，在国际港务区内设置海关、检验检疫等监管机构，为客户通关提供服务。同时，银行、货代、船代和船公司也在国际港务区内设立分支机构，以便收货、还箱、签发以当地为起运港或终点港的多式联运提单并提供相应的金融衍生品。

对大多数缺少出海口的内陆地区来说，国际港务区打破了内陆地区国际贸易发展的瓶颈——国际物流通道，减少进出口货物的中间环节，加快通关速度，使内陆经济中心城市具有完备齐全的国际港口运行机制和方便快捷的外运操作体系，同时为内陆增加沿海港口的支线港口，使间接经济腹地转变为直接经济腹地。由此可以最大限度地简化物流流程、降低运输成本、提高物流效率。也就是说，内陆地区需要的并非简单意义上的物流园区，而是能够整合产业转移目的地辐射范围内各种金融、物流、供应链等多重资源的、具有口岸服务功能的国际型内陆港口。

这种就地办单、海陆联运的模式将使同等距离条件下的物流效率提高45%，物流成本降低30%～50%。在物流环节不畅、物流成本高企的今天，这种模式将对中国物流业发展产生极大的示范作用，并为很多不具备出海口、河流等的内陆型城市提供一个新的发展思路。

西安国际港务区积极推进就地办单、海陆联运模式的一个重要表现就是与天津港、连云港港、青岛港、日照港、上海港、阿拉山口、霍尔果斯建立起九大战略合作伙伴关系。2010年，西安国际港务区与天津港（集团）有限公司合作共建天津港集团西安国际港务区服务中心。2011年，天津港（集团）有限公司与西安国际港务区共同出资组建的西安陆港津安国际物流有限公司揭牌，这标志着双方全方位合作进入实质性推进阶段。同年，上海洋山保税港区与西安国际港务区签订协议，共同建设运营综合保税业务合作平台，总投资5亿元人民币。连云港港西安国际港务区服务中心正式揭牌。西安、青岛两港签署合作协议，双方战略合作关系正式开始。西安国际港务区还分别与新疆阿拉山口和霍尔果斯口岸签订协议，围绕新欧亚大陆桥国际物流运输，充分发挥两地口岸行业管理和"大通关"协调服务职能，积极开展国际物流和对外贸易交流。通过这种区港合作的"大通关"模式，不仅可以打通西安内外贸易通道，拓宽辐射腹地，同时也可逐步形成西安国际港务区引领全省、连接全国、连通世界的大流通、大物流网络格局。

西安国际港务区在短短几年内就实现了陆地国际物流与海洋国际物流的无缝对接，密切了内陆地区产业与世界各国产业之间的关系，使内陆市场与国际市场实现了一体化发展。这就让更多内陆型并具有高远理想的城市看到了融入经济全球化的希望。

三、发展临港产业，建设现代新城

西安国际港务区除了具有港口服务功能，能够参与到国际分工与合作中，推动区域外向型经济发展之外，还有更多的其他价值。依靠港口的便利和港口的功能，支撑起因港而兴的市场和产业。凡是有港口的地方，都有港口经济，也就是说，建设港口不能单纯地只建码头，要推动临港产业的发展和集聚。为此，西安国际港务区依托国际贸易组团、国内贸易组团、临港产业组团、生产服务业组团、生活服务业组团、信息产业组团"六大百亿组团"，全面发展临港产业，推动港口经济和社会全面发展。

从 2008 年开始，世界知名的现代物流运营商新加坡讯通（CWT）已投资兴建西安分拨基地。由新豪德（香港）控股有限公司、华南城控股有限公司共同投资兴建的西安华南城项目拟分三期建设完成，其中一期总投资额超过 60 亿元；项目全部建成后，总投资额将在 200 亿元以上，实现营业额 1 500 亿～2 000 亿元、税收 50 亿元以上，可提供创业机会 10 万个、直接就业岗位 40 万个、间接就业岗位 100 万个。

华南城建成后将成为中国西部经营规模最大、经营商品种类最多、服务功能最全的工业原辅料、商品集散中心和综合性物流中心。此外，新疆广汇集团、海尔集团等知名企业先后落户园区。该园区还积极与美国大运集团、美国捷尔杰（JLG）有限公司、摩根士丹利、法国雅高集团、法国迪卡侬集团、日本住友商事、中国台湾特力集团、中国台湾乡林集团等世界知名企业，以及联想集团、中国五矿集团、神州数码等国内大型企业集团进行投资合作的前期接洽，确定了合作意向。

与此同时，西安国际港务区还进一步提出"以大物流带动大服务，以大服务升级大产业，以大产业推动大城市，为大城市开创大未来"的宏大目标，即"先建港，再建区，后建城"的目标：2 年多建成内陆港，3 年形成产业聚集，5～7 年建成 1 个城市新区。随着西安国际港务区的顺畅运营，与之配套的商务、生活服务业必须到位，并不断完善。新城市商圈、新生活圈的成形，意味着一个以生活服务业组团为核心的多元化城区正在成形。未来的服务聚合，将驱动城市自身的进化发展，最终汇聚一系列餐饮、购物、休闲、居住及娱乐等单元，形成一个适宜居住和工作的生活环境。在继续完善内陆港服务功能的同时，还要引进品牌学校、品牌医院、品牌房地产商等作为城市生活配套，吸引人流、物流聚集，形成一个国际品位的社区、居住区，即所谓的东部新城。

第三节　"黄土"拥有海洋：一个支点，撬动发展

一、一个重要的支点

西安国际港务区作为一个重要支点，具备以下三个条件：

一是国家给予的战略定位。2009 年，国务院批准的《关中—天水经济区发展规划》，要求西安国际港务区要承担起构筑西安国际化大都市和关中—天水经济区的商贸物流中心的大任。2010 年，中共中央、国务院下发的《关于深入实施西部大开发战略的若干意见》，明确提出"全面推进西部地区对内对外开放，打通陆路开放国际通道，打造重庆、成都、西安等内陆开放型经济战略高地。建设重庆两江新区，积极推进重庆两路寸滩保税港区、西安国际港务区等建设，在条件成熟的地方设立海关特殊监管区域，充分发挥保税贸易的作用"。国家战略赋予西安的历史使命和定位，上升到了打造内陆开放型经济战略高地的高度。

二是西安所处的地理区位。西安处于中国版图的几何中心，也就是所谓的"大地原点"，到全国各个地方的距离都差不多，这就意味着西安从地理上就天然地具有中国内陆交通总枢纽的禀赋。同时，西安坐落在新欧亚大陆桥的中心位置，是新欧亚大陆桥上中国境内最大的节点城市，具有物流、交通优势，再现万国通商的潜力。在这里建港，辐射范围东可至山东省东部，北可至京津唐地区，西能达霍尔果斯，南可延伸到四川南部。重要影响圈包含 8 个省、15 个地级市以及 3 个直辖市，土地面积 37.7 万平方千米。在国际方面，向东通过沿海港口强大的航运能力，与日美韩市场结合；向西通过霍尔果斯等沿边口岸，与中亚乃至欧洲经济连通；向南通过与成渝地区双城经济圈、北部湾经济区合作，实现与东盟经济区的互动；向北通过与二连浩特、满洲里口岸合作，加强与俄罗斯、蒙古的经济交往。

三是西安独有的历史文化。西安所处的陕西省和关中地区是中国最早走向世界的地区之一。以西安为起点和终点的古丝绸之路有效沟通东西方世界的时间长达1 000多年。从西周开始，历经秦汉和隋唐盛世，中国历史上最辉煌的时期都是在这块土地上出现的。周公制礼作乐的儒雅，秦王横扫六合的豪迈，汉武开拓进取的雄壮，唐皇海纳百川的气概……这种历史积淀是西安所独有的。这种独有的历史文化，已经影响了这个城市几千年，并将继续影响这个城市的现在和未来，从而成为这个国际大都市特有的精神风貌和价值追求，并指导着这个城市广大人民去创造伟大奇迹。

二、撬动中国和世界发展

西安国际港务区的建成运营将成为西安、西部、国家和国际等多方巨大利益的创造体，从而作为支点，撬动中国和世界发展。

西安国际港务区的受益者首先是西安。西安是中国的十三朝古都，然而这个曾经无比辉煌的世界中心，却在海洋（蓝色）文明崛起、大陆（黄色）文明衰落的过程中，一步步成为所谓的"内陆城市"。而西安国际港务区，就是为西安打造了一个最为便捷、成本最为低廉的经济"出海口"，让黄土文明拥抱海洋文明的梦想得以实现，让西安不仅是国际知名的热点城市，更是和国际市场发生关系、参与国际循环和国际竞争的城市。尤其是以发展现代服务业为内核的西安国际港务区将凭借特殊功能优势，为陕西和西安经济发展提供一个"走出去的窗口"和一个"引进来的驳口"，为陕西、西安各个经济板块和主导产业提供优质和全面的服务，将陕西和西安打造成承接国际国内产业梯度转移的洼地。

西部地区也是西安国际港务区建设的受益者。西安国际港务区的建设，可以通过减少进出口货物的中转环节加快通关速度，使西安这个内陆经济中心城市成为"国际港口城市"，实现建设国际大都市的目标；同时使包括西安在内的辐射半径内的地区转化为经济意义上的"沿海地区"，发展以先进制造业、高新技术产业和现代服务业为特色的临港经济，改变西部地区外贸投资环境，促进西部地区外向型经济发展，构筑内陆型开发开放的战略高地，赢得参与国内国际两个市场竞争的机会，创造巨大的创业和就业机会，增加外汇和财政收入，带动经济全面发展。如设立在西安国际港务区的西安综合保税区，不仅是国家支持西部地区外向型经济发展的重大举措，也是目前中国西北地区唯一的综合保税区，集保税仓储、出口加工、口岸作业、国际中转、分拨配送、采购及贸易等业务于一体，为国际贸易类出口加工型企业提供了广阔的发展平台。对那些怀抱融入全球经济大循环梦想的西部企业来说，西安国际港务区为其铺就了产业转移的洼地、经济发展的高地。

西安国际港务区建设的受益者还包括东部地区。一是天津港、青岛港、日照港、连云港港和上海港等沿海港口将享受到拓展内陆地区的支线口岸的便捷，使间接经济腹地转变为直接经济腹地，增加集装箱运量和收益。二是通过西安国际港务区的建设与运营，整合东部地区高新技术、先进制造业、资本市场等各种资源，结合西部具有的能源、土地、劳动力价格等优势，在交通便捷性和物流成本等条件相当的情况下，为东部地区国际国内企业提供产业梯次转移的巨大空间。譬如，来自东部的海尔集团就在西安国际港务区投资 6.5 亿元建设了海尔西安产业园项目，含标准库区、高架库区、办公区和综合配套区，将建设约 5 万平方米的现代化物流中心。

在国家利益方面，通过西安国际港务区的运营，使国际海洋运输网与内陆运输网连为一体，将经济学意义上的"出海口"直接伸入内陆地区的经济中心城市，这将有利于国家宏观产业结构调整，促进西部地区开发开放水平的大幅提高，为中东部地区与西部地区经济发展不平衡问题提供有效的解决方案，最终促进实现全国现代化的终极目标。同时，经过实践探索出的国际内陆港模式也将为其他内陆港提供宝贵经验。

在国际利益方面，西安国际港务区直接打开了西部地区融入世界经济的大门，在经济全球化时代，各国、各地区经济的相互依赖日益加深，在全球性经济危机席卷而来的情况下，更需要以加强合作实现经济复苏，特别是西部地区以国际贸易实现进一步开放，扩大市场，这将给世界经济带来巨大利益。

一个国际内陆港的建设，能够既实现自身利益，又撬动中国和世界发展，就一定能够拥抱世界，从而真正拥抱海洋。这就是西安国际港务区，在新的时代，全面激活海洋大国的文明基因，积极实现拥抱海洋、连通世界的伟大梦想。

西安国际港务区酝酿建设多年来，特别是 2008 年开始大规模建设以来所取得的成就斐然，它所形成的内陆港建设的模式和经验对于推动中国全方位对外开放和建设中国特色海洋强国具有重大示范意义。然而也应当看到，中国的内陆港建设是一个新生事物，在其发展和探索的过程中难免出现这样或那样的问题，特别是通江达海、连通世界方面的问题比较突出，迫切需要社会各界特别是国家层面给予支持和帮助。

第二十五章
黄蓝文明融合发展的成功典范

第一节 张謇的近现代化事功和古典哲学思想

一、张謇的近现代化事功

近现代以来，中国的现代化转型道路大约分为两大类型：一是激进主义革命道路，二是渐进主义建设道路。两种道路相互竞争、交替选择。张謇最早提出了"父教育、母实业"的救国理念，"张謇道路"属于渐进主义建设道路。

"张謇道路"的核心机制是与政府（政权）保持合理的距离，自觉、自发地在社会层面进行经济、文化和政治的"三元"互动。基本逻辑是：通过实业补养教育，通过教育发展文化，通过文化匡扶社会，通过文化建设和社会公益、慈善事业实现地方（基层）自治，以个案、局部为全国作出探索和示范，进而推进国家治理体系和治理能力现代化。

"张謇道路"不同于改革派康有为等人的道路，也不同于革命派孙中山等人的道路，是立足社会、深入民间的第三条"非政治"道路。这种"非政治"的政治，具有深远意义。

张謇的近现代化事功具有全面性，其业绩覆盖政治、经济、教育、社会治理、公益慈善和文化建设等领域。张謇在南通、苏北和上海地区创办的近现代化企事业机构多达 180 余家，囊括工业、垦牧、交通运输、卫生、通信、水利、渔业、金融、商贸、商会、教育、文化和公益慈善等门类。张謇因而也被称为"百科全书"式的人物。而且，在张謇的主持下，南通最早建成相对完善的近现代城市系统。清华大学教授吴良镛在其著作中认为，南通最早引入近现代城市规划、建设的理念和方法，堪称"中国近代第一城"[1]。以上成就是在19世纪末20世纪初整个中国动荡不安、制度缺失、基础薄弱的不利条件下获得的[2]。

因此，张謇不同于同期及其前后的角色单一型政治家、企业家、教育家、慈善家、社会活动家或知识分子，他是一位注重系统谋划和整体推进的影响全面的近现代化前驱，具有综合性比较优势。

张謇的近现代化事功凸显先锋性，其多项事业属于中国首创。比如：中国第一个民族资本企业系统也是第一个民营股份制企业集团——大生集团；第一个农业股份制企业——通海垦牧公司；第一所独立设置的中等师范学校——通州民立师范学校；中国最早的高等医学院校之一——私立南通医学专门学校，并设中、西医两科；第一所纺织高等院校——南通纺织染传习所；第一个民办气象台——军山气象台；第一个县级图馆——南通图书馆；第一座公共博物馆——南通博物苑；第一所现代戏剧学校——伶工学社；第一所由国人自办自教的特殊教育学校——狼山盲哑学校；等等。

张謇在政治思想和活动上希求进步，富有现代性，曾是清末立宪运动的领袖人物，并在辛亥革命以及民国政权的建立过程中发挥过重要作用。

二、张謇的古典哲学思想

张謇的前半生，从童年、青少年、青年时期直至中年，贯穿着两大主题。一是外在的洋务运动（1861—1894年）时代背景。洋务运动的指导思想是自强、求富，

---

[1] 吴良镛等：《张謇与南通"中国近代第一城"》，中国建筑工业出版社，2006。
[2] 1920年上海英文报《密勒氏评论报》主笔J. B. 鲍威尔访问南通后，将南通称为"中国大地上的天堂"。

基本方法是"师夷长技以制夷""中体西用"。在此过程中，"西学东渐"成为可能，并且形成风气。二是个人长达数十年的科举之路（15～42岁）。上述两大主题相互交织，塑就张謇的知识体系、思维方式乃至心理结构。一方面，"西学东渐"使得张謇初步养成一些近现代化、西方性的先进观念和开阔视野。另一方面，科举之路也给了张謇系统的学术训练，为其打上深刻的传统文化烙印。事实上，传统学术提供的古典哲学与传统思想，成为张謇人生和社会实践的最原始、最直接、最主要的资源。值得关注的是，对比大部分传统精英对近现代化、西方文明的拒斥，张謇对近现代化（亦即西方性）却是积极接受的；这种接受必有内在理据。

唯物辩证法认为，内因是根据，外因是条件。彼时张謇没有机会接受系统的西学训练。"张謇道路"的内在理据，其大要只能从中国的古典哲学与传统思想中寻找。张謇在童年、青少年时期系统学习了儒家典籍，如四书五经（《大学》《中庸》《论语》《孟子》，《易》《书》《诗》《礼》《春秋》），以及其他经史子集①。对张謇产生影响的学术、学问师友先后有赵菊泉、徐石渔、李小湖、薛慰农、张裕钊、杨黼臣、孙云锦、吴长庆、翁同龢等。师从赵菊泉期间，张謇主要从宋儒著作和明人文选入手，读桐城方氏所选《四书文》，复读《四书大全》，以及《通鉴》《三国志》《惜抱轩文集》等。徐石渔教他读《纲鉴易知录》《通鉴纲目》。张裕钊教其读《韩昌黎集》《王安石集》《晋书》等。李小湖、薛慰农、张裕钊指点他精读《史记》《两汉书》《三国志》《通鉴》《文选》以及唐代诗文，精研《易》《书》《诗》《礼》等经典②。军幕期间，张謇读了《老子》《庄子》《管子》。中年以后，张謇与清末民初的著名佛教人物有所交往③，研读了一些佛家经典。

就学术、学问而言，张謇受张裕钊影响很大，张裕钊是曾国藩的得意弟子，根

---

① 王敦琴：《张謇文化性格中传统文化之烙印》，《江南大学学报（人文社科版）》2007年第2期。
② 卫春回：《状元实业家张謇》，团结出版社，2009。
③ 张謇与太虚法师有交往，曾经试图邀请太虚法师、弘一法师到南通住锡。张謇身边的助手江谦是民国著名的佛教居士。张謇和当时的佛教大德印光法师也有书信往来。

系上属于安徽桐城派一脉。按照梁启超的说法，"清学自当以经学为中坚"[1]。并且，清代学术提倡经世致用，十分注重史学。因此，在张謇的治学过程中，经学占有核心地位，经史互参应是主要方法。张謇曾经专治《易经》，其人生哲学和事业经营思想也大多出自《易经》，大生集团的名称即来自《易经》章句"天地之大德曰生"。

有学者认为：古代中国的经典和经学为一种资源，承担着对旧知识维护和延续的责任，也承担着使新的知识、思想与信仰得到理解，获得合法性和合理性的责任[2]。除此之外，经学还在根源上赋予张謇信仰支撑和实践动力。从张謇对科学和理性的态度、从精神自由到政治自由的探索与实践以及对社会和文化的近现代化改造来看，他对于儒学和近现代性的关系处理，水平和效果要超过后来几代新儒家[3]的期许。张謇是一个现实存在的、实践了的儒家，其事功离不开经学的深层滋养和潜在指导。更重要的是，张謇个案也证明，中国的古典哲学与传统思想具备一定的开放性、包容性和创新性，可以和西方文化和现代文明对接。

第二节　张謇式黄蓝文明融合发展的内涵

张謇的人生经历虽然跨越古今和中西，但是，传统和现代、中国和西方的诸多元素在张謇身上以及南通的近现代化过程中并未形成严重的割裂和对立。总体而言，融合胜过了冲突。中国的黄色（农耕）文明底蕴和西方的蓝色（海洋）工商

---

[1] 梁启超：《清代学术概论》，人民出版社，2008。
[2] 葛兆光：《中国思想史》第二卷，复旦大学出版社，2005。
[3] 中国近现代以来的新儒家已经出现三代：第一代（1921—1949 年）有熊十力、梁漱溟、马一浮、张君劢、冯友兰、钱穆；第二代（1950—1979 年）有方东美、唐君毅、牟宗三、徐复观；第三代（1980 年至今）有成中英、刘述先、杜维明、余英时等。三代新儒家的发展趋势逐渐学术化和理论化，与现实和实践渐行渐远。

业文明亮色有机结合在一起。黄色的农耕文明给予张謇等人以及南通民众实现近现代化的精神资源；蓝色的工商业文明给南通当地带来先进的制度、文化，先进的科学和工业技术、工商管理经验，创造出新的物质文明、精神文明，实现了社会进步。张謇式的近现代黄蓝文明融合发展的内涵有以下几个方面：

一是以归元①为首要。张謇基于文化调适与进步主义的建设实践是以归元为隐性前提的。归元是"体"，方便是"用"。有了归元，才会有方便。归元也是一种知识回溯。通过这种知识回溯，新生事物成为本性原有的东西。即以经学的复兴方式，知识、思想与信仰获得重新出发，并且体现开放性、包容性和创新性。西方的文艺复兴就体现出这一规律。中国的传统儒家一直与权力结合，并受权力宰制，必然逐渐丧失开放性、包容性和创新性，走向异化②。张謇的归元过程，客观上成为反异化的过程。张謇的归元是通过辞官、经商的社会角色选择来实现的：通过辞官举动实现了儒家和法家的命运分离，通过经商生涯实现政治儒学和个体儒学的命运分离③。两次内在的、思想上的分离，使张謇回到原始儒家"本义"④，并为之后的调适、进步真正开辟了可能性。

二是实行调适主义。张謇的调适主义来自儒家的中庸之道。原始儒家认为，"中庸之为德也，其至矣乎！民鲜久矣"⑤。"中也者，天下之大本也；和也者，天

---

① 本文在此借用佛学的"归元"概念。佛教里的"归元"，亦作"归真"。所谓超出生灭界，还归于真寂、本元。参见《楞严经》章句："归元性无二，方便有多门。"中医学把归元称为病体康复。

② 中国的传统精英往往"学而优则仕"，进入"外儒内法"的政治体制之后大多异化为非儒，最终不得不仰法家鼻息，或以法家为归宿。法家作为专制学说，倾向封闭、排异和维护权力。

③ 传统儒学的核心价值是家国同构条件下的"内圣外王"，这相当于柏拉图的"哲学王"。但是，柏拉图的"哲学王"并未实现，西方的哲学家和国王是分离的。中国的圣与王相互关联、互为进退：有利的一面是满足了人治的理论与制度需求；不利的一面是真圣开出真王的情况极其少见，大多是伪圣开出伪王。事实上，圣是宗教中人，王是宪政、法治中人。笔者认为，只有圣、王分离，各安本位，才能由真圣道开出真王道。

④ 本文所指的"原始儒家"，是由孔子开创，孟子、荀子发展的春秋战国时期的儒家，以及孔子之前即已存在但未显扬的儒家。原始儒家"本义"存在于经学典籍之中。以《易经》为例，乾卦、坤卦、周易系统本身的演变不息、辩证转化，以及《诗经·大雅·文王》所云，"周虽旧邦，其命维新"，这些均体现开放、包容、创新的文明基因。

⑤ 参见《论语·雍也篇第六》。

下之达道也。致中和，天地位焉，万物育焉。"① 基于原始儒家的中庸之道，张謇既没有激进地倒向西方、全盘西化，也没有泥古不化、固守传统，而是在传统和现代、中国和西方之间进行积极调适。张謇在政治、经济、教育、社会治理、公益慈善以及文化建设等各个领域实行的都是调适主义：一方面积极学习、引入近现代（西方）的先进制度、文化、科学技术和管理经验，另一方面照顾本土资源，并将二者进行结合。张謇在学术、学问上主张、鼓励中西学并重②。比如，在对儿子张孝若的教育上，他采取的是私塾学堂与西式学校相结合的方式，以期纠补中西教育各自的偏失。张謇的调适主义着眼点在"通"，即古今、中西文明之间的"通约性"③。

三是采取进步主义。进步是归元、调适的本来目的和最终效果。进步使得归元、调适有了方向和意义。文明是相对于野蛮、未开化、原始、陈旧、落后等含义而言的，特指人类社会发展程度较高的形态和阶段。因此，进步是文明的题中应有之义。进步以创新为标志；中国古典哲学和传统思想中富含进步观念。《礼记·大学》即提倡"苟日新，日日新，又日新"。进步的标准，其实就是人类个体和整体的福祉有无新的增长，以及在追求福祉的过程中人类个体和集体的科学认知、理性行为能力和水平有无新的提高。张謇具有这种进步立场和价值理念。张謇的进步性表现为：具体处理传统与现代、中国和西方的关系时，张謇以现代化、先进性为标准，即不管形式、内容在新旧上如何配比，张謇的整体或单项事业必须实现对以往性质和功能的超越。比如：张謇的政治思想和实践活动蕴藏自由、民主的现代政治理念雏形，形成对专制、威权的超越；经济思想和实践活动富含市场经济观念和产权神圣意识，形成对前现代生产关系和传统政商关系的超越；文化建设以及社会公

---

① 参见《中庸》。

② 张謇一方面延请国学大师如王国维、章太炎、梁启超等到南通讲学，另一方面还邀请西方著名学者如杜威等到南通访问。

③ 张謇给南通博物苑的馆训题词是"祈通古今，以宏慈善"，给私立南通医学专门学校（现南通大学医学院）的校训题词是"祈通中西，以宏慈善"。可见，"通"是张謇的主旨。

益慈善事业采用现代形式，形成对以往大众审美经验和传统福利事业的超越①。

第三节　张謇式黄蓝文明融合发展的启示

一、"文明的冲突"具有可能性但并不必然

美国学者塞缪尔·亨廷顿提出"文明冲突论"，旨在以文明代替民族国家、意识形态视角，建构新的国际纷争认知"范式"②。塞缪尔·亨廷顿认为，冷战后的世界是个多极和多文明世界，新的秩序将以文明为基础和单位建构。文明之间的冲突将取代国家利益和意识形态冲突，成为全球政治冲突的主要表现形式。他还预言，以伊斯兰文明和儒教文明为一方、以西方文明为另一方的文明间冲突将成为未来最重要的全球政治冲突。塞缪尔·亨廷顿"文明冲突论"的逻辑基石是"差异必然导致冲突"；基于悲观现实主义，他不相信文明之间可以合作、融合。

事实上，冷战后的经验，比如"9·11"事件等证明，"文明的冲突"确有可能。但是，这并不具有必然性。文明之间也可以友好合作、积极融合。冷战之后，中国和伊斯兰国家、中国和欧美国家之间不但没有发生冲突、战争和以国家为背景的大规模恐怖主义袭击事件；相反，友好合作成为国际关系主题。张謇个案、作为

---

　　①　政治方面：相比清廷放任、鼓励义和团运动，张謇则加入"东南互保"；相比守旧势力，张謇则发起立宪运动；辛亥革命爆发以后，相比立宪守旧派，张謇则快速拥护共和。经济方面：相比洋务运动的"官督商办"做法，张謇主张企业自主经营，提出"绅领商办"；在经商实践中，张謇提出"民办官助"论，就是"私营为主、国营为辅"，"政府部门应当为私营企业做好服务"。文化方面：张謇先后在南通修建了博物苑、图书馆、伶人学会、更俗剧场以及五公园、唐闸公园等；梅兰芳、欧阳予倩等艺术名人都曾受其邀请，到南通演出。公益慈善方面：在张謇的主持下，南通先后建立了养老院、育婴堂、贫民工厂、济良所、栖流所、游民习艺所、恶童感化院、改良监狱、医院等；南通成为当时中国1 700多个县中，率先初步建立幼有所抚、老有所养、贫有所济、病有所医、残有所助的社会保障体系的地方。
　　②　王帆、曲博主编《国际关系理论：思想、范式与命题》，世界知识出版社，2013。

局部的南通近现代化经验说明，儒教文明（儒家文化）具有开放性、包容性和创新性，能够与西方文明进行合作、融合。部分史料还显示，张謇在当时也曾欢迎、鼓励西方传教士进驻南通，并且与之建立了良好关系。

二、黄蓝文明具有一定的通约性

塞缪尔·亨廷顿从理论分析和经验观察中得出伊斯兰文明和西方文明存在比较严重的矛盾和冲突的初步结论，这一结论是可能成立的。伊斯兰教与天主教、基督教同属"一神教"。由于"一神教"的预设前提，伊斯兰文明和西方文明之间确实容易产生纷争，甚至直接爆发严重冲突。由于客观和主观上的种种不利因素，伊斯兰文明内部尚未发生具有现代化转型性质与意义的宗教革命或有效改革，伊斯兰世界要全面完成现代意义上的政教分离、宗教世俗化以及个体价值确立尚需时日。但是，中国的黄色（农耕）文明和西方的蓝色（海洋）工商业文明是存在通约性的。

首先，中国不是"一神教"国家，儒、释、道的无神论或多神论思想可以容忍西方"一神教"的存在；现代化以后的西方"一神教"在法权上也能容忍中国的无神论或多神论。

其次，中国和西方一样，已经完成政教分离和宗教世俗化。同时，中国唐朝时期的禅宗运动具有一定的宗教革命或改革性质，打破了宗教内部的专制或垄断，构筑了信徒人格独立与理性自主的精神通道。

最后，中国并不排斥个体价值的确立。中国古典哲学和传统思想中确实存在集体主义元素，但也拥有丰厚的个人主义资源。张謇常说自己一生办事做人，只有"独来独往、直起直落"八个字[①]。而且，从张謇时代开始，自由、民主、法治等现代价值一直就是中国人民的理想追求。

---

① 比如，海外华裔学者邵勤（美国新泽西大学历史系教授、德国洪堡大学研究员）就认为张謇是个人主义者。参见其文章《杰出的个人主义者》（《东方早报》2013 年 7 月 9 日）。

三、黄蓝文明具有较强的互补性

人类目前整体进入现代性危机之中，必须寻找新的价值观和方法论，努力走出一条超越当下西方工业文明的发展之路。事实上，以中国传统文化为代表的侧重整体的系统性思维和以西方文化为代表的侧重分析的还原论体系之间，存在强大的互补作用。比利时物理化学家和理论物理学家伊利亚·普里高津曾说，"中国文明对人类、社会和自然之间的关系有着深刻的理解。……中国的思想对于那些想扩大西方科学范围和意义的哲学家和科学家来说，始终是个启迪的源泉"。而且，中国古典哲学和传统思想中的合理部分，比如系统思维方式、终极价值关怀等，对于现代西方的资本主义人性、消费物欲具有警示和批判作用，甚至有可能成为治疗人类现代性文明疾病的精神良药，用来修正当代人的价值观、方法论偏差。因此，西方的蓝色（海洋）工商业文明可以继续向中国的黄色（农耕）文明提供现代化的制度与文化、科学与理性。中国的黄色（农耕）文明也可以向西方的蓝色（海洋）工商业文明继续提供系统思维和新的道德、伦理资源。

四、文明融合是一个自然、渐进的归元、调适和进步过程

全球化的趋势不可逆转。文明的冲突与融合不仅是异质文明国家及其群体之间的问题，而且是大国、移民国家内部必须面对的现实问题。塞缪尔·亨廷顿的"文明冲突论"（《文明的冲突与世界秩序的重建》，1996 年）与他自己的一个国内思考（《我们是谁？——美国国家特性面临的挑战》，2004 年）之间存在的悖谬是：如果不同类型的文明（文化）之间只有对立和冲突的宿命，不可能实现共存、交流、合作、融合的话，美国的熔炉文化又如何可能呢？塞缪尔·亨廷顿所期许的美国国家特性（盎格鲁—新教文化）又如何能在和平、法治的条件下得到重建和维护呢？这是否昭示着美国必然走向衰亡和分裂？反之，如果美国的熔炉文化以及融合之后的国家特性在理论和技术上成立并且能够有效实现，那么，世界范围的"文明

的冲突"就有可能避免。

因此，张謇式的近现代黄蓝文明融合经验或许可以提供一种参考：文明的合作与融合是一个自然、渐进的归元、调适和进步过程。对于西方文明来说，不应在与伊斯兰文明的矛盾冲突过程中不自觉地被对象同化和被冲突宰制而形成一种反向建构；而应及时提醒自己归元，重新召回文明的开放性、包容性和创新性。对于伊斯兰文明来说，应当勇敢面对人类社会的现代化客观趋势，具备内观反省能力和自我批判意识，尽早经由归元获得开放性、包容性和创新性，完成自身的宗教革命和改革，实现政教分离、宗教世俗化以及个体价值的确立。对于中国文明来说，应当继续强化归元、调适和进步机制，完成自身的现代化转型，以具备最大的通约性，并在后宗教时代为世界提供有价值的儒家、道教和佛教思想资源。

五、国际政治理论与实践应当认可、保护和鼓励合作与融合

基于全球的西方文明、伊斯兰文明、儒教文明（儒家文化）主体三元结构，理论上的未来人类文明交流和合作机制可以是：儒教文明（儒家文化）和西方文明继续实现黄蓝文明的合作和融合，同时儒教文明（儒家文化）和西方文明共同引导和帮助（而非逼迫或阻断）伊斯兰文明实现现代化。其中，黄蓝文明的合作和融合具有全球化意义。黄蓝文明的合作、融合，作为进行中的历史实践，一方面可以为伊斯兰文明的现代化转型提供经验借鉴，另一方面可以为西方文明与伊斯兰文明的关系处理、儒教文明（儒家文化）与伊斯兰文明的关系处理提供参考。从经验教训的角度来看，西方文明与伊斯兰文明的矛盾和冲突、西方文明与儒教文明（儒家文化）的矛盾和冲突，也应成为儒教文明（儒家文化）与伊斯兰文明的关系处理过程中的前车之鉴。

事实上，中国的"一带一路"倡议具有文明合作和融合的美好意向。这一倡议是对现行世界秩序以及全球治理体系的补充尝试。除去自身的现代化转型尚未完成、需要更多准备之外，中国的外部风险来自两个方面：一是伊斯兰文明的现代化

转型完成之前，儒教文明（儒家文化）与其之间也有通约性不足的问题，其实也存在对立和冲突的潜在风险；二是随着全球化出现波折，西方文明可能在霸权主义、干涉主义以及孤立主义之间摇摆，导致在局部或系统层面减少治理责任，形成对"一带一路"建设的负面冲击或杯葛。这就要求中国提倡的"一带一路"建设具有全球文明高度，积极化解文明的冲突风险，同时吸取西方的教训，更加注重方法和步骤。西方文明、伊斯兰文明和儒教文明（儒家文化）国家应当团结起来，解决传统的国际政治理论与实践弊端，以文明的合作和融合为长远目标，建设和改进全球治理体系。

六、黄蓝文明融合发展的世界意义

张謇不仅属于南通，属于中国，还属于世界。张謇的世界意义来自张謇的南通近现代化事功。从文明的角度来看，这是中国近现代黄蓝文明融合发展的成功典范。张謇式黄蓝文明融合发展的内涵是归元—调适—进步。归元是最为重要、最为关键的一环。真正的归元不是复古，而是创新，是重新获得开放性、包容性和创新性。这就要求中国和世界，从实现和保护人类的整体利益和终极智慧的高度，重新审视中国古典哲学和传统思想的价值和意义。

中国近现代史上有两个人物特别值得注意，一个是张謇，另一个是梁漱溟。两者的共通之处是坚持儒家的人生和社会实践。这是一种不同于单以学术为业、直接接续王阳明"知行合一"精神、彻底而纯粹的实践。因此，在近现代儒家思想史上，张謇、梁漱溟属于真实的、实践的儒家，他们都完成了归元，并且得益于归元。二人都通过特殊的生活历程实现了儒家和法家的命运分离，实现了政治儒学和个体儒学的分离。张謇通过辞官办厂、梁漱溟通过和世俗政治人物的人际关系断裂来实现儒法分离；张謇通过经商、梁漱溟通过乡村建设实践和专心治学来实现政治儒学和个体儒学的分离。这两个层面的分离，使得张謇和梁漱溟进入真儒之境。21世纪中国儒学和儒家思想的复兴，或许将以张謇历史、梁漱溟学案为新的缘起。

　　将张謇的南通近现代化事功和中国近现代黄蓝文明融合发展，再和塞缪尔·亨廷顿的"文明冲突论"进行连接，是一个时间、空间上的放大、延伸过程，其背后逻辑就是儒家思想（儒学）的世界意义。英国历史学家阿诺德·汤因比所说的21世纪是儒家文化的世纪，相信就是建立在儒家文化的通约性基础之上的。阿诺德·汤因比对儒家文化发出呼唤，大约是看到了西方文明的未来。后宗教时代的人类只有自己背负十字架。作为一个中国人，庆幸的是除了宗教之外，还可以凭借儒家的人道精神卓然立于洪荒之中。张謇的人生及其在南通的早期现代化实践堪为端倪。

后 记

  《建设中国特色的海洋强国》一书是集体智慧的结晶，其内容是近十年来本书主要作者在海洋强国和文明转型、文明融合发展等领域的研究成果。

  2018 年，本书主要作者承担了国家海洋局委托项目"习近平海洋强国思想体系的逻辑框架研究"课题。本书第一篇"海洋强国建设概论"就是以该课题的内容为基础进行修改补充的。

  需要特别说明的是，本书主要作者从 2011 年下半年开始进行国家海洋战略问题的理论研究，在党的十八大召开前夕以《创建中国特色的海洋大国》为题发表第一批研究成果，并在中共中央党校举行高层理论研讨会。党的十八大后，课题组又组织专家进行海洋强国战略问题的对策研究，其研究成果受到第九届、第十届全国人大常委会副委员长蒋正华，第十届全国人大法律委员会副主任委员、中国生产力学会会长王茂林，国务院发展研究中心原主任王梦奎，中共中央政策研究室原副主任郑新立等领导和专家的指导和支持，他们提出非常宝贵的修改意见，并将课题组完成的《建设海洋强国的战略选择和建议》研究报告联名推荐呈送中央领导，习近平总书记以及时任中共中央政治局常委、国务院副总理张高丽，中共中央政治局委员、中央军委副主席范长龙，中共中央政治局委员、中央办公厅主任栗战书，国务委员杨洁篪，国务委员兼公安部部长郭声琨等党和国家领导人高度重视并作出批示。本书第二篇"海洋强国战略实践"主要体现了此项研究成果。

  本书第三篇"海洋强国与'一带一路'"的内容主要选自出席中共中央党校举行的学习习近平总书记关于海洋强国和"一带一路"建设讲话精神研讨会暨国家

社科基金重大（特别委托）项目"一带一路"建设研究课题开题报告会的领导和专家提交的研究报告。其中最为重要的是中国人民解放军上将、时任国防大学政委刘亚洲所作《经略南洋是推进海洋强国和民族复兴的必由之路》研究报告和中共中央宣传部原副部长、原文化部部长、时任全国政协外事委员会副主任蔡武所作《从人类命运共同体的高度认识"一带一路"建设》研究报告。此外，参加研讨会提交研究报告并被收录进本书第三篇内容的还有如下领导和专家：国防大学战略研究所所长孟祥青，外交部政策规划司副司长黄峥，国家海洋局战略规划与经济司司长张占海，商务部西亚非洲司副司长曹甲昌，国土资源部机关事务管理局副局长陈志刚，北京大学国家治理研究院院长、教授王浦劬，北京大学国际关系学院教授叶自成，中共中央党校国际战略研究所教授赵磊，原国家海洋局海洋发展战略研究所研究员杨金森，中国人民外交学会副会长兼秘书长刘玉和，国务院发展研究中心资源与环境政策研究所研究员牛雄，中共中央对外联络部副研究员赵明昊等。本篇最后两章关于"冰上丝绸之路"的内容则选自本书主要作者承担的国家海洋局极地考察办公室委托项目"冰上丝绸之路的理论和实践研究"的成果。

本书第四篇"黄蓝文明融合发展"的内容选自本书主要作者承担的中共中央党校校级项目"超越之路——黄蓝文明融合，实现中华民族伟大复兴的中国梦"课题的研究成果。

本书主编设计编写框架和指导思想并修改定稿。各章节撰写人如下：导论（刘德喜），第一章（袁南生），第二章（刘德喜、朱宇凡、刘明），第三章（黄任望），第四章（朱宇凡），第五章（黄任望），第六章（于兴卫），第七章（黄建钢），第八章（朱宇凡、黄任望、钱镇），第九章（黄任望），第十章（黄任望），第十一章（朱宇凡、刘德喜、汪海波），第十二章（于兴卫、朱宇凡、黄任望），第十三章（宋双双），第十四章（刘亚洲、孟祥青），第十五章（蔡武、黄峥、赵磊），第十六章（张占海、王浦劬、杨金森、刘玉和），第十七章（陈志刚、叶自成、曹甲昌、牛雄、赵明昊），第十八章（刘明），第十九章（刘德喜、朱宇凡、黄任望），第二十章（黄任望、杨剑、张沛），第二十一章（朱宇凡），第二十二章（钱镇），第二十三章（刘国力），第二十四章（刘德喜），第二十五章（黄任望）。感谢以上各位作者为本书写作付出的辛苦努力，感谢广东经济出版社社长李鹏、总编辑冯常虎和副总编辑王成刚等领导对本书出版工作的策划和支持。